Food Service Management

NEW

수정 제2판

급식 경영학

강남이 · 김희섭 · 신동주 · 윤혜려 · 조우균 · 최경숙

지구문화사
JIGU PUBLISHING Co.

머리말

현대 산업사회로 접어들면서 가정에서의 식사를 외식이 대신하게 되었고, 외식산업이 대형화, 전문화, 기업화되면서 현대화된 조직을 갖추고 전문적인 기술과 서비스를 제공하는 형태로 발전되었습니다.

급식산업은 단체급식과 외식, 관광, 컨세션 등의 관련산업과 더불어 점차 그 영역이 확장되고 품질경쟁을 위한 연구와 개선이 끊임없이 요구되고 있습니다. 따라서 우수한 인적자원 확보와 효율적 자원관리를 위한 급식경영의 새로운 지식과 다양한 정보, 전문적 경험이 필요하게 되었습니다.

이 책은 이러한 추세에 맞추어 대학에서 급식경영학을 공부하는 학생과 실무를 담당하고 있는 경영자에게 널리 활용될 수 있도록 체계적인 급식경영이론은 물론 사례를 덧붙여 급식경영에 필요한 지식과 실무능력을 갖출 수 있도록 총 3편 12장으로 구성하였습니다.

따라서 영양사 시험을 준비하는 학생이나 급식에 관련된 업무에 종사하는 분들에게 필수적인 사례들을 쉽게 이해할 수 있는 교재로 집필하였습니다. 그러나 출간을 서두르다 보니 미진한 부분이 없지 않을 것으로 사료됩니다. 계속 보완하고 수정하여 좋은 교재가 되도록 노력할 것입니다.
모쪼록 선배, 동료 교수님들의 조언과 성원을 부탁드립니다. 아울러 독자 여러분의 이해와 탐독을 염치없이 부탁드립니다.

끝으로 이 책이 출간되기까지 애써주신 지구문화사 임직원 여러분께 진심으로 감사드립니다.

갑오년 가을에

저자 일동

차례

CONTENTS

Chapter 03 경영이론의 발전과정 및 경영관리기능

Chapter 04 경영 계획

차례

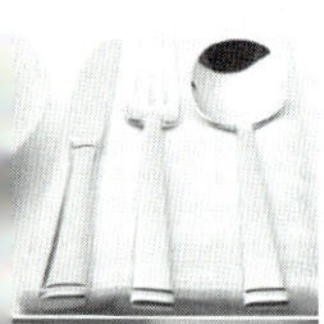

Chapter 05 경영조직

Chapter 06 경영 통제 및 피드백

CONTENTS

Part Ⅱ 인적자원과 재무관리

Chapter 07 동기부여, 리더십, 의사소통 및 의사결정

Chapter 08 인적 자원관리

차례

차례

Part III 식품유통과 마케팅관리

Chapter 10 급식마케팅

Chapter 11 서비스 품질관리

PART I

급식경영과 경영관리

Chapter 01

급식경영 개론

01 우리나라 급식산업의 성장

우리나라의 급식산업은 88 서울 올림픽을 기점으로 80년대 후반부터 산업으로서 발전하기 시작했다고 보는 견해가 일반적이다. LG 아워홈의 전신인 LG그룹 유통사업부에서 식자재 납품 및 위탁급식을 시작한 것이 대기업의 급식산업으로의 진출 출발점이 되었다. 이와 같이 1990년대에 등장한 대기업들의 위탁급식업 참여를 바탕으로 급식산업은 20여 년의 짧은 역사에도 불구하고 산업적으로 괄목할 만한 성장을 이루었다.

시장규모는 1996년에 2조 원, 2000년도 말에는 5조 600억 원, 2002년에는 5조 2천억 원, 2004년에는 6조 원에 육박했다. 2007년 기준으로 학교, 기업체, 병원 등 50명 이상이 이용하는 단체급식소는 전국에 총 3만 568곳이 운영 중이다. 또한 전국 단체급식 관련 시설 및 기업은 총 9만 7,200여 개, 약 7조 4000억 원으로, 이 중 위탁급식은 약 3조 7,000억 원의 시장을 형성하고 있는 것으로 나타났다.

단체급식 시장의 선두 업체는 (주)아워홈, CJ프레시웨이(주), 삼성에버랜드(주), (주)신세계푸드, (주)현대푸드시스템 등이 있고, 한화호텔&리조트(주), (주)이씨엠디, (주)동원홈푸드, 아라코(주) 등이 시장에 참여하고 있다. 2009년 말 현재 주요 대기업 계열 단체급식기업이 시장규모의 약 29%(약 4조 2백억 원)를 차지하며, 주로 기업체와 정부 기관 및 연구원 등의 급식을 운영하고 있다.

표 1-1 2008~2009년 대기업 계열 위탁급식기업들의 시장점유율 및 매출액

기 업	2008년 시장 점유율(%)	2008년 매출액(원)	2009년 시장점유율(%)	2009년 매출액(원)
(주)아워홈	24.8	8,810	25.2	10,110
CJ 프레시웨이(주)	18.5	6,569	18.4	7,422
삼성에버랜드(주)	18.9	6,712	18.6	7,447
(주)신세계푸드	11.8	4,191	12.3	4,958
(주)현대그린푸드	9.3	3,314	8.6	3,440
한화호텔&리조트(주)	5.3	1,903	6.0	2,430
(주)이씨엠디	4.3	1,543	4.7	1,903
(주)아라코	3.7	1,321	3.0	1,193
(주)동원홈푸드	3.4	1,190	3.2	1,315
합 계	100.0	35,553	100.0	40,218

자료: 식품외식경제, 월간식당-2008/2009

※ 각 기업의 자료는 순수단체급식 외 식자재유통 등의 기타 매출이 포함되어 있음

앞으로 급식시장의 성장은 둔화될 전망이지만, 고급화 · 다양화 되어가는 고객들의 요구에 발맞추기 위하여 좀더 포괄적이고 넓은 범위로 그 영역을 확대하고 있다. 실제로 국내 대부분의 위탁급식기업들은 경기 민감도가 낮은 시장의 특성을 활용하여 대형급식 · 식자재 유통시장, 외식업, 컨세션 사업 분야 등으로 진출하고 있다.

특히 대형급식기업들은 급식의 고급화와 수익모델의 다각화 등을 통해 시장점유율을 지속적으로 넓혀 가고 있다. 또한 식자재 유통업을 직접 영위함으로써 산지구매의 확대, 비축구매 직거래를 통해 가격경쟁력을 제고하고 각 지방 지자체와의 사업 제휴 등을 통해 지역 농가 활성화에도 기여할 것으로 기대를 모으고 있다.

Check Point

✣ 컨세션(concession)이란 공공시설, 레저시설, 문화시설, 공항, 기차역 등 특수한 목적으로 방문한 고객들을 대상으로 특정 시설 내에서 식음료 서비스를 제공하는 영업 형태를 뜻한다. 이와 같은 컨세션 사업은 일반 외식업에 비해 일반적으로 임차료 등 관리비와 인건비 등이 적게 들고, 2~3년 단위로 임대기간이 만료되는 일반 외식업과는 달리 일정 기간 운영권을 보장받으면서 자유롭게 운영할 수 있으며, 대부분의 고객이 식사 이외의 목적으로 특정 장소를 방문하기 때문에 일반 식당보다 간편한 서비스를 제공할 수 있다. 또한 유동인구가 많은 '보장된' 장소에서 영업을 하기 때문에 안정적인 매출과 수익률 확보가 용이한 장점이 있다.

인천공항처럼 외국인의 이용이 많은 시설의 경우 해당 브랜드의 인지도 및 가치를 높이는 홍보 측면에서도 효과가 크다.

02 외식산업의 발전 배경

급식산업은 환대산업(Hospitality industry)의 영역에 속하는 푸드서비스 산업 중의 하나로, 많은 국가에서 관광 및 서비스 분야의 밑받침이 되는 중요한 산업이다. 소득의 증대와 여성의 사회·경제활동의 증가 및 확대 등으로 식생활이 간편화, 다양화, 고급화 됨에 따라 가정 안에서의 소비가 대세였던 전통적인 식사는 이제 가정 밖으로 진출하여 외부에서의 소비가 주를 이루게 되었다.

전 세계 식품시장의 전체 규모는 2008년 기준 4조 4,000억 달러(약 5,300조 원)로 추정되며, 이 중 외식산업은 약 43.3%(2,300조 원)로 세계 인구의 증가와 함께 연평균 3% 정도씩 성장하고 있다.

한국 가정에서의 외식소비는 외식시장의 개방과 업종 다양화 및 원료 조달방식의 다변화 등 질적인 변화가 빠르게 진행되어 왔다. 국내 식품산업의 총생산은 120조 원이며, 이 중 외식산업은 64조 원으로 식품산업 총생산의 53.3%를 차지하는 주요 산업으로 자리매김했다. 국내 도시 한 가구당 가계비의 식료품비 중 외식비의 비중은 1982년 6.0%에 불과하였으나 1990년 20.3%, 2006년에는 46.4%로 크게 증가했다.

특히 외식산업은 1980년대 후반 86 아시안 게임, 88 올림픽 등이 그 발전의 원동력이 되어 1990년대 초에 급격히 성장하였고, 국내 외식산업 전체 매출액은 지난 2001년 32조 원에서 2008년에는 64조 원으로 7년만에 두 배가량 성장했다. 업계에서 추산하는 사업체 수는 57만 6,000개(2008년 현재), 관련 업종 종사자도 157만 명 이상이다.

외식산업의 성장과 함께 외식소비의 형태에도 변화가 일어났다. 외식은 목적에 따라 방문하는 외식 장소와 업종이 다르며, 소득과 사회적 위치에 따라서도 소비의 형태가 달라진다.

가정 밖에서 식사를 하는 인구 및 일인가구의 증가와 같은 인구학적인 변화, 그리고 다양성, 간편성, 건강지향성, 오락성 등을 추구하는 소비자들의 욕구 변화와 해외로부터 유입된 다양한 식문화로 인한 식생활의 변화 등을 포함한 많은 요소들이 이 산업의 성장과 현재 상황 등에 영향을 미친다.

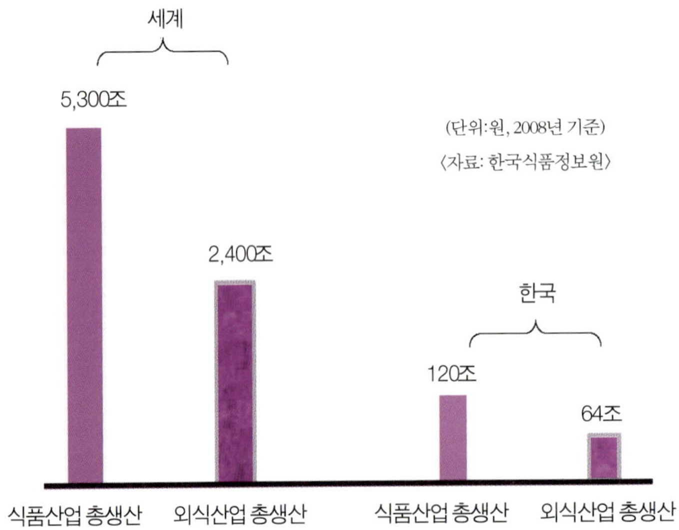

그림 1-1 식품산업과 외식산업 총생산 규모

03 급식산업의 분류

1. 급식의 개념

급식이란 가정 밖의 일정한 장소에서 비영리로 특정한 이용자에게 지속적으로 식사를 제공하는 것을 말한다. 가정 밖에서 이루어지는 외식은 전통적으로 상업성 급식(외식업)과 비상업성 급식(단체급식)으로 나눌 수 있다. 영리를 목적으로 일반대중을 대상으로 음식과 서비스를 제공하고 영업하는 일반 음식점들이 상업성 급식(외식업)에 속한다.

비상업성 급식인 단체급식은 영리를 목적으로 하지 않고 동일한 목적을 가지고 활동하는 특정 다수에게 정해진 시간 내에 급식을 하는 곳으로, 보건기관(병원, 양로원, 사회복지시설), 교육기관(초·중·고등학교), 대학교(학생 식당, 기숙사 식당, 교직원 식당), 산업체 및 사무 빌딩, 공공기관, 군대

급식 등이 이에 속한다. 이와 같은 국내 단체급식은 직영급식과 위탁급식으로 나눌 수 있다.

2. 위탁급식

위탁급식업은 제3의 푸드서비스업이라고 할 수 있으며, 영리와 비영리 모두의 성격을 가지고 있다고 할 수 있다. 1980년대 말 국내에 등장하기 시작한 위탁급식 전문 업체들은 처음에는 비영리 단체급식업소를 위탁하여 경영하는 전문 급식업으로 시작했으나, 그 경영 기법에 있어서는 외식업에서 추구하는 선진적인 시스템제를 도입하여 푸드서비스업을 한 단계 높이는 역할을 담당하였다.

3. 급식산업의 분류

푸드서비스 산업은 다양한 분류가 가능하나, 미국의 Restaurant USA에 의해서 보통 상업적 푸드서비스(Commercial Food service), 비상업적 푸드서비스(Institutional foodservice), 군인을 위한 급식서비스(Military Foodservice)의 3가지로 분류한다.

표 1-2 미국의 푸드서비스 산업 분류

상업적 푸드서비스(Commercial Foodservice)		
일반 외식업체 (Eating place)	일반 음식점	Full service restaurant
	전문 음식점	Specialty restaurant
	제한 서비스 음식점(패스트푸드)	Limited service(fast food) restaurant
	카페테리아	Commercial cafeterias
	케이터링	Social caterers
	간식/아이스크림 판매대	Snacks & ice cream, frozen-custard, yogurt stands
	바／선술집	Bar／Tavern
위탁급식경영(Food contractors)		Manufacturing and industrial plants Commercial and office buildings Hospitals and nursing homes Colleges and Universities Primary and secondary schools Airlines Recreation and sport centers

(계속)

비상업성 푸드서비스(Non-commercial Foodservice)		
단체급식 (Institutional foodservice)	직원급식	Employee foodservice
	초·중·고등학교급식	Public and parochial elementary and secondary schools
	대학교 급식	College and Universities
	병원시설 급식	Hospitals
	교통시설	Transportation
	양로원, 고아원, 그 밖의 요양원 등	Nursing homes and homes for the aged, blend, orphans, and the physically and mentally challenged
	클럽, 스포츠센터, 오락캠프 급식	Club, sporting and recreational camps
	커뮤니티센터	Community centers
군인 푸드서비스(Military Foodservice)		
장교 식당 및 장교 클럽 /일반 군인급식		military exchanges, officers

자료: Restaurant USA

표 1-3 국내 외식산업 분류

대분류	중분류	소분류	세분류	세세분류
H 숙박 및 음식점업	55 숙박 및 음식점업	552 음식점업	5521 일반 음식점업	55211 한식점업
				55212 중국음식점업
				55213 일본음식점업
				55214 서양음식점업
				55215 기관 구내식당업
				55219 그 밖의 일반 음식점업
			5522 그 밖의 음식점업	55221 피자, 햄버거 및 치킨 전문점
				55222 분식 및 김밥 전문점
				55223 아동 음식점업
				55229 그 밖의 음식점업
			5523 주점업	55231 일반 유흥주점업
				55232 무도 유흥주점업
				55233 간이 주점업
			5524 다과점	55241 제과점업
				55242 찻집

자료: 통계청, 한국표준산업 분류표

국내에서는 식품위생법상, 관광진흥법상으로 분류할 수 있으며, 이는 각 기관들이 적용하는 산업활동의 분류에 따라 다른 형태를 띤다. 표 1-3에서는 통계청에서 산업관련 통계자료로 분류하는 한국표준산업 분류표상의 분류를 소개하고 있다.

04 단체급식의 목적

모든 급식소는 존재의 이유인 목적을 가지고 있으며, 이러한 목적은 급식소 운영을 결정하는 지침이 된다. 목적을 효과적으로 수행하기 위해 급식소는 나름대로의 타깃과 목표를 개발하여야 한다. 예를 들어 한 급식소의 목적은 다음과 같이 결정될 수 있다. '적절한 이익과 동시에 고객들에게 높은 품질의 서비스와 영양적인 음식을 적절한 가격에 제공한다.' 이 목표는 고객들의 만족도와 전체 매출액 또는 고객수, 정기적인 단골고객수, 순수이익 등의 결과를 점검할 수 있는 지침이 된다. 물론 급식소의 관리자는 이와 같은 목표를 달성해야 할 책임을 갖는다.

관리는 일반적으로 효과적이고 효율적인 개념을 동시에 포함하며, 급식소에서 성취하고자 하는 목표를 달성하기 위하여 소유하고 있는 인적·물적 자원의 조화로운 사용을 일컫는다. 효과적인 관리는 일정 기간 동안 급식소가 원하는 목표를 어떻게 잘 달성하였는가를 측정하는 것이며, 효율적인 관리는 급식소의 목표가 짧은 시간 내에 잘 달성되었는가를 측정하는 것이다. 현대사회의 급속한 변화 속에서 각 급식소가 성취해야 할 목표를 설정하여 이를 적절히 적용하고 달성하는 것이 현재 급식경영에서 이루어야 하는 주요 과제이다.

각 급식소의 매니저들은 고객에게 음식과 서비스를 어떻게 효율적으로 구매, 생산, 배식할 것인지를 결정하여야 한다. 이와 같은 결정은 급식소의 구매방법, 음식이 조리되는 곳과 배식되는 곳의 공간적인 거리, 조리와 배식 간의 시간, 급식소 종사원과 급식설비 및 기기 등에 따라서 달라질 수 있다. 각 급식소는 음식 조리와 운영방법에 따라 구분될 수 있다.

05 단체급식소의 역할 변화

1. 산업체급식

산업체급식은 기업체, 공장 및 기숙사, 관공서 등에서 근로자를 위한 구내급식 제공을 의미한다. 산업체급식의 목적은 피급식자들에게 식사를 통하여 개인의 건강을 유지·증진할 수 있도록 영양적인 식사를 공급하여 작업의 능률을 향상시키는 것이다. 산업체 근로자의 영양관리는 사업장 근로자의 삶의 질 향상을 위한 기본권이며, 산업체와 국가경쟁력 강화에 큰 역할을 하고 있다.

그러나 2000년 7월 산업체 영양사 의무고용제도가 폐지되고 식중독의 발생 건수와 발생 규모가 대형화되고 있어 그에 맞는 관리체계가 병행되어야 한다. 따라서 이를 관리하여야 할 각 사업장에서는 영양사의 필요성을 부각시키면서 영양사의 역할 확대 전개와 방안 모색을 진행하고 있다.

특히 사업장에서 질병의 예방과 치료를 통해 근로자 건강을 유지·증진시키도록 하는 전문 영양서비스 수행자로서의 산업보건 영양사의 역할이 새로운 산업체급식의 역할로 대두되고 있다.

2. 학교급식

학교급식은 성장 발육기 아동의 심신 발달에 필요한 영양 공급과 올바른 식생활에 관한 지식 및 습관 형성을 위하여 학교에서 일정한 지도 목표를 설정하여 계획적으로 실시하는 집단급식이다. 그러나 2006년 대형 위탁급식업체 등에서 발생한 집단 식중독 사고로 인하여 직영을 중심으로 하는 학교급식법이 국회에서 통과되었다(2007년 1월 20일 시행).

개정된 학교급식법에 의하면 2007~2009년까지 3년 동안 위탁급식의 직영 전환 또는 부분 위탁 등을 통하여 초·중학교의 직영급식을 사실상 의무화하였다. 고등학교의 경우는 부분 위탁이 가능하나 급식공급업자에 대한 벌칙 규정이 강화되고 지자체에 "학교급식지원센터"를 설치할 수 있는 근거 조항이 신설되었다.

2007년 1월 개정된 학교급식법 시행령과 시행규칙에 의하면 학교급식에서는 초·중·고등학생의 영양관리기준과 식재료 품질관리기준을 반드시 적용하도록 하였고, 교육당국의 정기점검을 통해 이를 위반한 학교에 시정명령을 내리고 급식업체 등에는 과태료 등을 부과하도록 하였다.

2006년 7월 학교급식법 전면 개정으로 2010년 1월부터 모든 학교에서 위탁급식을 직영급식으로 전환하도록 강제하여 직영급식 원칙 및 운영방식을 개선하였다.

각급 학교의 급식소에는 영양교사가 배치되어 기존의 급식관리업무 이외에 급식과 연계한 바른 식습관 교육, 생활질서 교육, 식사예절 교육 등을 실시하고 있다. 또한 영양상담, 영양교실 등을 운영하여 지역사회와 연계하는 사업 등 다양한 역할을 할 것으로 기대된다.

3. 병원급식

병원급식은 환자에게 영양적 필요량에 맞는 식사를 공급하여 환자의 질병치료의 한 부분을 담당할 뿐만 아니라, 비만 · 당뇨 · 고혈압 · 고지혈증 · 심근경색 등의 만성질환 등에 대한 식이요법 교육으로 지역사회의료의 예방적인 보건활동에도 기여하고 있다.

병원급식은 2006년 5월 입원환자 식대급여와 관련하여 국민건강보험법 시행규칙, 국민건강보험 요양급여의 기준에 관한 규칙 일부 개정령이 공표되어 시행되고 있다. 입원 중인 환자의 식대에 대하여 보험급여를 실시함으로써 국민의 의료비를 경감하고 환자 치료에 적합한 수준에서 위생적인 방법으로 식사를 제공하도록 하였다.

이와 같은 조치로 인하여 모든 입원환자가 적절한 기본 영양관리를 받을 수 있도록 병원에서의 임상영양치료 활동이 확대 실시되어 진료의 질적 향상 및 국민건강에 기여하는 한편, 영양사가 임상전문가로서의 역할을 수행할 수 있는 기회가 될 것으로 기대되고 있다.

4. 위탁급식 전문 기업

1980년대 후반 대기업의 위탁급식업 진출 이후 위탁급식업이 전체 급식 산업의 50%를 넘어서는 급격한 성장과 발전을 할 수 있었던 이유는 1997년 IMF 이후 기업들이 자사의 단체급식에 대하여 적극적으로 위탁 전환을 이루었기 때문이다.

또한 1998년 정부의 학교급식 전면 실시에 대한 공표는 학교급식에 대한 위탁급식의 실시를 가능하게 하였다. 이미 미국 등의 사례에서 알 수 있듯이 단체급식 분야에서 위탁급식은 그 대세를 이어가고 있으며, 앞으로 그 급격한 성장세는 주춤하겠으나 서서히 시장 안에서 포화를 이룰 것으로 본다.

현재 단체급식시장의 전망을 분야별로 보면 산업체와 대학교는 약 50% 정도의 위탁률을 나타내고 있어 성숙기에 접어들었다고 할 수 있으며, 병원의 경우는 현재 위탁률 15% 수준으로 아직도 시장 잠재성이 매우 높은 편이다. 중·고교 시장의 경우에도 57%의 위탁률을 보이고 있으나 2010년 2월까지 직영화로 전환되어 시장 전망은 어두운 편이다.

따라서 저성장기에 대비한 신규투자의 집중화와 효율화 전략이 단체급식업계에 요구되고 있으며, 장기적으로는 푸드서비스 산업의 미래를 내다보는 근본적인 이념의 전환이 필요한 시기이다. 최근 국내 대기업을 주축으로 하는 많은 위탁급식업체들이 영리성 외식사업에도 진출하고 있어 이제 비영리 단체급식과 영리 외식업의 영역은 많은 부분을 서로 공유하고 있다.

단체급식의 경우에도 많은 기관들이 위탁 운영으로 전환하고 있으며, 이에 급식과 외식은 그 경계가 통합되고 사라지고 있는 추세이다. 그러므로 급식경영의 관리자들에게는 이와 같은 변화에 재빠르게 대처해 현재 관리하고 있는 급식소에 적용하는 것이 필요하다고 할 수 있다.

Chapter 02

급식조직시스템

01 시스템(System)의 개념

시스템 이론은 경영학뿐만 아니라 모든 학문과 관련되어 있다. 또한 시스템은 '상호 관련된 몇 개의 부분으로 이어진 집합체'라고도 말할 수 있다. 시스템의 구성은 하나의 통일체와 그를 구성하고 있는 부분 또는 요소이거나 부분끼리 또는 부분과 전체 간의 상호 연관성이 있다.

좀더 구체적으로 정의하면 시스템이란 기능적 단위로 이루어져 있으며, 여러 개의 독립된 단위가 전체적인 목표를 달성하기 위해 유기적으로 연결되어 있다. 시스템은 우리를 둘러싼 여러 분야에 이미 적용되고 있는데, 인체시스템, 교통시스템, 푸드시스템 등의 개념이 있다.

02 시스템의 구성체계

1. 시스템 속성

시스템을 이해하기 위해서는 시스템의 속성을 먼저 이해해야 한다.

(1) 시스템의 개념

시스템은 단순한 구성 요소의 결합이라기보다, 목표 달성을 위해 부분 단위들이 모여 상호 의존에 의한 상승 효과를 낼 수 있는 전체 시스템의 개념으로 이해하면 된다. 즉 하위 시스템의 유기적 결합을 통해 전체 시스템에 새로운 가치 또는 보다 나은 가치가 창출된다.

Check Point

✣ 시스템
하위 시스템의 집합으로 상호의존에 의한 상승효과를 낼 수 있는 전체 시스템한 부분의 변화가 다른 부분에 영향을 미치고 이 과정에서 서로 통합, 조정이 이루어지면서 전체 시스템에 새로운 가치가 창출된다. 이 결과로 시스템은 지속적 안정성이 확보된다.

(2) 하위 시스템(Subsystem)

시스템은 여러 개의 하위 시스템으로 구성되어 있으며 이들은 서로 유기적인 관계를 맺고 있다. 급식시스템을 예로 들면 구매시스템, 생산시스템, 분배시스템 등의 하위 시스템으로 구성될 수 있으며 이들 한 부분에서의 변화는 다른 부분에도 영향을 주어 전체 급식시스템에 영향을 끼칠 수 있다.

> Check Point
>
> ✣ **하위 시스템**
> 시스템을 구성하는 부분으로 상호 유기적 관계에 의해서 전체 시스템에 영향을 준다.

(3) 목표 지향적

시스템과 그 하위 시스템은 목표를 가지고 있다. 시스템 간의 목표는 서로 상호 관련성을 가지고 있다. 하위 시스템 목표는 상위 시스템의 목표를 실현하는 수단이다.

(4) 변환 역할

시스템은 기본적으로 투입(input)을 산출(output)로 변환하는 과정을 주도한다. 시스템과 하위 시스템은 목표 달성을 위해 유기적으로 상호작용하면서 투입된 자원을 변환시켜 산출로 만들어내는 역할을 한다.

(5) 안정성

변화하는 환경 속에서 시스템이 지속적으로 목적을 달성하기 위해서는 시스템의 안정성이 유지되어야 한다.

2. 시스템의 구성 요소

시스템은 투입(input), 변환과정(transformation process), 산출(output), 피드백(feedback)의 네 가지 요소로 구성된다(그림 2-1).

(1) 투입(Input)

사람, 재료, 자본, 기기, 시설, 정보 등과 같이 생산품이나 서비스를 생산하는 데 필요한 인적·물적 자원을 포함한다. 경영학에서 말하는 6M은 사람, 기계, 재료, 시장, 돈, 방법을 뜻한다.

> Check Point
>
> ✣ **투입**
> 목적을 달성하기 위해 필요한 인적·물적 자원
>
> ✣ **6M**
> 사람(men)
> 기계(machine)
> 재료(material)
> 시장(mar-ket)
> 돈(money)
> 방법(method)

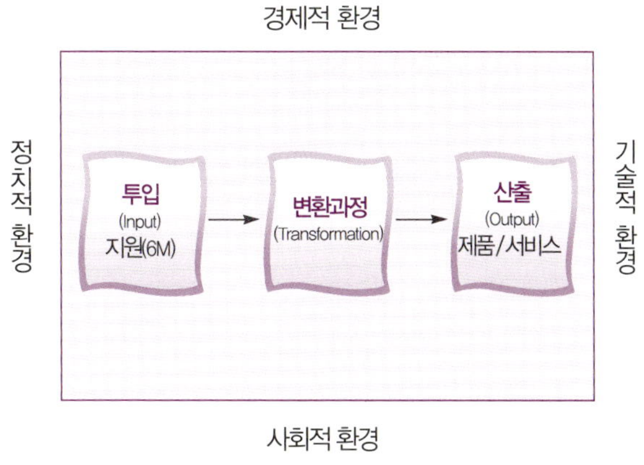

그림 2-1 시스템의 일반 모형

급식에서 목표가 설정되면 그것을 달성할 수 있도록 자원을 확보하고 좋은 방법을 모색해야 한다. 만일 특정 부분의 자원이 부족하면 변환과정을 수정해야 하는데, 예를 들어 레스토랑 관리자가 숙련된 조리사를 확보할 수 없으면 변환과정에서 다른 방법을 취해야 한다. 인적 자원이 일을 잘 수행해나가도록 하려면 만족감을 주는 것이 필요하다. 돈은 다른 자원의 부족한 부분을 채워 줄 수 있다. 그러나 충분한 돈을 갖고 있는 외식업체는 드물므로 시스템 접근을 통해 보다 효율적인 운영을 모색할 수 있다.

(2) 변환과정(Transformation process)

> *Check Point*
>
> **변환과정**
> 투입을 산출로 변화시키는 활동
>
> **산출**
> 투입의 변화과정에 의한 결과로 시스템의 목적을 달성하는 것.

변환과정은 투입을 산출로 바꾸는 활동을 말한다. 이 과정은 한 가지만 있는 것이 아니라 여러 과정이 있을 수 있으며 급식시스템의 하위 시스템인 생산, 서비스, 위생, 구매관리, 운영관리 등과 관련이 있다. 예를 들면 급식에서 새로 개발된 혁신적인 기기를 사용한다거나 음식재료로 편의식품을 활용한다면 생산과 관련된 활동이나 기술이 뛰어난 종업원의 감소를 가져올 수 있다.

(3) 산출(Output)

산출은 생산품 또는 서비스와 변환과정을 통해 변형된 투입물을 말한다. 관리자에게 급식에서 최종적으로 원하는 목표를 묻는다면 질 좋은 음식 또는 고객만족도라고 답할 수 있다.

또는 선택폭이 넓은 메뉴나 최고의 서비스라는 답이 나올 수도 있다. 이러한 목표가 바로 시스템에서 얻고자 하는 산출이다.

(4) 피드백(Feedback)

피드백은 산출에서 나타난 결과가 다시 투입에 영향을 주는 것으로, 조직의 현상태와 업적에 관한 정보이다. 투입을 변환하는 과정에서 필요한 변화나 조정의 필요성을 알려주는 시스템의 요소이다. 시스템이 유지되기 위해서는 자기 통제적 수단인 피드백이 필요하다.

> *Check Point*
>
> **피드백**
> 산출에서 나타난 결과가 투입에 영향을 주는 것

만일 생산된 음식이 맛이 없는 경우 또는 예산보다 경비가 초과된 경우 조정작업은 필수이다. 즉 기대하는 산출과 실제 결과로 나온 산출과의 차이를 끊임없이 분석하고 조정하는 정보의 피드백이 필요하다.

(5) 환경(Environment)

시스템은 경영체를 둘러싼 환경과 연결해서 논의해야 한다. 변화하는 환경에 발맞추지 않는 급식업체는 목표를 달성하는 데 어려움이 있다. 따라서 환경이라는 상황과 관련해 급식업체를 생각해야 한다. 환경에는 외부적 환경과 내부적 환경이 있다. 외부적 환경이란 급식업체가 반드시 상호 영향을 주고받는 상황, 조직, 개인을 말한다. 대부분의 관리자는 외부적 환경을 규제나 제한조건으로 생각한다. 내부적 환경은 종업원의 사기, 비공식 조직, 작업조건과 같은 특성을 말한다.

> *Check Point*
>
> **환경**
> 경영체를 둘러싼 환경으로 외부적 환경과 내부적 환경이 있다.

급식업체의 관리자가 외부적 상황에 대해서 할 수 있는 일은 거의 없지만 내부적 환경은 어느 정도 개선하거나 통제할 수 있다. 환경 때문에 레스토랑 운영 시 처음 계획했던 의도대로 할 수 없는 경우가 있다. 가령 급식시설의 실내장식이나 광고를 계획하는 데 법적인 규제가 있는지를 먼저 살펴보아야 하는 것이 그 예이다.

따라서 시스템은 혼자 존속할 수 있는 것이 아니며 큰 규모의 시스템은 작은 규모의 시스템의 외부적 환경에 영향을 미친다는 것을 알아야 한다.

3. 시스템의 형태

시스템에는 두 가지 형태의 시스템이 있다. 환경과 상호작용을 하느냐의 여부에 따라 폐쇄시스템과 개방시스템으로 구분할 수 있다.

(1) 폐쇄시스템(Closed system)

Check Point

✣ **폐쇄시스템**
시스템이 환경에 의해 영향을 받지 않는다.

✣ **개방시스템**
시스템이 외부환경과 상호작용을 한다.

폐쇄시스템은 시스템이 존재하는 환경으로부터 격리되어 있어서 환경에 의한 영향을 받지 않는다. 시스템은 어느 정도는 외부의 영향을 받으므로 현실적으로 외부의 영향 없이는 시스템 유지가 불가능하다.

(2) 개방시스템(Open system)

개방시스템은 외부환경과 상호작용을 하는 시스템을 말한다. 사회, 경제, 기술, 정치를 포함한 외부환경과 끊임없이 상호작용하며 이를 변화시켜 제품과 서비스를 만들어낸다. 동시에 피드백이 이루어지면서 환경과의 균형 상태를 유지한다.

스피어(Spears, 2000)는 개방시스템의 특징을 다음과 같이 정의하였다.

① 상호 의존성(Interdependency)

상호 의존성은 시스템 내의 한 부분이 다른 부분과 관련되어 서로 수행 결과에 영향을 미치는 것을 말한다. 즉 시스템의 각 부분은 서로 영향을 미치기 때문에 조직을 전체적인 관점에서 보는 것이 중요하다.

Check Point

✣ **상호 의존성**
시스템 내의 부분들이 서로 결과에 영향을 미치는 것

✣ **역동적 안정성**
내외부 환경에 반응하면서 적응해 나가는 것

예를 들면, 급식시설에서 새로운 기계의 구입은 생산 부서와 판매 부서에 영향을 미친다. 그 결과로 각 부서가 상호 연관되어 전체적으로 통합되고, 따로 일을 수행하는 것보다 효과적인 상승 효과를 가져오게 된다.

② 역동적 안정성(Dynamic equilibrium)

역동적 안정성은 경영체를 둘러싸고 있는 내부 또는 외부 환경에 끊임없이 반응하고 적응해 나가는 것을 말한다. 조직은 사회, 정치, 경제적 압력에 적응해야 한다. 급식경영자는 끊임없이 가격, 재료, 노동, 새로운 기술을 평가한다. 그리고 새로운 환경에 지속적으로 적응하고 역동성을 유지해야 한다. 피드백은 역동적 안정성을 유지하는 데 중요하다.

③ 동일한 결과를 창출(Equifinality)

투입(input)은 변환과정을 거쳐 산출을 만들어 낸다. 투입을 다양한 형태로 하거나 변환과정을 다르게 하더라도 산출은 동일한 결과를 얻을 수 있도록 해야 한다. 이는 목표를 달성하기 위해서는 한 가지 방법만 유효한 것이 아니라 다양한 접근을 할 수 있다는 것을 뜻한다.

> **Check Point**
>
> **동일 결과 창출**
> 이인동과성이라고도 하며 다양한 변형과정을 거쳐도 비슷한 결과물을 산출하는 것

④ 경계의 침투성(Permeability of boundaries)

개방시스템은 변화하는 외부의 환경에 의해서 침투와 영향을 받는다. 경계는 시스템의 한계 영역이며 침투성은 시스템이 환경과 반응하는 것을 말한다. 예를 들면 병원은 지역사회, 의료 환경, 정부 등의 요구에 의해 변화한다.

⑤ 시스템과 하위 시스템의 접점

접점이란 두 개의 하위 시스템이나 시스템의 상호 의존적인 영역을 말한다. 예를 들면 하위 시스템인 생산과 서비스가 만나는 지점을 말한다. 전체 조직시스템은 공급업체, 정부, 공동체 조직, 노동 조직 등과 여러 접점을 가지고 있다. 접점에는 갈등이 있을 수 있다. 가령 병원에서 병실급식을 할 때, 영양 파트와 간호 파트의 접점에서 긴장이 그 예이다.

⑥ 시스템의 계층적 구조(Hierachy)

시스템은 계층적 구조를 가지고 있다. 시스템은 여러 개의 하위 시스템으로 구성되며, 하나의 시스템 아래에 여러 개의 하위 시스템들이 존재한다. 병원시스템은 영양 부문, 간호 부문, 방사선과 등과 같은 하위 시스템이 존재한다.

03 급식서비스시스템 모델

단체급식을 담당하는 관리자는 시스템을 다음과 같이 이해해야 한다.

시스템은 운영방식에 대한 생각이다.

시스템은 경영체를 조직하는 방법이다.

시스템은 경영하면서 부딪치는 문제를 해결하는 장치이다.

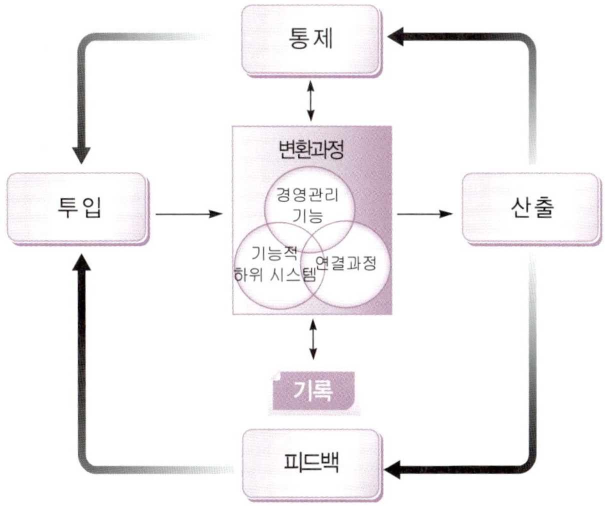

그림 2-2 급식경영시스템

급식서비스시스템은 급식 조직에 맞게 시스템을 적용하고 발전시킨 것이다. 급식서비스시스템의 모델은 기본 시스템 모델을 변형한 것이다(그림 2-2). 급식서비스시스템의 투입은 인적 자원과 물적 자원으로 이루어지는데 구체적으로 재료, 설비, 운영적인 것이 대부분이며, 이를 활용해서 생산품인 산출을 만들어낸다.

투입 요소는 통제에 의해서 영향을 받는다. 계획은 통제요소로서 만일 고급 식당의 개설을 목표로 하려면 종업원의 기술 능력이나, 메뉴, 투자금, 설비 등이 계획에 의해서 영향을 받는다.

변환과정은 급식서비스 운영의 기능적 하위 시스템(functional subsystem), 경영관리 기능(managerial functions), 연결과정(linking process)을 포함한다.

기능적 하위 시스템은 목적에 따라서 구매, 생산, 배식·서비스, 위생·유지 등으로 나뉜다(그림 2-3). 급식서비스시스템의 종류에 따라 시스템 내의 하위 시스템은 다양하게 구성될 수 있다.

시스템의 종류는 하위 시스템의 특성화 활동에 영향을 준다. 예를 들어 고급 음식점은 생산 부서에 자원을 중점적으로 투입하는 반면, 병원과 학교는 배식·서비스에 중점을 둔다. 즉 예정된 시간에 적은 급식으로 질 좋은 식사를 공급하는 것이다.

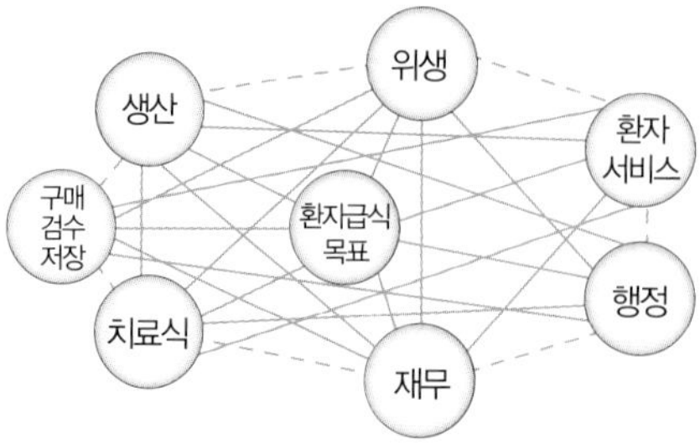

그림 2-3 병원급식 하위 시스템의 상호연관성

경영관리기능은 변환과정에 있어서 중요한 요소로 시스템 목적에 맞게 하위 시스템들을 조정해 경영관리기능을 수행한다. 관리기능은 계획, 조직, 충원, 지휘, 통제를 포함한다. 연결과정은 의사결정, 의사소통, 균형을 포함한다. 이러한 요소들은 변환과정에서 시스템의 특성과 활동을 효과적으로 조정한다.

의사결정은 여러 가지 대안 중에서 활동으로 선택된 것을 말한다. 의사소통은 결정과 정보를 전달하는 방법이다. 균형은 변화하는 환경에서 조직의 안정성을 확보할 수 있는 관리 능력이다. 산출은 투입된 시스템으로 변환과정을 거쳐 만들어낸 상품과 서비스이다.

급식에서의 산출은 음식의 질과 양 그리고 소비자 만족도, 종업원 만족도, 재정적인 책임 등이다. 음식의 질과 양은 급식업소의 유형에 따라 소비자의 기대에 맞게 생산되어야 하지만 기숙사와 고급 식당의 소비자가 원하는 음식의 질과 양은 다를 수밖에 없다.

급식업소에서는 종업원 만족도가 매우 중요하므로 급식 관리자는 급식업소의 목표와 종업원의 목표가 일치하도록 잘 조정해야 한다.

재정적인 책임은 급식기관이 영리 목적이든 비영리 목적이든 모두 원가와 수입을 잘 통제해야 한다.

통제는 목표, 목적, 표준, 정책, 과정, 프로그램을 포함한다. 예를 들면 메뉴는 식품, 노동비, 기기 종류, 고객, 이윤 등을 통제한다. 계약과 법규 등도 통제에 포함된다.

메모리는 급식서비스시스템에서 사용되는 정보를 저장한다. 재정상태, 인사기록, 메뉴 목록, 수요예측 등은 기록으로 반드시 남겨야 한다.

이와 같은 기록을 살펴봄으로써 경향을 파악할 수 있다. 시스템은 경영체를 둘러싼 환경과 연결해 논의되어야 한다.

04 급식시스템의 유형

급식시스템의 유형은 전통적 급식시스템, 중앙공급식 급식시스템, 조리저장식 급식시스템, 조합식 급식시스템 등 4가지이다.

1. 전통적인 급식시스템(Conventional food service system)

전통적인 방법으로 운영되어 오던 급식 형태를 말한다. 가공되지 않은 원재료를 구입하여 급식 장소에 있는 부엌에서 손질하여 조리한 후, 식당에서 배식하는 시스템으로 한 장소에서 급식이 이루어진다. 급식관리 매니저들은 노동비를 줄이기 위해서 가공 정도가 다른 식품 재료를 활용한다.

최근에는 1인분(portion)씩 나누어져 있는 육류, 빵, 가공식품도 구매해서 식품재료로 이용하고 있다. 생산된 음식을 따뜻하게 또는 차갑게 유지하여 제공한다. 장점으로는 위생적으로 안전한 양질의 식사를 제공할 수 있다. 단점으로는 급식 시간대에 업무가 집중되므로 피크 타임에 많은 노동력을 필요로 한다. 급식을 위해 숙련된 조리원이 필요하므로 인건비가 상승한다.

> **Check Point**
>
> **✣ 전통적인 급식시스템**
> 급식소에서 재료구매, 생산, 소비가 모두 이루어지는 전통적인 급식형태

2. 중앙공급식 급식시스템(Commissary food service system)

기술 발달의 결과로 인한 급식 설비의 발달은 중앙공급식 급식시스템을 탄생시켰다. 음식재료의 구입과 음식 생산 설비 등을 중앙집중화하고, 만들어진 음식을 여러 곳으로 분배함으로써 배달된 곳에서 최종적으로 재가열 및 배식하는 시스템을 말한다. 이때 배식이 이루어지는 장소를 위성급식소(satellite kitchen)라고 한다. 음식은 대량으로 준비돼 차가운 음식은 차갑게, 뜨거운 음식은 뜨거운 상태로 운반한다.

음식의 온도를 유지할 수 있는 운반 기구를 필요로 한다. 중앙공급식 급식시스템의 중앙급식 부엌에서는 다량으로 식품을 구매해 손질하므로 가공할 수 있는 기계와 저장시설을 필요로 한다. 장점으로는 대량으로 식품을 구입해 가공하므로 비용을 절감할 수 있다.

위성급식소에서는 작은 공간과 재가열 설비와 같이 간단한 설비만을 필요로 하므로 인건비를 감소시킨다. 단점으로는 음식을 운송하고 배분하는 과정에서 품질의 안전성에 대한 위험요인에 노출될 수 있다. 관능적 품질 저하뿐만 아니라 미생물적인 품질 저하를 가져올 수 있다.

3. 조리 저장식 급식시스템(Ready prepared food service system)

이 시스템은 인건비의 증가로 인한 숙련 기술자의 부족을 해결하기 위해 만들어졌다. 음식을 생산해 피급식자에게 바로 공급하지 않고 냉장·냉동을 통하여 일정 기간 저장한 후 필요할 때 간단히 재가열해 제공한다. 생산과 소비가 연속적으로 이루어지지 않는다.

Cook-chill 방법과 Cook-freeze 방법, Sous-vide가 많이 쓰인다. 음식 생산 후 빠르게 냉각하거나 냉동해 저장 후 필요할 때 사용한다. 이를 위해 효율적인 재가열 설비가 필요하다. Sous-vide는 음식을 생산한 후 파우치에 넣고 진공 포장하여 저장했다가 끓는 물에 넣어 재가열하여 사용하는 방법이다. 장점으로는 피고용인을 효율적으로 활용함으로써 피크 타임을 줄이고 인건비를 낮출 수 있다.

사전 계획에 의한 조리가 가능하므로 소비자가 원하는 다양한 선택 메뉴를 제공할 수 있다. 단점으로는 제품 생산의 특성상 식품 미생물에 의한 위해와 재가열에 의한 품질저하가 일어날 수 있다.

4. 조합식 급식시스템(Assembly/Serve foodservice system)

편의 식품 급식시스템이라고도 하며, 최소의 조리를 필요로 하는 급식시스템이다. 인건비의 상승과 숙련된 조리사의 부족으로 생겨난 급식시스템이다. 가공된 식품을 구입하여 저장 재조합, 가열과 서비스를 거쳐 음식을

Check Point

중앙공급식 급식시스템
음식생산을 중앙집중화하고 여러 곳에서 배식을 함으로써 생산성을 증가시킨 급식형태

Cook-chill
음식을 조리한 후 급속 냉장시켜 30℃ 온도대로 저장한 후 재가열하여 배식하는 방법

Cook-freeze
음식을 조리한 후 급속 동결시켜 저장한 후 재가열하여 배식하는 방법

수비(Sous-vide)
플라스틱 백에 재료를 넣은 후 진공시키고 특정 온도로 음식을 조리하는 방법

조리 저장식 급식 시스템
음식을 생산하여 바로 사용하지 않고 일정기간 저장한 후 필요한 시기에 재가열을 배식하는 급식형태

제공한다. 예를 들면 채친 당근과 미리 1인 분량으로 나누어져 있는 조리된 육류 등을 구입한다.

장점으로는 인건비의 절감과 급식소 시설의 최소화로 초기 투자비용이 절감된다. 단점으로는 식재료비의 증가를 가져올 수 있다. 또한 이미 조리되어 있는 음식을 구입하므로 품질이나 맛의 통제가 어렵고, 일률적인 음식을 제공하므로 개인의 기호와 욕구를 충족시키기 어렵다.

Check Point

조합식 급식시스템
완전조리식품 또는 부분조리식품을 활용하여 조리과정을 최소화하여 배식하는 급식형태

Chapter 03

경영이론의 발전과정 및 경영관리기능

경영학은 변화하는 경영 환경과 이에 대응하는 경영자의 행동을 다룬다. 때문에 경영이론은 실제 기업 경영 현장에서 일어나는 다양한 문제를 해결하는 데 도움을 주어야 한다. 경영학의 학문적 발전과정을 살펴보면 경제학, 심리학, 사회학, 통계학, 수학 등의 전통적 학문의 영향을 많이 받았음을 알 수 있다.

기업 환경은 복잡해지고 해결해야 할 문제가 많은 상황에서 여러 학자들의 경영이론을 살펴보는 것은 적절한 해결 방안을 모색하는 데 도움이 된다.

어느 이론도 각각의 경우에 맞는 이론을 제시할 수 없으나 목적에 맞는 알맞은 방법을 이들로부터 이끌어내야 한다. 이와 같이 급식 경영자는 과거 경영 이론에서 지식을 얻을 수 있는 동시에, 새로운 경영이론도 수용할 수 있어야 한다.

01 경영이론의 발전과정

1. 과학 중심의 경영이론(Scientific management)

(1) 과학적 관리법

과학적 관리법은 테일러(Taylor)에 의해서 연구되었으며, 테일러는 '과학적 관리의 아버지' 로 불리고 있다. 미국에는 남북전쟁 이후 대규모 공장이 출현하였으며 노동자들은 대부분 미숙련공이었다.

따라서 일의 분업과 작업의 단순화 및 기계화가 도입되었으며, 이는 실업, 장시간 노동, 임금 인하 등의 문제와 노사대립 및 노동자의 태업을 야기했다. 이러한 상황에서 노동자의 조직적 태업을 방지하고 고장 생산능률을 향상시키는 것이 경영자들의 중대한 관심사였다.

당시 조직적 태업의 근본 문제는 표준작업량의 불명확성에 있었기 때문에 테일러(Taylor)는 시간연구와 동작연구에 의한 표준작업량의 설정이 중요하다고 보았다. 테일러는 노동자의 적당한 하루 작업량, 즉 표준과업 설정을 위해서 시간연구와 동작연구를 하였다.

일일 표준작업량의 설정은 일류 노동자를 선택하여 작업을 요소마다 부분 동작으로 분해하여 각 동작에 필요한 소요 시간을 측정한다. 필요 소요시간에 여유 시간을 합하여 표준작업시간 또는 과업을 결정한다. 이 과업을 달성한 사람에게는 성과급을, 그렇지 못한 사람에게는 낮은 임금률을 적용하여 능률의 증진을 도모하였다.

> **Check Point**
>
> ✣ **과업**
> 공정한 1인의 작업량
>
> ✣ **표준작업량**
> 시간연구와 동작연구를 토대로 설정한 노동자의 적당한 하루 작업량

과학적 관리법의 4대 원칙인 최고의 과업설정, 표준적 조건 제시, 성공한 사람에 대한 우대, 실패한 사람에게는 손실 등을 제시하였다. 이는 과거 경험이나 직관에만 의지하던 관리 방식에서 체계적이며 합리적인 과학적 관리법을 제창한 계기가 되었다.

과학적 관리법의 문제점으로는 과업 설정의 과정이 객관적, 과학적이지 못하고 주관에 의해 비과학적으로 설정된 것을 들 수 있다. 또한 표준작업량이 일류노동자에게나 가능한 최대량으로 설정되어 있어 일반 노동자와 사용자 간의 원만한 교섭을 저해하는 요인이 되었다.

(2) 동작연구

길브레스(Gilbreth)는 과학적인 동작연구를 통해 과학적 관리법의 근거를 제시하였다. 불필요한 동작을 제거해 불필요한 시간과 노력을 최소화하고 최선의 작업방법을 강구하려고 하였다. 이때 개발된 필름 분석, 공정 분석도 등은 산업공학의 기초가 되었다.

이 연구 중에는 'Therblig' 라고 부르는 동작이 제시되었는데, 길브레스의 이름을 거꾸로 하여 명명된 것이다. 간트 (Gantt)는 공장 생산의 생산 계획, 일정 계획, 진도 관리 등에 사용되는 간트 차트를 고안하였다.

> **Check Point**
>
> ✣ **동작연구**
> 불필요한 동작을 없애고 체계적인 동작을 제시함으로써 시간 절감과 피로도를 낮추어 생산성을 높이려는 연구

(3) 포드(Ford)시스템

포드는 자동차 생산에 컨베이어시스템(conveyer system)을 도입하여 대량생산과 원가절감을 달성할 수 있었다. 포드는 각 작업을 단순작업으로 분해하고, 각 작업소요시간을 평균화하여 일정한 속도로 이동하는 컨베이어시스템에 따라 전 공정을 연결하여 동시에 진행시켰다.

이러한 생산관리 방식을 포드시스템이라고 한다. 포드는 경영합리화에 의해서 원가절감이 이루어져야 한다고 하였다. 구체적 방법으로 생산의 표준화, 이동조립법을 채택하였다.

컨베이어벨트에 의한 이동 · 조립 · 생산방식은 표준화가 전제되어야 한다. 이를 위한 기본요건으로 제품의 규격화(Standardization), 공정의 전문화(specialization), 작업의 단순화(simplification)를 주장하였다.

(4) 페이욜(Fayol)의 관리론

페이욜(Fayol)은 프랑스 광업회사 사장으로 있으면서 경영에 있어서 관리 활동의 중요성을 강조하였으며 '경영관리론의 아버지' 로 불린다. 그는 기업은 규모나 산업의 종류에 관계없이 기술, 영업, 재무, 안전, 회계, 관리의 6가지 기능을 가지고 있다고 하였다. 이 중 관리기능을 제외한 5가지 기능은 전문적 기능이라고 하였다. 반면에 관리기능은 전반적 운영 활동이며, 이는 5가지 요소로 이루어진다고 주장했다.

그의 이론에 따르면 관리기능은 계획, 조직, 명령, 조정, 통제로 이루어지며 계획은 미래에 대한 탐색 및 활동 계획을 수립하는 것이다. 조직은 기업의 물질적 및 사회적 조직을 구성하는 것이다. 명령은 종업원에 대한 지휘기능이다. 조정은 모든 활동과 노력을 결합 · 통일 · 조화시키는 활동이다. 통제는 이미 확정된 기준, 명령에 따르도록 감시하는 것이다. 이러한 원칙에 의해서 기업 형태와 특성에 따라 탄력적으로 적용한다.

2. 인간 중심의 경영이론(Human Relations Approach)

과학적 관리법의 이론들은 생산과정의 능률연구에 초점을 맞추어 일선 노동자들의 능률을 향상시키는 데 목적을 두었다. 이는 인간을 기계와 같이 취급한 것으로, 이에 대한 반발로 인간 중심의 경영이론이 대두되었다.

메이요(Mayo)는 인간의 심리적·사회적 측면을 고려한 인간 관계론을 발전시켰으며 이 이론은 행동과학 학파에 의해 계승되었다.

(1) 인간관계론

호손 실험은 메이요(Mayo) 등이 중심이 된, 시카고 교외의 웨스턴 전기회사(Western Electric Co.)의 호손(Hawthorne) 공장에서 1924년부터 1932년까지 약 10년간에 걸쳐 실시된 일련의 실험을 말한다. 이 실험의 주요 내용은 다음과 같다.

① 조명실험(1924~1927)

이 실험은 조명의 질과 양이 노동자의 능률에 미치는 관계를 알아보기 위한 실험이었다. 그러나 결과는 예상과 달리 조명은 작업능률에 별다른 영향을 미치지 않는 것으로 나타났다.

② 릴레이 조립실험(1927~1929)

여직공을 대상으로 작업능률 향상에 도움이 된다고 생각되는 조건들 — 작업 시간의 단축, 휴식 시간의 합리적 배정, 간식의 제공, 임금 제도, 작업 환경 개선 — 이 생산성과 상관성이 있는지 보았다. 이 실험에서 종업원의 사기나 부하에 대한 감독 방법이나 인간관계 등이 업무에 영향을 미친다는 결론을 얻었다.

> **Check Point**
>
> **✣ 공식조직**
> 조직도에서 볼 수 있는 조직의 수직적, 수평적 관계
>
> **✣ 비공식조직**
> 구성원에 의해 자발적으로 이루어진 조직

③ 면접실험(1928~1930)

종업원들과 면접조사 결과, 근로자의 생산성에는 작업장의 물리적 조건보다는 사회적 조건과 심리적 조건이 영향을 미친다는 결론을 얻었다.

④ 배선작업 관찰실험

회사 내에서 공식조직과는 별도로 자연 발생적으로 형성된 비공식조직의 존재를 인식하게 되었으며, 조직구성원은 이에 의해서 영향을 받는다는 결론을 얻었다.

이 실험의 결과는 인간이 물질적인 요인에 의해서 뿐만 아니라 정서적·심리적 측면에 의해서 영향을 받는다는 사실을 알려 주었다. 제한점으로는 지나치게 감정적인 면에 치우쳐 비공식조직을 중시하였다는 점이다.

(2) 행동과학 이론

행동과학은 인간의 행동을 종합적이고 과학적으로 연구하기 위해서 심리학·사회학 등의 여러 학문적 연구 방법을 활용한 응용학문으로, 인간 관계론을 계승하였다. 관리자가 인간을 보는 관점에 따라서 동기 유발을 할 수 있는 환경을 구성해 주는 요인을 결정하였다.

① 매슬로우의 욕구계층이론(Maslow' s need hierachy)

매슬로우(Maslow)는 인간 욕구가 하위 욕구부터 상위 욕구까지 계층적으로 존재한다고 주장하였다. 인간의 욕구는 제일 하위 단계의 욕구가 충족되었을 때 그 상위 단계의 욕구로 이동한다고 한다. 인간의 욕구 계층은 생리적 욕구(physiological needs), 안전에 대한 욕구(safety needs), 사회적 욕구(social needs), 자아 존중의 욕구(esteem needs), 자아실현의 욕구(self-actualization needs)로 계층적으로 이루어지는 것이다(그림 3-1).

> *Check Point*
>
> **생리적 욕구**
> 생존을 위한 욕구
>
> **안전 욕구**
> 위험한 것으로부터 안전하려는 욕구
>
> **사회적 욕구**
> 소속감을 느끼거나 사랑받으려는 욕구
>
> **자아존중 욕구**
> 다른 사람으로부터 존경받으려는 욕구
>
> **자아실현 욕구**
> 창조적인 일에 도전하고 자아실현하고자 하는 욕구

생리적 욕구는 생존을 위한 욕구이다. 생존을 위해 필요한 것으로서 임금이나 복리후생에 의해 충족될 수 있다. 안전에 대한 욕구는 위험한 것으로부터 안전을 확보하고자 하는 욕구이다. 이는 안전이 확보된 작업환경 등에 의해 충족될 수 있다. 사회적 욕구는 사람들과 어울리면서 소속감을 느끼거나 사랑을 받고자 하는 욕구이다. 취미활동이나 친선경기 등의 비공식적 모임을 통해서 충족될 수 있다.

자아 존중의 욕구는 다른 사람으로부터 존경을 받고자 하는 욕구로 일에 대한 책임, 칭찬이나 성취에 대한 인정, 권위적 시설을 이용할 수 있는 자격 등을 가질 때 충족될 수 있다. 자아실현의 욕구는 창조적인 일에 도전하고, 잠재적 성장을 위한 기회를 얻음으로써 개인의 자아를 실현하고자 하는 욕구를 말한다.

욕구는 동기 유발을 하게 되고 동기가 생김으로써 조직의 목표를 성취할 수 있다. 이 이론은 피고용인의 욕구나 동기유발을 일으키는 것이 무엇인가를 관리자가 이해하는 데 도움을 주었다. 따라서 종업원의 욕구를 이해하고 욕구를 충족시킬 수 있는 동기 부여를 제공함으로써 직무수행을 잘 할 수 있게 하는 역할을 한다.

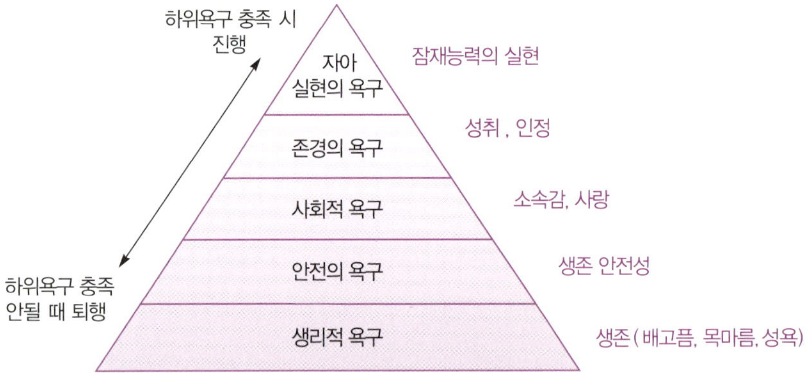

그림 3-1 Maslow의 욕구계층이론

② 맥그리거(McGregor)의 X 이론과 Y 이론

맥그리거(1960)는 인성과 동기유발에 대한 관점 사이의 상관성을 이해해야 한다고 하였다. 인간의 본성을 부정적으로 보는 시각을 X 이론, 긍정적으로 보는 시각을 Y 이론으로 지정했다.

- X 이론

대부분의 인간은 게으르고, 지시를 받거나 통제를 받아야 일을 한다고 생각하였다. 그러므로 관리자는 사람들을 엄격히 통제하고 일을 강제해야 한다고 생각한다. 대부분의 관리자들이 이렇게 생각한다. 종업원들은 관리자가 끊임없이 관찰할 것이라는 두려움 때문에 동기 유발이 된다.

그러므로 관리자는 종업원들이 일하기 싫어하고, 책임회피를 하거나, 욕망이 없고, 지시받기를 원한다고 생각한다. 벌이나 통제를 통해 이러한 약점을 보완하고 일을 수행하도록 몰아붙여야 한다는 것이 X 이론이다.

- Y 이론

인간에게 주어진 여건이 맞을 때 일을 하는 것은 노는 것이나 마찬가지이므로 흥미 있고 만족스러워야 하며, 이를 만족시킬 수 있는 여건하에서 일의 능률이 올라간다고 생각하였다. 종업원은 놀이하듯이 즐기면서 일을 할 때 조직 목표를 위해 스스로 동기유발을 한다고 생각하였다.

그러므로 관리자는 민주적인 분위기로 조직을 만들고 의사결정에 직원

Check Point

✣ X 이론
인간의 본성을 부정적으로 보는 이론으로 관리를 위해서는 통제를 해야 한다는 이론

✣ Y 이론
인간의 본성을 긍정적으로 보는 이론으로 민주적으로 관리

들을 참여시킨다. 또한 유연한 작업시간을 시행하는 것이 좋다.

위와 같이 종업원을 어떤 시각으로 보느냐에 따라 리더십 유형이 달라진다는 게 Y 이론이다.

③ 2요인 이론 (Two factor theory)

허즈버그(Herzberg)는 일을 하고자 하는 동기에 대해 2요인 이론을 발전시켰다. 일에 대한 만족(job satisfaction)이나 불만족(job dissatisfaction)을 느끼는 것은 직무에 대한 만족과 관련된 동기유발요인(motivation factor), 일의 내용이나 환경과 관련된 위생요인(Hygiene or maintenance factor)에 의해서 영향을 받는다고 하였다.

동기유발 요인에는 성취, 인정, 책임, 성장, 잠재적 성장 가능성, 직무 등이 포함된다. 동기유발 요인이 존재할 때는 매우 높은 동기가 유발되고 일에 대한 만족감을 갖게 된다. 그러나 동기유발요인이 없어도 일에 대한 불만족은 그리 높지 않다고 한다. 위생요인은 환경이나 일과 관련된 상황으로 임금, 감독, 직업의 안정성, 근무, 환경, 조직의 정책, 인간 관계 등을 포함한다.

위생요인에 대한 불만족의 제거는 일에 대한 만족을 일으키기는 하지만 이러한 것이 만족되더라도 동기유발을 시키지는 못한다고 하였다. 이 이론은 관리자들이 직장에서 동기유발을 시키는 데 필요한 것이 무엇인가를 파악하는 데 기여를 하였다.

④ 아지리스의 성숙 이론(Maturity theory)

아지리스(Agyris)는 조직구성원을 성숙인과 비성숙인으로 구분하고 그들의 성숙 정도에 맞추어 관리를 해야 한다고 하였다. 인간은 성숙할 때 여러 가지 면에서 변화를 일으킨다. 수동적인 행동은 적극적으로 변화되며 의존적인 모습에서 독립적으로 변화한다. 성숙한 종업원은 능동적이고 독립적이며 미래지향적으로 행동한다.

이때 관리자의 지나친 규제나 간섭은 이들에게 가치관과의 괴리를 일으켜 이직이나 결근을 초래할 수 있다. 그러므로 성숙인을 잘 다루기 위해서는 민주적인 리더십으로 조직의 지나친 규제를 완화하고, 그들이 성장할 수 있도록 자율을 어느 정도 허용하는 것이 필요하다고 하였다.

⑤ **일의 질 운동**(Quality of work movement)

인간관계이론을 잇는 1970년대의 이론이다. 종업원들의 15~20%만이 자기 일에 만족을 느끼고 있다는 보고를 근거로 종업원들이 자기 능력을 활용할 수 있는 직장 환경이 매우 중요하다고 인식하였다. 따라서 직장 환경으로 직장의 민주적 분위기(democracy), 일하는 시간의 유연성(flextime), 탁아시설과 같은 복리후생제도(benefit), 일의 내용에 의미있는 내용(job enrichment)을 강화해서 하는 일에 자부심과 책임감을 느끼게 하는 것 등이 중요하다고 하였다.

(3) 계량이론

계량경영이론(Operations Research)은 1960년대부터 널리 쓰이기 시작했으며, 수학적 모델을 이용하여 문제 해결에 이용한다. 2차 대전 중 영국에서 독일 비행기의 접근을 부족한 비행기 대수로 방어하기 위해서 효율적으로 비행기 배치를 하는 데 수학적 모델을 적용함으로써 시작되었다. 경영 문제점에 과학적 방법을 적용시킴으로써 양적으로 표현하게 되었다. 데이터를 수집한 후 가장 좋은 방법을 선택하여 적용한다.

① **선형계획법**(Linear programming)

목적을 위해 제한된 자원을 효과적으로 가장 알맞게 분배할 수 있도록 수학적 모델을 적용하여 방법을 찾아내는 기법이다. 의사결정 시에 가장 효율적으로 사용된다. 예를 들면 낮은 원가를 유지하거나 또는 높은 이윤을 확보하는 것이 목적이 될 수 있다. 이때 가지고 있는 자원의 제한점과 이들의 상관성을 고려해야 한다. 효과성(effectiveness)의 기준(criterion)과 각 대안을 양적으로 표현할 수 있어야 한다.

② **게임이론**(Game theory)

의사결정 과정에 많이 이용되는 것으로, 최대를 얻고 최소를 잃는 전략을 구사하는 것이다. 특히 시장의 점유율에 대한 결정을 할 때 많이 사용된다. 예를 들면 경쟁하는 두 업체가 동일 대상을 고객으로 유치하기 위해 판촉(promotion) 또는 할인 행사를 하는 전략을 활용할 수 있다. 이때 상대 업체도 같은 방법을 사용할 가능성이 있다. 그러므로 상대방이 취할 확률이 가장 높은 방법을 정하고 가장 좋은 결과를 가져올 수 있는 대안을 선택한다.

③ **시뮬레이션**(Simulation)

어떤 장치를 이용하여 실제 상황이 일어났을 때와 같은 상황을 만들어 문제의 성질, 행동, 운영 특성 등을 연구하고 문제해결을 하기 위한 방법이다. 컴퓨터를 이용하여 문제 모형에 대해 상황을 평가하여 해결 방안을 찾는다. 이는 운영에 방해를 주지 않으면서도 작업과정 등에 변화를 줄 때 나타날 수 있는 문제점들을 예측하고 해결해 줄 수 있는 방법이다.

④ **대기이론** (Queuing theory)

줄 서서 기다리는 것과 관련된 이론이다. 서비스 산업에서는 고객이 기다리거나 작업이 지연되는 문제점을 해결하는 것이 관심대상이다. 기다림 때문에 지불해야 하는 경비와 이를 해결하기 위해서 설비를 확장하는 데 드는 비용 사이에 균형을 이루어야 한다.

왜냐하면 기다리는 시간이 길어지면 고객의 불만이 커져서 이용을 포기하기 때문에 오는 손실보다 설비 확장에 드는 경비가 훨씬 클 수 있기 때문이다. 따라서 시뮬레이션을 통해 두 가지 방법을 비교해서 최적의 방법을 선택해야 한다.

(4) 현대 경영이론

① **상황이론**(Contingency approach)

경영 방법은 고정적인 것이 아니기 때문에 경영체를 둘러싼 환경이 달라지면 이에 적합한 경영 방법을 적용시켜 효과적인 경영이 이루어져야 한다. 즉 상황에 따라서 그때마다 적절한 경영관리를 해 나가는 것이 필요하다고 하였다. 그러므로 사업의 성격이나 일의 종류, 종업원의 성향이나 외부적 경제 환경—불황이나 호황하에서 항상 같은 경영방법을 사용해서는 안 되며 각각 다른 상황에 적합한 경영관리기술을 개발해야 한다.

② **시스템이론**(System approach)

경영체를 운영할 때 조직을 보는 관점과 더불어 문제해결에 시스템적 접근을 더하고자 하였다(그림 2-2 참조).

시스템이란 기능적 단위로 이루어짐으로써 여러 개의 독립된 단위는 전체적인 목표를 달성하기 위해 유기적으로 연결되어 상호연관성이 있다는 개념이다.

시스템은 단순한 구성요소의 결합이라기보다 부분 단위들이 모여 목표를 달성하는 데 상호 의존에 의한 상승 효과를 낼 수 있는 전체 시스템의 개념으로 이해하면 된다.

하위 시스템의 유기적 결합을 통해 전체 시스템에 새로운 가치 또는 보다 나은 가치가 창출된다. 한 부분의 변화가 다른 부분에 영향을 미치고 이 과정에서 서로 통합 · 조정이 이루어지면서 전체 시스템에 새로운 가치가 창출된다. 시스템은 투입(input), 변환과정(transformation process), 산출(output), 피드백(feedback)의 4가지 요소로 구성된다. 변화하는 환경 속에서 시스템이 지속적으로 목적 달성을 이루기 위해서는 시스템의 안정성이 유지되어야 한다.

③ Z이론 (Z theory)

오우치(Ouichi 1981)는 일본과 미국 기업 조직의 특성을 비교하였다. 일본 기업의 세계적 성공에 따라 일본 기업의 조직 특성을 연구한 결과는 다음과 같았다. 일본 기업경영은 종신 고용, 느린 평가와 승진, 비전문화된 경력 개발 경로, 전체적인 의사 결정 참여, 조직 전체에 대한 관심으로 특징을 짓고 있다.

반면에 미국의 조직은 단기 고용, 올바른 평가, 전문화된 경력 개발 경로, 개인 의사결정, 분화된 관심 등으로 특징지었다. 이에 따라 일본식 경영기법을 미국의 경영 기법에 접목시켜 미국식 경영의 유용성을 증대시킨 'Z 이론' 을 개발하였다.

Z 이론은 장기 고용, 합의적 의사 결정, 개인적 책임, 느린 평가와 승진, 비공식적 통제와 공식적 측정, 적절히 전문화된 경력 개발 경로 등을 중시한 이론이다. 급식산업에 적용된 예를 보면, 종업원에 대한 존중이 임금 지급으로만 보상하는 미국식 경영 기법과 다른 점이라고 할 수 있다. 그러나 지난 20년간 일본 경제가 나빠짐으로써 이 이론은 더 이상 각광을 받지 못하게 되었다.

Check Point

✣ **고객 만족**
고객의 기대를 충족시키거나 그 이상으로 충족시켰다고 고객이 인식하는 것

(5) 그 밖의 경영기법

① 벤치마킹(Benchmarking)

기업들이 경쟁기업제품이나 행동을 보고 배우는 행위이다. 1979년 제록스(Xerox) 사에서 처음으로 시작되었다.

타 회사의 제품, 서비스, 고객 만족 등을 체계적으로 비교하여 어떤 점에서 차이가 나는가를 파악하고 자사의 경쟁력을 높이는 것을 말한다. 대체로 동종 업계의 최고 회사가 비교 대상이 된다.

② 아웃소싱(Outsourcing)

기업 운영 부문의 일부를 제3자에게 일임하는 것을 말한다. 조직을 크게 유지하는 것은 비용 부담이 있으므로 정보 관리나 연구 개발 관리 등과 같은 운영 부문을 전문적으로 관리하는 신뢰할 수 있는 제 3자에게 위임하여 효율적으로 대행하게 하는 것을 말한다.

③ 종합적 품질 경영(TQM, Total quality Management)

품질 관리를 하기 위한 경영 기법으로 고객 만족을 위해 기업의 전 부문이 함께 생산성 향상과 품질 향상을 위한 노력을 하는 것이 특징이다. 종합적 품질 경영의 특징으로 고객 중심, 공정 개선, 전사적 참여를 들 수 있다. 경쟁사보다 훨씬 적은 결함을 지닌 제품이나 서비스를 제공함으로써 고객을 만족시킨다. 이때의 고객은 소비자, 내부 구성원, 외부 구매자를 포함한다. 작업 공정마다 지속적인 주의를 기울임으로써 지속적인 개선을 이루어낸다. 또한 이를 위해 최고 경영자의 통솔하에 종업원들의 능력 활용과 협력업체의 협조가 이루어진 참여가 필요하다.

④ 6 시그마(6 Sigma)

품질관리를 위한 경영 기법으로 데이터에 입각해서 결함이 있는 제품을 분석하여 그 원인을 제거하는 방법이다. 모토로라에서 시작되었다. 6 시그마는 품질 지표로서 100만 개당 3.4개의 결함 제품이 나온 것을 의미한다. 결함 요인을 파악하고 공정개선을 통해서 결함이 없는 제품을 생산하는 품질관리기법이다.

⑤ 리엔지니어링(Reengineering)

오늘날의 시장 환경에 맞는 혁신적이고 급격한 개선을 위해서 경영 과정을 새롭게 디자인하여 기업 경영의 질을 높이려는 방법이다. Taco Bell이라는 패스트푸드 업체는 매장의 고객 서비스 면적이 30% 정도로 협소한 편이었지만 음식 제조과정을 개편함으로써 고객 서비스 면적을 70%로 늘렸다. 이 결과 종업원의 노동시간 감소와 함께 매출 실적 600% 증대라는 결과를 가져왔다.

⑥ 리스트럭처링(Restructuring)

기업을 둘러싼 환경이 변화함에 따라 기업의 주요 사업이라 할지라도 성장 가능성과 채산성이 불확실한 상황이 되면 이 사업을 포기하고 새로운 유망 부문에 모든 경영 자원을 집중시키는 방법이다. 이를 위해서 조직 개편을 혁신적으로 단행하는 구조 조정이 이루어진다.

⑦ 린(Lean)

최소의 노동력, 최소의 작업 공간, 최소의 설비로 경쟁자에 비해 빠른 시간 안에 제품을 만들어내는 것을 말한다. 급식업소의 경우, 작업 과정 흐름도를 작성하거나 비디오 테이프를 이용한 분석을 통해 최적의 작업과정을 만들고 종업원의 일에 대한 분배, 구매과정을 개선한다. 그 결과로 식품 경비의 최소화, 경영의 효율화 및 고객 만족을 이끌어낼 수 있다.

⑧ 인수 합병(M&A)

인수기업이 목표 기업을 완전히 결합시켜 법률적 · 사실적으로 하나의 단일 기업을 만드는 것을 말한다. 이는 기업을 인수함으로써 시장지배력 강화, 사업의 다각화, 세금 절세 등의 경영 효율성을 증대시킬 수 있다.

02 경영관리기능

경영관리기능은 계획, 조직, 충원, 지휘, 통제로 이루어져 있고 이들은 상호 관련을 갖는 순환적 관계를 이루고 있다(그림 3–2).

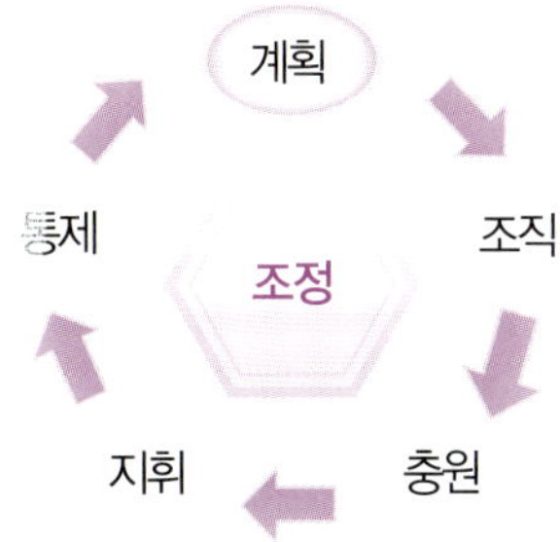

그림 3–2 관리기능의 순환

1. 계획(Planning)

계획은 미래에 조직을 위해 어떤 일을 해야 하는지를 결정하는 기능이다. 기업체를 경영하려면 목표를 설정하고, 달성에 필요한 행동 방안을 결정해야 한다. 계획은 단기목표와 장기목표를 포함한다. 장기목표는 조직이 나아가야 할 방향을 정하는 것이며, 단기목표는 생산을 위해서 매일 해야 하는 일을 결정하는 것이다. 방침(policy)과 절차(rocedure) 및 방법(nethod)으로 구체화하고 세분화된 운영계획을 결정한다. 계획은 관리기능의 시작이며, 조직의 직무 수행에 대한 통제기준을 제공한다.

2. 조직(Organizing)

조직은 목표를 달성하기 위해 필요한 직무의 내용과 기술(skill)을 결정한다. 조직은 직무와 그와 관련된 활동을 만들어내는 것이다. 목표 달성에 필요한 주요 활동을 분화하여 공식적인 조직의 구조를 만든다. 또한 직무 간의 관계를 명확하게 함으로써 권한과 책임의 한계를 결정한다.

3. 충원(Staffing)

충원은 목표를 달성하기 위해서 직무에 인적 자원을 배치하는 일이다. 조직 내의 직무에 필요한 조직 구성원을 효과적으로 선발하여 평가하고 육성하며, 직무에 인원을 배치하는 것이다. 직무의 내용과 특성을 분석하고 이 직무에 합당한 구성원을 모집 · 선발하여 배치한다. 종업원의 잠재적인 능력을 개발하는 교육 훈련을 포함한다.

4. 지휘(Directing)

종업원들이 조직의 목표를 달성할 수 있도록 그들에게 영향을 미치는 것을 말한다. 종업원들이 업무를 잘 수행하도록 동기를 부여하고 지도하며 감독하는 활동이다. 리더십을 적절히 구사하여 종업원에게 동기 부여를 함으로써 최대한의 능력을 발휘하도록 분위기를 조성한다.

5. 조정(Coordinating)

제한된 자원을 조직 내 여러 부문에서 사용하는 과정에서 갈등이 생길 수 있다. 이를 조정하기 위해서는 합리적인 의사결정이 필요하다. 조정은 의사소통을 통해 구성원이 서로의 의견을 교환하여 공동의 노력으로 갈등을 예방하고 조화를 이루는 기능을 말한다.

6. 통제(Controlling)

미리 설정한 계획과 성과가 일치하도록 하는 일련의 조치를 말한다. 경영체를 둘러싼 환경이 변화하고 있으므로 목표달성을 위해 계획과 연결시키면서 조절해야 한다. 또한 조직 구성원에게 일의 성과를 피드백함으로써 계획과 얼마만큼의 차이가 있는지를 알려주고 필요한 시정조치를 취한다.

경영관리 기능에 대해서는 4~7장에서 자세히 다루고 있다.

Chapter 04

경영 계획

01 계획의 기본 개념

조직의 관리에 필요한 여러 가지 활동을 합리적으로 수행하기 위해서는 조직이 나아갈 방향과 행동 과정이 결정되어야 한다. 경영관리 과정의 첫 단계인 계획 수립은 조직의 목표를 세우고 미래의 활동 과정을 설정하며 이에 대한 설계와 구상을 하는 과정이다. 이는 조직, 지휘, 통제 기능의 기초가 된다.

계획 전개도에 따르면, 모든 창조적 경영 행동은 아이디어를 정리해 사용할 수 있도록 되어 있다(그림 4–1). 전개도를 이용하여 자신의 기획에서 아이디어를 구상해 낸다.

기능 영역						기구·구조 영역		
분석	→	분해	→	구상	→	전개	→	종합
현실 문제	→	기능 요소	→	구조 요소	→	세분화된 구조	→	전체 구조
기획 테마	→	과제 요소	→	해결 방법	→	구체적 대안	→	목적 달성

그림 4–1 급식 계획의 기능과 영역

1. 계획의 수립

전략적 경영 계획은 조직의 목적, 가치관 그리고 사명을 확인하는 일에서 시작된다. 조직 운영의 기본 개념들은 최고 경영자로 하여금 전략적 계획수립에 대한 방향을 제시해 준다.

최고 경영자는 조직의 기존 사명을 재검토함으로써 전략적 계획수립을 시작한다. 조직의 사명과 다루고자 하는 기본적인 핵심 제품·시장·기술 간에 미치는 영향을 분석하고, 때에 따라서는 그 사명을 수정해 조직의 모든 구성원들에게 명백한 임무를 부여해야만 한다(그림 4-2).

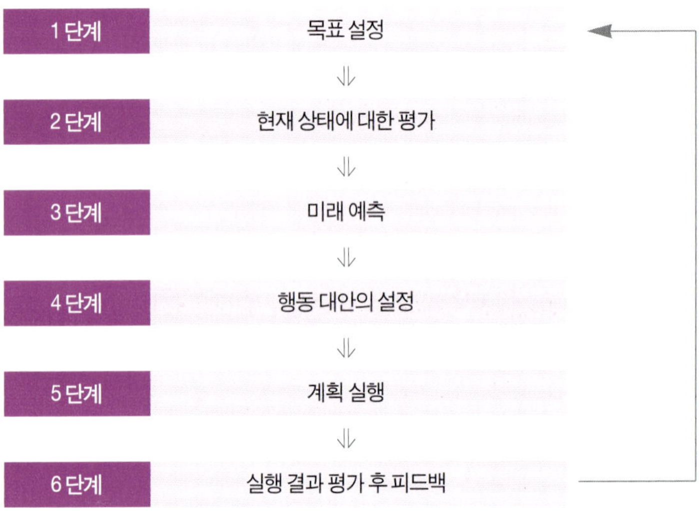

그림 4-2 경영계획수립과 문제 해결

2. 경영 기획

조직의 목표와 전망 및 기대 효과에 대한 합리적인 아이디어를 바탕으로 조직의 목적에 맞는 일을 계획해 과학적으로 추진하는 방법이다. 따라서 기획서는 철저한 조사·분석을 통해 현실감을 갖추고, 구체적이고 객관적인 자료를 바탕으로 정확하게 작성되어야 한다(그림 4-3).

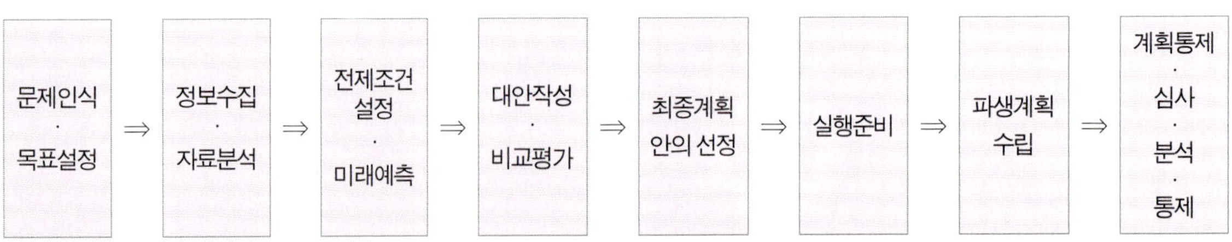

그림 4-3 기획 수립 과정

02 계획의 수립

1. 경영 계획

경영 계획은 기업의 장래를 예측하고 기업의 미래 모습을 부각시키는 모든 의사 결정을 말한다. 조직의 목적과 목표를 설정하고, 이를 달성하기 위한 전반적인 전략을 수집하며, 이러한 활동을 통합·조정할 수 있는 체계를 확립하는 과정을 말한다.

표 4-1 급식경영의 종합적 관점

	경영자의 역할	대상
전통적 관점	무엇을 할 것인가?	• 계획-조직-지휘-통제
시스템적 관점	어떻게 각 부분들을 조화시키는가?	• 개인-그룹-조직-환경
행동론적 관점	타인에게 어떠한 영향을 미치는가?	• 대인관계 역할 • 정보수집 역할 • 의사결정 역할 • 환경
상황적합적 관점	상황에 따라 어떤 관점을 활용해야 하는가?	• 외부환경 • 기술 • 조직구성원

2. 경영 계획의 과정

계획은 일련의 계층을 형성한다. 계획의 첫 단계는 조직의 목표를 설정함으로써 하위 부문 목표 설정의 기초가 되고, 이로부터 방침·절차·방법 등이 구체화된다. 따라서 경영 계획은 경영자가 담당 수행하는 계획화 – 조직화 – 동기부여 – 통제화의 관리 과정 중 제1단계 기능으로서 가장 중요한 과정이다(그림 4–4).

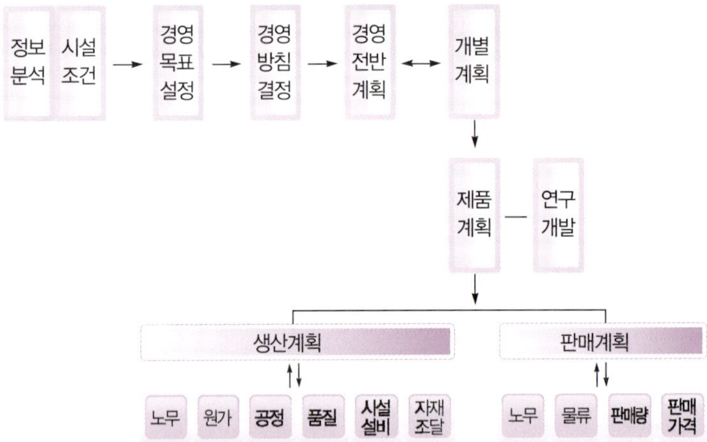

그림 4-4 급식경영 계획의 생산-판매 모식도

3. 경영 계획의 내용

경영 계획의 설정은 정보 활동 - 디자인 활동 - 선택 활동의 3단계 의사 결정과정을 거쳐 이루어진다. 그 구체적인 내용이나 요소에는 예측·목표·방침·프로그램·스케줄·절차·예산 등이 포함된다.

4. 경영 계획의 특성

경영 계획은 각 부서 수준의 계획보다 광범위하며 다음과 같은 특성을 갖추어야 한다.

① 예상된 결과를 직시해야 한다.
② 성취 가능하도록 설정되어야 한다.
③ 계측적이며 수량적인 특성을 갖는다.
④ 구체적이며 이해가 쉽도록 표기되어야 한다.
⑤ 기업의 전체 직원이 수용할 수 있어야 한다.
⑥ 각 부서 사이의 다양한 실천 활동이 조직되고 통합될 수 있게 균형을 이루고 있어야 한다.
⑦ 기업 전체 차원의 전략 계획과 부서 수준의 전술 계획, 실무 부서의 작업 계획, 그리고 개인 수준의 개별 계획 등과 같은 계층적 체계를 갖는다.

03 계획의 분류

1. 편의적 분류

계획은 어떤 기준에 의해 구분하느냐에 따라 분류할 수 있다.

(1) 성장 계획(Growth plan)

기업이 스스로 활동하고자 하는 방향, 목표, 추구하려는 성장률 등을 구체적으로 나타낸다.

(2) 고객 계획(User plan)

일반적으로 '어떠한 제품을 어느 시장에 판매할 것인가', 반대로 '시장에 어떠한 제품을 공급할 것인가' 라는 질문에 답하는 것으로 잠재적 수요 예측을 포함한다. 대체로 고객 계획의 기간은 1년이다(그림 4-5).

(3) 인적자원 관리 계획(Manpower-management-plan)

인적자원의 최대 효율을 도모하는 동시에 기업의 요구와 종업원의 개인 목적과의 적합화를 꾀하는 계획이며 인적자원 계획 또는 인사 계획(human resource plan)이라고도 한다. 이 계획은 단기·중기·장기 계획으로 나뉘고, 조직 계획, 인적자원 예측, 인적자원 감사, 행동 계획 등으로 구성되어 있다.

(4) 이익 계획(Profit plan)

제품 그룹당 또는 제품당 이익에 초점을 두는 것이 일반적이다. 따라서 이익 계획 입안자가 선두에서 전체 계획이 최대 이익을 실현할 수 있도록 노력과 지출을 최소로 하는 계획이다. 대체로 이익 계획의 기간은 1~3년이다.

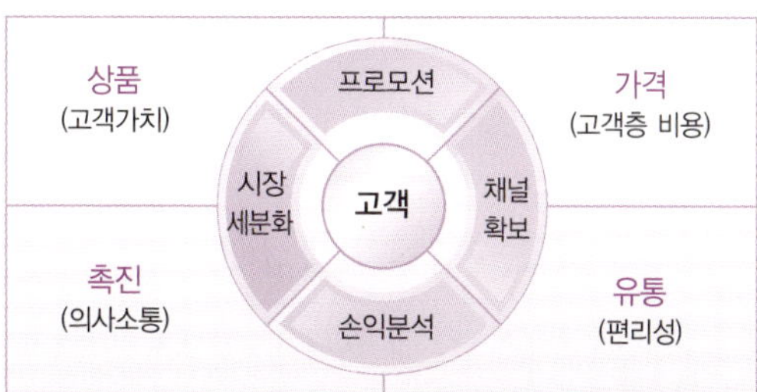

그림 4-5 경영관리에서 고객에게 제공할 조건

2. 체계적 분류

경영 계획은 시간의 장단, 영향력과 파급 효과의 대소, 관련 경영자 계층의 상하 등에 따라 전략, 전술, 작업 계획의 체계로 일반화할 수 있다.

기업에 따라서는 관련 산업의 특성, 제품의 수명 주기, 경쟁 상태, 생산 공정의 복잡성, 사내 분위기, 관련 부서 등에 따라 경영 계획의 체계가 일관적이지 못하다. 또한 특정 계획에 치중하는 경우도 있으므로 경영자는 끊임없이 경제적 결과와 인간관계에 의한 조직 운영을 평가해야만 한다.

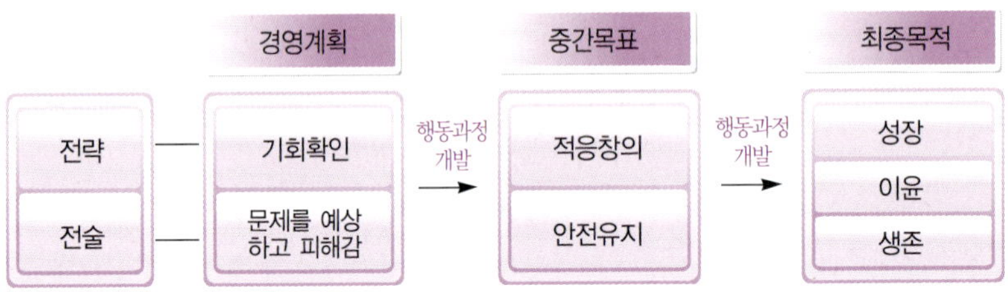

그림 4-6 계획 수립의 중요성

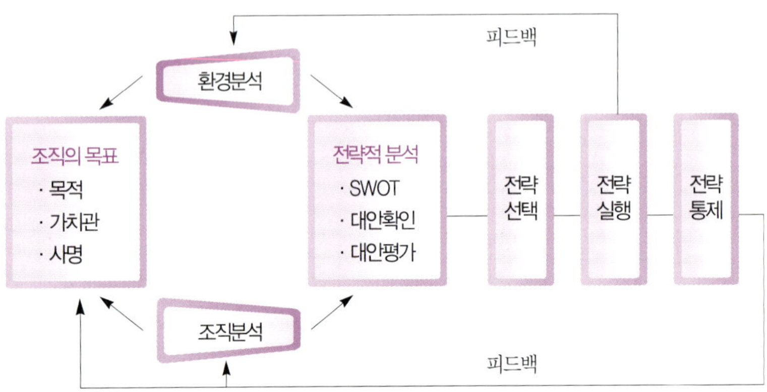

그림 4-7 전략 계획 수립 과정

(1) 전략 계획

전략 계획은 경영 목표를 달성하기 위해 소요되는 모든 자원의 조달·사용·처분을 규제하는 기업의 광범위한 지침이며, 장기적인 계획이다. 전략 계획은 주로 최고 경영자들에 의해서 주도되고, 경영 내·외부 환경 변화에 대처하기 위하여 기업의 바람직한 미래상을 구축하는 것이다.

경영전략은 최고경영자의 주된 책임이지만 경영전략에 속하는 사항을 최고경영자가 모두 다룰 수는 없기 때문에 기본 전략이 기업 조직 속에서 능률적으로 수행될 수 있도록 하기 위해서는 전략에도 수준이 필요하게 된다.

경영전략의 수준은 기업전략(corporate strategy)과 사업전략(business strategy), 그리고 기능별 전략(functional strategy) 등으로 구분할 수 있다. 또한 전략 계획은 기업의 총체적이고 지속적인 계획이며, 계획 추진의 예상 결과를 예측하기 힘들기 때문에 불확실성이 높다.

(2) 전술 계획

전술 계획은 조정 계획이라고도 하며 중·단기 계획이다. 중간 경영층이 전략 계획을 추진하기 위해 기업의 최우선적 목표를 성취하기 위한 각 부분별 목표를 상호 조정하는 작업이다.

표 4-2 계획 자문의 순서와 내용

<table>
<tr><td>대상</td><td>What</td><td>무엇을 하고 있는가?
필요한 일인가?</td><td rowspan="3">불필요한 부분을 배제한다.</td></tr>
<tr><td>목적</td><td>Why</td><td>왜 필요한가?</td></tr>
<tr><td>장소</td><td>Where</td><td>어디서 작업을 하고 있는가?
거기서 하지 않으면 안 되는가?</td></tr>
<tr><td>시기</td><td>When</td><td>언제 해야만 하는가?
그때에 할 필요가 있는가?</td><td rowspan="3">시기를 맞추어야 하고,
일의 순서대로 바꾼다.
간소화한다.</td></tr>
<tr><td>사람</td><td>Who</td><td>누가 해야만 하는가?</td></tr>
<tr><td>방법</td><td>How</td><td>무엇을 어떻게 해야 가장 경제적인 수단이 되는가?</td></tr>
</table>

표 4-3 시장정보 수집방법

<table>
<tr><th>Why</th><th>Target</th><th>What</th><th>How</th><th>When</th><th>Who</th><th>Where</th></tr>
<tr><td rowspan="2">무엇
때문에</td><td>구입자</td><td>정보원
구매 동기
구입 형태
용도, 만족도</td><td>수집 방법
조사(면접)법</td><td>언제
알맞은 때</td><td>누구
관리자</td><td>어디서
면접</td></tr>
<tr><td>고객 유통</td><td>필요량
가격 동향</td><td>통계 자료
결산서</td><td>정가</td><td>자신</td><td></td></tr>
</table>

경영자들은 전략 계획을 추진하기 위한 다양한 대안을 모색하게 되고, 각 대안의 예상 결과를 전망하게 된다.

기업의 정보관리 체계 속에 수집한 자료를 분류·정리한 후 보관하여 두었다가, 경영에 필요한 정보를 제공할 수 있어야 한다. 중요한 시장 정보를 파악하는 기본 원리는 5W1H이다(표 4-3).

(3) 부분 계획과 전체 계획

부분 계획은 부문별 활동 계획으로서 구매, 제조, 인사·노무, 판매, 재무 등으로 분류된다. 기업 전체 계획으로서 종합경영 계획은 조직 전체에 대해 그 경영 활동의 모든 영역을 보전하는 계획을 말한다.

3. 계획의 장단점

(1) 경영 계획의 장점

① 경영자의 노력이 절약된다.

회사 전체적인 종합 계획이 수립되는 경우, 경영자는 사회의 모든 자원과 노력을 하나의 목표에 집중시킬 수 있으므로 그만큼 경영자의 노력이 절약된다.

② 경영활동의 조정이 쉬워진다.

특정 계획과 지속적인 계획을 종합함으로써 각종 계획은 상호 모순이 드러나게 된다. 따라서 경영의 각 부문 및 상하 계층의 활동이 미리 조정되고, 지체 없이 이에 대한 대책이 강구될 수 있다.

③ 권한을 위임하거나 양도하기가 쉽다.

경영 계획이 세워지는 경우, 경영자는 안심하고 권한을 부하에게 위임할 수 있다. 따라서 부하는 위임받은 권한의 범위 안에서 스스로 업무를 처리할 수 있고, 예외적인 문제에 대해서만 상사의 결정과 지시를 받는다.

④ 유일 최선의 방법이 이용된다.

계획이 확정되기 위해서는 표준적인 수행방법이 결정되어 있어야 한다.

(2) 경영 계획의 단점

① 정확한 예측이 곤란하다.

경영 계획에는 여러 가지 요소의 예측이 필요하다. 그러나 미래의 일들은 끊임없이 변동하는 경제 여건에 의해 시시각각으로 변화하기 마련이다.

② 계획에 필요한 시간과 비용이 많이 든다.

경영 계획은 이에 대한 지식·경험, 그에 상응하는 노력, 시간과 비용이 많이 필요하다.

③ 변경하지 않으려는 경향이 있다.

계획은 새로운 정세에 적응해야 하며, 따라서 정세의 변화에 따라 계획은 자주 수정·변경되는 성질을 지닌다. 그러나 비용과 시간을 절약하려는 경우, 계획 수정이 어려워질 수 있다.

4. 목표관리 (MBO)

목표관리는 'management by objective'의 각 머리글자를 따서 'MBO'라고 한다. 오늘날 MBO는 경영 계획의 보편적 개념으로 인식되고 있다.

(1) 목표관리의 의의

목표관리의 핵심은 최고경영자가 세운 목표를 일방적으로 하부에 전달하고 목표 달성을 강요하는 방식이 아니라, 하부조직 단위와 전체의 목표

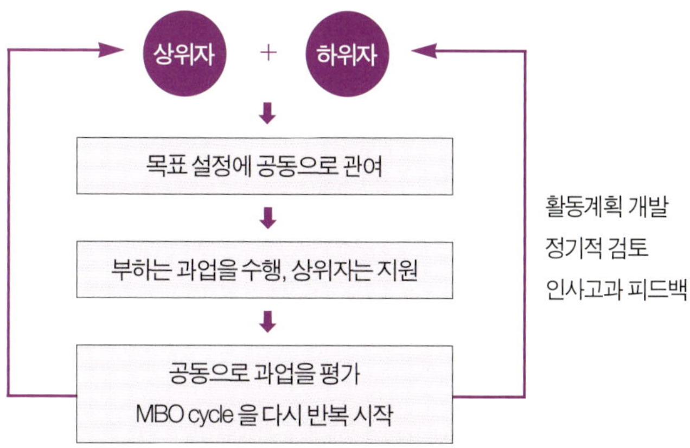

그림 4-8 목표관리의 과정

간에 일관성 있는 성과 목표를 분명히 하기 위해 경영자들이 하부 종업원과 공동으로 목표를 설정하고 함께 목표 달성을 위해 노력하는 데에 있다.

상사에 의한 지도·원조와 구성원 스스로 자기통제에 의해 공동 목표를 수행하도록 하고, 이후 목표의 달성도에 비추어 각 개인 또는 각 조직 단위의 목적과 공헌도가 평가되도록 하는 관리 제도이다.

(2) 목표관리의 요건

목표관리는 전반적인 경영관리 제도와 방법적인 변화를 통해서 보다 근본적이고 장기적인 관점에서 조직의 문제를 검토해야 한다. 경영을 관리하는 데는 창조력과 조직운영력이 갖추어져야 하며, 새로운 지적 자본력 마케팅을 전개할 수 있어야만 한다.

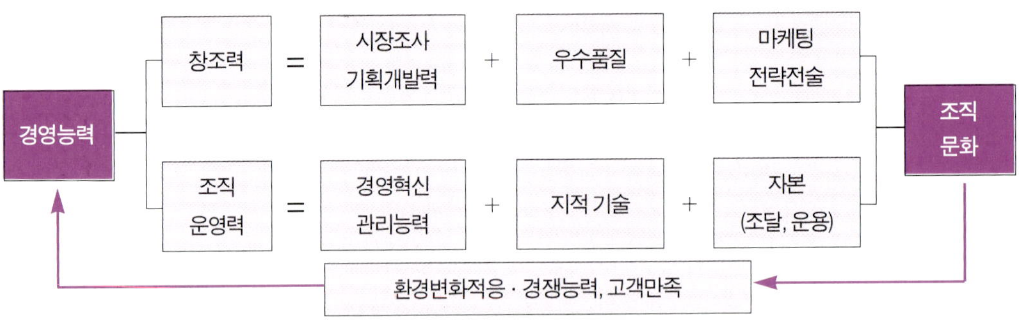

그림 4-9 경영의 핵심 요소

목표관리의 기본 목적은 조직 목적과 개인 목적의 조화로운 통합이다. 이는 개인과 조직을 통합하려는 것으로 ①개인의 가치관과 욕구 동기, 그리고 직무 구조와 환경 등과 같은 근본적인 조직 변화, ②사전 준비 및 타당성 조사에서 목표관리의 적용이 결정되면 목표관리에 대한 사전 준비에 착수하게 된다.

종업원에게 목표관리의 목적·목표 설정에 대한 교육훈련과 목표구조, 목표측정치 설계가 이루어진다.

성공적인 목표관리의 요건은

① 최고경영층이 주도적 역할을 하고, 구체적이며 측정 가능한 목표를 세우는 것이다.

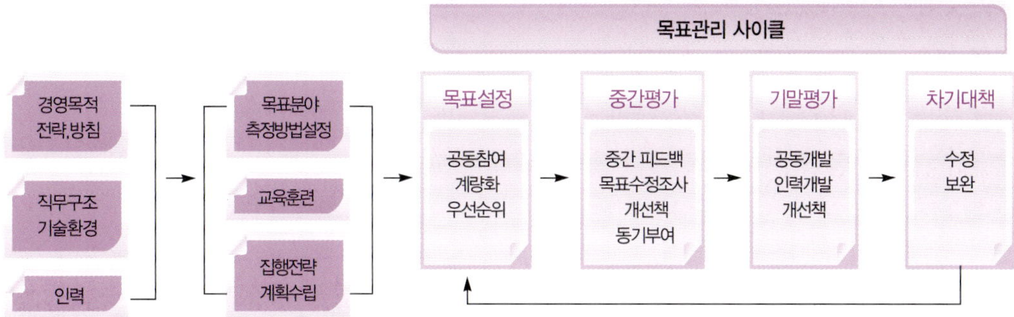

그림 4-10 목표관리(MBO) 모형

② 부과된 목표가 잘 추진되고 있는지, 객관적 평가 기준에 대한 경영자의 적극적 참여가 있어야 한다.

③ 목표 설정단계에서 종업원들의 입장을 충분히 반영하고, 종업원들의 능동적 참여가 필요하다.

④ 경영자와 부하들은 수시로 만나서 경영 목표의 진척상황을 점검하고, 문제 발생 시 그 원인과 내용, 해결방법을 검토해 작업결과에 대한 적절한 평가를 내린다.

⑤ 부서수준의 목표뿐만 아니라 각 개인이 달성해야 하는 목표를 세워야 사전에 작업량을 이해하고 실천가능한 세부계획을 세울 수 있다.

⑥ 기업의 공동목표 정책을 벗어나지 않는 범위에서 각 개인은 그들의 목표를 달성하기 위한 방법을 찾고, 계획을 추진하기 위한 자율성을 갖고 있어야 한다.

(3) 목표관리의 장점과 단점

[장점]

① 계획과 통제를 잘 연결시킨 기법이다.

② 좋은 의도나 진행과정보다는 마지막 결과를 강조한다.

③ 목표를 상위 단계에서 하위 단계로 단계적으로 개발하도록 하는 기법이다.

④ 목표 설정에 종업원을 참가시킴으로써 자기 관리와 개인적 헌신성을 자극한다.

[단점]

① 서류 작업과 시간이 많이 필요하다.

② 권위적 관리자나 융통성 없는 관료적 정책, 규칙에 의해 악용되기 쉽다.

③ 측정 가능한 목표만을 강조하면 장기적 비전 실현에 장애가 될 수 있다.

④ 너무 쉬운 해결책으로 목표관리를 받아들여 조직에 대한 전반적 판단을 오도할 수 있다.

(4) 목표관리(MBO) 사이클

계획과 통제를 연결한 것으로 다음 4단계를 거친다.

① 1단계 : 목표 설정

도전적이고 정당하며 일관성 있는 목표설정은 MBO 사이클의 시작이다. 목표는 관리자가 단독으로 만들어도 안 되고, 종업원이 만든 것을 무조건 받아들여서도 안 된다. 관리자와 종업원의 타협으로 만들어져야 한다.

② 2단계 : 활동계획 개발

각 관리 계층은 설정한 목표를 달성할 수 있도록 단계별 계획을 세운다. 이때 상위 관리자는 각 부서의 계획이 상호 보완이 될 수 있도록 하는 작업이 필요하다.

③ 3단계 : 정기적인 검토

계획을 실천하면 모니터링이 필요하다. MBO의 성공을 위해서는 일정한 실천 기간 후에 분기별로 관리자와 종업원의 대면회의를 실시함으로써 기대하지 못했던 문제나 사건이 생겼을 때 목표를 수정할 수 있도록 한다. 정기적인 검토는 관리자가 종업원에게 필요한 피드백을 줄 수 있는 좋은 기회가 되기도 한다.

④ 4단계 : 인사고과

MBO 사이클의 마지막 완성 단계로 결과를 강조한다. 성공했을 경우에는 승진이나 봉급 인상 등의 적절한 보상을 하며, 실패했을 경우에는 미래의 올바른 계획설정에 반영한다.

5. SWOT 분석

외부 환경과 내부 요인 분석을 토대로 실행 가능한 전략적 대안들을 개발하는 기법으로 SWOT(Strengths, Weaknesses, Opportunities, and Threats) 분석이 사용된다. 기업이 직면한 외부 기회와 위협을 기업 내부의 강점과 약점을 이용하여 경영 전략의 대안을 개발하고 비교·평가한 후 최적의 방안을 모색하는 것이다.

가장 좋은 전략은 조직의 기회와 강점을 이용하고 위협을 중화시키며 약점을 피하거나 수정할 수 있는 전략이다. 기업이 최종적으로 어떤 전략 대안을 선택하여 경쟁 전략으로 삼느냐는 최고 경영자의 가치, 신념, 철학 등이 결정적이며, 그밖에도 인적 자원, 제조 상황, 마케팅, 금융 등과 같은 기능적 측면과 연구 활동 요인이 고려되어야 한다.

표 4-4 SWOT 매트릭스

내부능력요인 / 외부환경요인	강점 Strength	약점 Weakness
기회 Opportunity	기회를 활용하기 위해 기업 내부 역량을 이용	기회 활용을 위해 기업의 약점을 보완
위협 Threat	위협을 극복하기 위해 기업의 강점을 이용	위협을 극복하기 위해 기업의 약점을 보완

6. 경영 전략의 유형

현재와 미래 시장 성장 가능성, 기술 수준에 따른 사업 영역의 선택에 맞추어 전문화, 기술 고도화, 제휴화, 다각화, 협동화, 타업종 교류 전략 등이 있다.

주말에는 경단 2만 개 팔아 저녁되면 세일로 재고 없애…
일류 요리사 · 비밀 레시피 없이 엄마 손맛으로 손님 사로잡아

일본 동북부 센다이(仙臺)시에서 자동차로 40분 정도 떨어진 작은 온천마을 아키호초. 이 마을 근처에 들어서면 한산했던 국도에 갑자기 차가 밀리기 시작한다. '일본 최고의 반찬가게' 로 입소문이 자자한 80평 남짓의 수퍼마켓 '사이치' 때문이다. 매일 도쿄는 물론이고 홋카이도에서까지 이 가게 반찬을 사려는 사람들이 몰려와서 북새통을 이룬다.

주말에는 찹쌀로 만든 105엔(1430원)짜리 경단이 2만 개나 팔린다. 종업원이 15명에 불과한 이 가게의 연 매출은 6억 엔(81억 원)에 달한다. 매출의 절반 이상이 500종의 반찬에서 나온다. 팔다 남는 재고는 거의 제로(0)다. 일본 세븐일레븐 창업자인 이토 마사토시 회장을 포함해서 600개 넘는 일본 기업이 이 가게의 성공 비결을 알기 위해 견학을 다녀갔다.

이 가게의 사토 사장은 1970년대 말까지만 해도 너무 장사가 안되어서 자살까지 생각했었다고 한다. 고민 끝에 집에서 먹던 주먹밥이라도 팔자고 해서 내다 팔았는데, 의외로 인기를 끌었다. 사토 사장은 "그래! 바로 이거야. 엄마 손맛보다 더 맛있는 반찬을 만들어 팔자" 고 마음먹었다. 경영의 목표는 '독특한 맛' 이고, 경쟁 상대는 '전국의 가정주부들' 이었다.

사토 사장의 부인은 새벽 1시에 일어나 그날 내놓을 반찬을 만들었다. 종업원들이 아침에 출근하면 일일이 맨투맨으로 교육했다. 일류 요리사도 비밀 레시피(recipe · 요리법)도 없었다. 그야말로 정성을 들인 손맛으로 승부했다. "레시피를 만들면 더 효율적이라고 생각하죠? 아니에요. 반찬 맛이 없어도 직원들은 레시피대로 만들었다고 하면 끝이잖아요? 정말 맛있는 반찬을 만들겠다는 노력과 정성이 제일 중요합니다. 손님의 목소리엔 귀를 기울이지만, 음식 전문가들의 얘기는 그냥 참고만 합니다. 남에게 의존하거나, 흉내를 내는 순간 우리만의 독특한 맛은 사라지기 때문이에요. 맛 내는 방법을 스스로 연구해 만들어야 반찬에도 자식처럼 애정이 생깁니다."

사토 사장에게 '적당히' 라는 말은 통하지 않는다. 그는 직원의 컨디션이 좋지 않아 보이면 바로 귀가시킨다. 불안정한 마음과 몸 상태로 반찬을 만드는 것은 손님에 대한 예의가 아니라는 생각에서다. 직원을 혼낼 때는 다른 직원을 배석시킨다. 제삼자가 봐도 납득할 수 있도록 이해시키고 문제를 개선하기 위해서다.

사이치는 싼 재료로 반찬을 만들지 않는다. 원가율은 60%로 일반 슈퍼마켓(40%)보다 월등히 높다. 대신 재고로 인한 폐기율을 크게 낮췄다. 그날 만든 반찬은 그날 다 파는 것이다. 사이치는 매일 오후 5시 45분이 되면 모든 반찬에 대해 반액 세일을 한다. 주부들의 식사 준비 시간에 맞춰 세일을 함으로써 재고를 없앤다. "장사는 이문이 적게 남더라도 100% 다 파는 게 최고입니다. 폐기되는 반찬을 없애면 원가율은 자연히 낮아집니다." 인기 있는 반찬은 가격을 높게 책정했다. 주부들은 비싸더라도 맛있는 반찬을 선호하기 때문이다. 『일본에서 가장 소중한 회사』의 저자인 사카모토 고지 교수는 "경영의 원점을 떠올리게 하는 가게"라고 했다.

Chapter 05

경영조직

01 경영조직의 의의

조직이란 구성원의 자격을 한정하고 구성원의 역할이 조직 안에서 분화되어 있는, 공식적으로 설립된 사회적 집합이다. 최근 들어서는 이러한 조직을 하나의 유기체로 간주해 전체는 상호관련된 부분들의 집합이지만, 각 부문의 단순한 집합 이상의 통일된 전체를 이루며 외부환경요소가 투입돼 내부적 변환과정을 거쳐 결과를 산출해내는 개방체계로 보는 경향이 늘고 있다.

그림 5-1 조직 목표와 개인 목표의 관계

경영 조직(business organization)이란 경영 목적을 달성하기 위해 질서를 유지하는 인간 활동의 결합이라고 말할 수 있다. 다시 말하면 조직이란 각 담당자가 수행할 직무 및 직무 상호간의 관계를 규정한 것이다. 따라서 경영조직의 핵심은 경영 목적을 달성하기 위하여 직무와 사람의 역할을 합리적으로 결합시켜 이를 편성·운영해 가는 것이기 때문에, 조직은 기본적으로 다음과 같은 세 가지 문제를 지닌다.

① 조직구조의 문제

직무의 규정과 대행에 필요한 직무 권한 할당에 관한 직위의 문제, 각 직무의 상호관계를 파악하고 있는 최고경영층(top management)의 편성 등 일반적인 구조에 관한 문제이다.

② 조직운영의 문제

일정한 조직구조 아래에서 전개되는 작업의 흐름과 상호 교섭, 절차의 체계화라고 하는 협의시스템 구성에 관한 것이다.

③ 인간관계의 문제

조직을 구성하는 구성원, 조직, 개인 사이에 발생하는 문제에 관한 것이다.

이상과 같은 여러 문제를 고려할 때 경영조직의 본질은 경영목적 달성에 필요한 각 구성원의 직무를 확정하는 것이다. 아울러 일정한 권한과 책임을 각 구성원에게 부여함으로써 각 직무의 상호관계를 합리적으로 편성하는 것이라고 할 수 있다.

오늘날의 새로운 경영조직은 민주적인 인간관계에서 형성되어 합리적이고 기능적인 업무 본위의 질서를 갖는다.

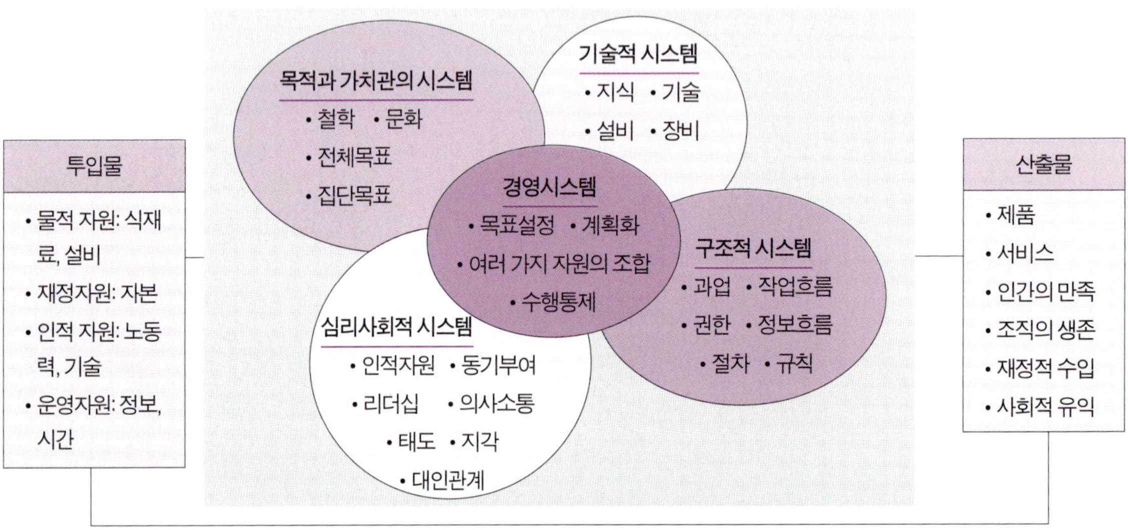

그림 5-2 조직의 개방시스템

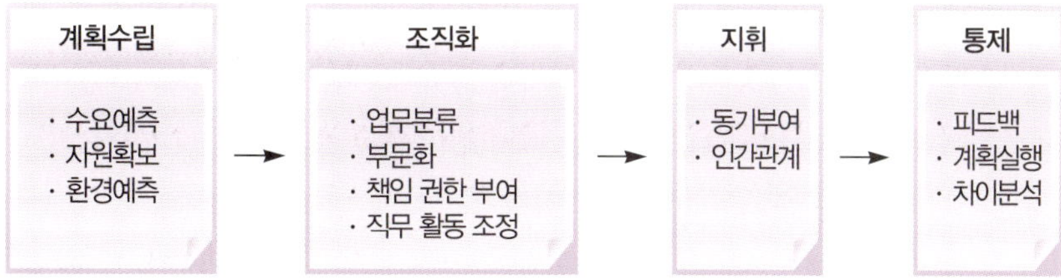

그림 5-3 조직화와 관리 기능

02 조직화 과정

1. 조직화의 의의

개인이 경영하고 모든 직무를 담당한다면 조직이란 것이 필요하지 않다. 그러나 조직체의 규모가 확대되고 기능이 다양화됨에 따라 조직화의 과정이 필요하게 되었다.

조직화(organizing)는 개별 구성원 각각의 경영관리뿐만 아니라, 구성원 전체와도 관계된다. 모든 대규모 조직에서는 공식적 조직이 만들어짐으로써 독립된 단위들로 구성된다. 이러한 집단화 혹은 부서화는 조직화 과정의 중요한 요소이다.

조직은 '공동의 목적을 달성하기 위하여 분업을 통해 함께 일하는 사람들의 집합체' 라고 정의할 수 있다.

조직화는 관리 과정의 두 번째 단계로서 계획수립단계에서 확정된 계획을 실행하기 위해서 인적 자원과 물적 자원을 적절히 분배하여 조직 내의 다양한 작업들을 조정하는 기능이다.

조직화의 또 다른 기본적인 요소는 개개인들의 활동을 조정하는 방법의 구체화이다. 이것은 조직 내의 명령 계통과 권한의 위계를 설정한다. 아주 작은 조직을 제외하고 모든 조직은 조직 내의 개인 또는 부서 사이의 관계를 설정하기 위해 조직도를 갖추어야 한다.

2. 조직의 기본 형태

그림 5-4 경영의 인과관계와 순환과정

조직의 형태는 다양한 양상을 보여주고 있으나, 크게 분류하면 기본적인 형태와 상황에 따른 특수 형태로 구별된다. 전통적 조직 형태는 다음과 같다.

이들은 5절 경영조직 형태에서 구체적으로 설명하기로 한다.

① 라인조직(line organization)

② 직능조직(funtional organization)

③ 라인 스탭조직(line and staff organization)

④ 라인 직능조직(line and funtional organization)

⑤ 스탭조직(staff organization)

현재 이들 조직의 형태는 급식소의 여건에 따라 여러 가지 특성을 고려한 조직 혼합형이 많이 나타나고 있다.

(1) 기계적 조직과 유기적 조직

가장 대표적으로 사용되는 방식이 구조기능적 접근법이다. 구조기능적 접근법은 조직 구조의 성과를 평가함으로써 조직 유효성을 측정하고자 하는 접근법이다. 여기에는 목표모형, 체계모형, 과정모형 등이 있다.

흔히 볼 수 있는 분류로 기계적 조직과 유기적 조직이 있다. 기계적 조직은 과업이 분명하고 세분화되어 있고 책임과 기능이 명시된 것이 특징이며, 조직 목적보다는 수행 방법과 수단에 더 치중하는 경향이 있다.

그 반면 유기적 조직의 과업 구조와 내용은 상황에 따라 융통성 있게 설계되고, 구성원 사이의 상호관계에 따라 구체화됨으로써 과업의 탄력성과 적응성을 지니며 조직성에 치중한다.

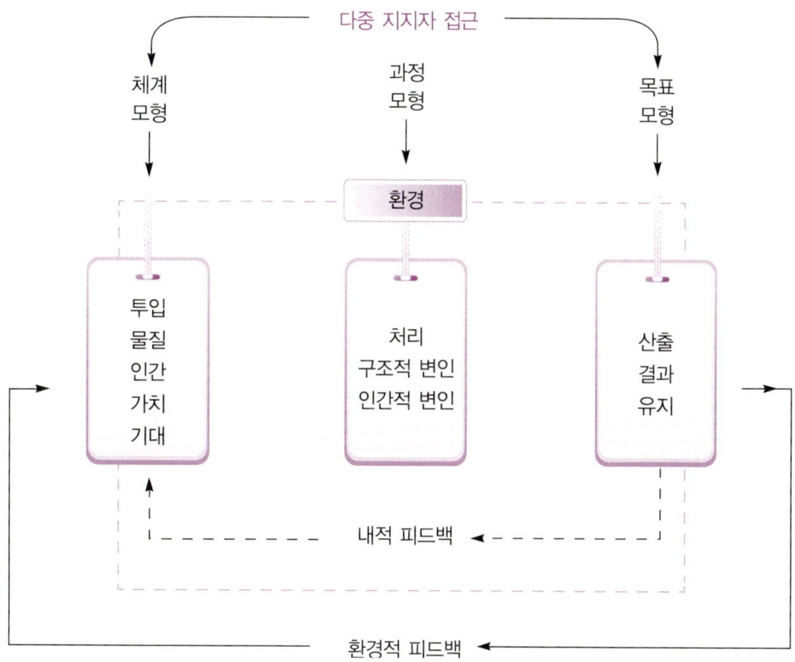

그림 5-5 조직유형성 모형

(2) 부문별 경영목표의 요건

① 측정가능성

각 부서의 경영목표를 설정할 때에는 업무 분야별로 측정 대상과 척도를 결정한다. 경영목표의 달성 정도는 측정 가능해야 한다. 그러나 경영목표에는 계량적으로 측정할 수 없는 내용도 포함될 수 있다.

② 충분성

경영목표는 여러 가지 의문에 대한 합리적인 답이 필요하다.

- 측정기준이 단순·명료하고 적정한가?
- 업무지침서와 동기 부여적 기능을 포함하고 있는가?
- 실현 가능하고 성취될 수 있는 목표면서 최소 수준이 아닌 최선의 목표로서 가용 자원과 합치되는가?
- 측정 기간 중에 관리자가 담당하는 업무량을 충분히 반영하였으며, 내적·외적인 제약점을 감안하였는가?

③ 기여도

경영목표의 성과가 경영목적의 달성에 기여하는 것이어야 한다. 따라서 기간 중 경영목적에 상응하면서 균형 있게 추진하되 어느 한 특정 업무를 편향적으로 규명하여 목표를 설정해서는 안 된다.

④ 명료성

경영목표는 하나의 수단이 아니라 목표 또는 업무활동의 지침으로써 분명하게 규명되어야 한다.

⑤ 성문화

경영목표는 언제, 어디서, 누가, 무엇을, 어떻게, 왜 하는가에 대해 답을 제시할 수 있어야 한다.

3. 조직 운영의 일반 원칙

조직은 목표달성을 위하여 서로 협력하고 보다 효과적인 방법을 추구한다. 이러한 추구 과정에는 조직이 결코 무시할 수 없는 원칙들이 있다. 이러한 원칙들을 한데 묶어서 '조직운영의 일반원칙' 이라고 한다.

(1) 분업의 원칙(Principle of division work)

조직 구성원이 가능한 한 단일의 전문화된 업무를 수행하도록 일을 분담해야 한다. '전문화의 원칙' 이라고도 하며, 분업과 동시에 전문화가 이루어질 수 있다. 분업(전문화)에 의하여 조직의 각 구성원은 직무수행에 필요한 전문적 지식을 쉽게 얻고 숙련될 수 있으므로 조직의 능률은 촉진된다.

(2) 권한과 책임의 원칙(Principle of authority and responsibility)

조직을 구성하는 각 구성원에게 업무를 분담함에 있어서 그 상호관계를 명백히 할 것을 강조한다. 조직의 모든 직위에는 각각 직무가 할당되어 있고, 또 그 직무를 수행할 수 있는 권한이 주어져 있다. 그러므로 그 직위에 있는 사람은 권한을 행사한 결과에 대한 책임도 져야 하고, 모든 직위에 있어서의 권한과 책임의 수준은 동일하게 유지되어야만 한다.

(3) 명령통일(일원화)의 원칙(Principle of unity command)

조직 내의 각 구성원은 언제나 단 한 사람의 상사로부터 지시와 명령을 받아야 한다. 만약에 명령 계통이 분명하지 않고 한 사람이 두 명 이상의 상사로부터 명령을 받게 되면 권한 체계에 혼란이 생겨 질서를 유지할 수 없게 된다. 따라서 명령통일의 원칙은 책임의 일원화를 위해서도 중요하다. 개인이 하나의 상급자로부터 명령을 받거나 업무를 보고하는 체계를 갖출수록 갈등이 적어지게 되고, 따라서 개인의 책임감도 강해진다.

(4) 감독범위 적정화의 원칙(Principle of span of control)

이 원칙에 의하면 기관 책임자가 직접적으로 지휘·감독할 수 있는 부하의 수에는 일정한 한계 또는 합리적 범위가 있다. 감독의 한계가 광범위하면 의사전달이 곤란하고 능률이 저하되어 관리가 어렵다.

(5) 권한위임의 원칙(Principle of delegation of authority)

상사가 부하에게 매번 지시나 명령을 내리는 것이 아니라, 부하의 독자적인 판단만으로 직무를 수행할 수 있도록 상사가 자신의 직무 수행 권한을 하위자에게 위임하는 것이다.

위임이란 다른 사람에게 업무를 배분하고 일을 맡기는 과정이며, 이와 같은 위임 과정을 거쳐서 조직 구성원들의 권한과 책임이 성립되고 조직이 구조화되는 것이다. 권한을 위임함으로써 상사에게 업무가 집중되는 현상을 막고, 관리자의 부담을 줄이며 하위자의 창의를 발휘시킨다.

(6) 계층 단축화의 원칙(Principle of scalaship or hierarchy)

기업 규모가 확대되어 종업원의 수가 많아지면 상하의 계층이 길게 되는데, 그만큼 의사 소통이 불충분하게 되고 명령 전달도 늦어지기 쉽다. 또한 감독자의 수도 많아지고 인건비도 증가하는데 이러한 단점을 보완하기 위해서는 조직의 계층을 되도록 단축시킬 필요가 있다.

(7) 조정의 원칙(Principle of coordination)

기업의 목적을 효율적으로 담당할 수 있도록 하기 위하여 각기 분화된 경영 활동을 기업 전체의 관점에서 적절히 조정·통합하는 것을 의미한다. 즉 조정은 조직의 목표 달성을 위하여 많은 사람의 노력을 집결하는 것을 말한다.

(8) 직무의 3면 등가원칙(Principle of triple equivalent to job)

조직에 있어 중요한 직무(job)란 경영체를 구성하는 사람에게 각각 분담시키는 일(work)의 기술적 단위 내지 업무의 총체를 말한다. 이를 원활하게 수행하기 위해서는 의무(duty), 권한(power), 책임(responsibility)의 삼면의 균형 관계(commensurability)가 성립되어야 한다는 것이다.

- 권한 : 무엇이 수행되어야 하는지를 결정하는 권리. 그것을 직접 수행하거나 다른 사람에게 그것을 하도록 요구하는 의사 결정권·명령권·집행권·물적 처리권 등을 말함.
- 책임 : 주어진 지시에 따라 최선의 능력을 기울여서 할당된 기능을 수행하고 업무 집행 방법과 결과 평가에 대한 책무를 지는 것.
- 의무 : 직무수행 결과에 대한 보고의 요구. 공식적인 의무 관계에서 가장 바람직한 관계는 각자가 오로지 한 사람의 상사에게만 의무를 갖도록 함.

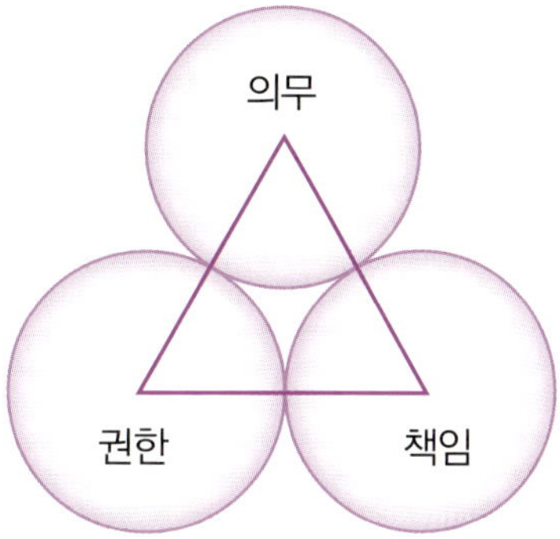

그림 5-6 직무의 3면 등가원칙

위임 과정에서 적용되는 권한위임의 원칙이란 관리자가 하급자에게 위임을 할 때에 업무 수행을 위한 충분한 권한을 부여하도록 함으로써 다음과 같은 장점을 갖는다.

①관리자의 부담이 줄어든다.

②조직원들의 태도와 도덕성이 향상된다.

③신속한 조직구성원의 교육과 개발에 기여한다.

④조직구성원에게 동기를 부여하는 효과가 있다.

03 조직의 분화

기업조직의 원활한 업무수행을 위해서는 분화된 업무를 조직구성원들에게 적절히 분담시켜야 한다. 급식경영조직의 분화는 업무 활동의 수평적 분화와 수직적 분화로 크게 나뉘고, 그 계층에 따라서도 분화된다. 전자는 동일 계층에서 수평적으로 업무 활동을 분화한 것이지만, 후자는 이것을 수직적으로 분화한 것이다.

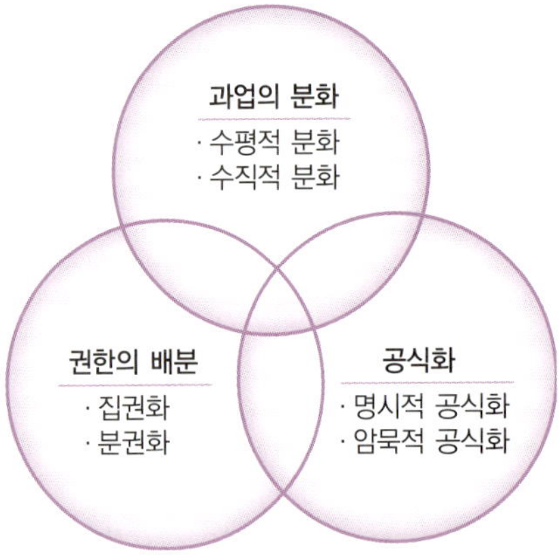

그림 5-7 조직 구성요소와 3조건

1. 수평적 분화

(1) 1차적 분화

여기에서 1차적 분화란 기업의 목적 달성을 위하여 수행해야 할 기본적 활동을 분화하는 것을 뜻한다. 즉 이러한 1차적 분화에 따라 라인 부문이 형성된다. 이 1차적 분화는 다시 단위적 분화와 직능적 분화로 구분된다.

① 단위적 분화

업무의 통일성을 보전한 채 분화된 경우이다. 단일 사업체에 있어서 경영기능상의 과정적 분화, 요소적 분화, 부문적 분화방법과는 달리 하나의 사업체를 몇 개의 독립된 사업부로 분할하는 방법을 말한다.

경영기능의 수평적 분화를 그림으로 나타내면 그림 5-8과 같다.

② 직능적 분화

업무가 수행되는 순환 과정에 따라 분화하는 형태이다. 즉 기업의 목표를 달성하기 위한 경영 활동은 구매→제조→판매라고 하는 기본적인 순환 활동에 따라 분화하는 방법을 말한다. 직능적 분화는 경영 활동 그 자체를 대상으로 하여 순환과정단계에 따라 분화한 것으로, 경영 활동의 관리적 통일성은 그대로 보전된다.

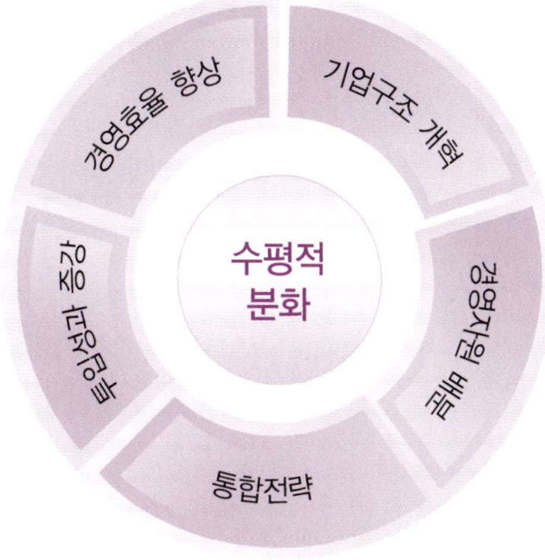

그림 5-8 경영기능의 수평적 분화

(2) 2차적 분화

기업의 경영활동이 인사부 · 경리부 · 총무부 · 기술부 등 구성 요소에 따라 업무가 분화하는 형태이다. 2차적 분화에 의하여 형성되는 부분을 전문 스탭 부문이라고 하며, 전문적 기술을 가지고 라인 부문에 조언해 주는 역할을 수행하게 된다.

(3) 3차적 분화

업무의 순환적 관리 과정에 따라 분화하는 형태를 '과정적 분화' 또는 '3차적 분화' 라고 한다. 단위적 · 직능적 및 요소적 분화에 의해 형성되는 직무에는 내용에 관계없이 공통적으로 계획 수립 · 조직화 · 충원 · 지휘 및 통제 등과 같은 관리 과정이 존재하며 3차적 분화에 따라 기획부 · 조직부 · 통제부와 같은 부문이 형성된다.

2. 수직적 분화

(1) 최고관리층의 권한 범위

기업 전체의 관점에서 먼저 기업 활동의 전반 목표를 설정하고, 그것에 맞는 기본 방침 및 계획을 수립하며, 종합적인 계획을 수행하기 위한 조직을 편성해 충원·지휘한다.

기업 활동의 실시 결과를 통제하는 최고관리직능의 분화에 따라 최고 경영층이 형성되며, 최고관리직능의 분화는 다시 신탁직능과 전반관리직능의 분화로 나누어진다.

그림 5-9 권한의 집권화와 분권화 비교

① 신탁직능

신탁직능은 기업 활동의 전반 목표를 설정하고, 그에 따라 기본 방침을 수립하며, 그 기본 방침의 실시 결과가 적합한지를 비판하고 감독한다. 나아가 기업의 재산이 잘 관리되고 또 그것이 효과적으로 활용되고 있는가를 관찰하는 형태이다. 이러한 신탁직능의 분화에 따라 수탁경영층이 형성되며, 이를 보통 '이사회' 라고 부른다. 이사회는 주주의 이익을 대표하고 보호한다는 관점에서 신탁 기능을 수행하게 된다.

② 전반관리직능

신탁직능에 의하여 결정된 기본 방침 및 그로부터 위양된 권한의 범위 안에서 기업 경영 전체에 관한 종합적인 계획을 수립하고, 전체적으로 조직·지휘·통제하는 형태이다. 따라서 신탁직능과 같이 전체적인 기업 활동과 관련되어 있으며 전반관리층이 형성된다.

(2) 부문관리직능의 분화

최고관리직능에 의하여 결정된 기본 방침 및 종합 계획에 따라 하위 특정 부문 업무에 대한 집행방침 결정, 계획 수립, 필요한 부문 조직 편성, 필요인원 선정, 동시에 전반관리층에 대하여 적절한 시기에 적절한 보고, 필요한 자료 제공 등 부문관리직능이 분화하는 형태이다. 전반관리직능과는 그 성격이 다르며 부문관리직능의 분화에 따라 중간관리층이 형성된다.

(3) 현장관리직능의 분화

각 하위업무 부문의 방침 및 계획에 따라 현장에서의 계획 수립·조직화·충원·지휘 및 통제를 하는 형태이다. 이러한 현장관리직능의 분화에 따라 하급관리층이 형성된다.

3. 작업직능의 분화

원재료를 구입하고, 제품으로 가공하며, 제품을 판매하는 업무, 즉 구매·생산·판매 작업직능이 분화하는 형태이다. 이와 같은 작업직능의 분화에 따라 작업 조직이 형성된다. 작업 조직은 실제로 작업을 실시하는 종업원의 조직을 말한다.

04 경영조직의 계층

1. 최고경영층

경영자란 특정 기업의 최고인사를 결정하며, 경영을 지휘하는 사람이다. 그 역할 범위에 따라 소유경영자·고용경영자·전문경영자로 분류한다.

(1) 소유경영자

개인적 자본 조달과 경영활동의 두 요인이 결합해 개인적인 색채가 매우 강하며, 경영의 목적이 자신의 영리 추구에 있을 때 이기적이고 독선적인 성격을 띤다.

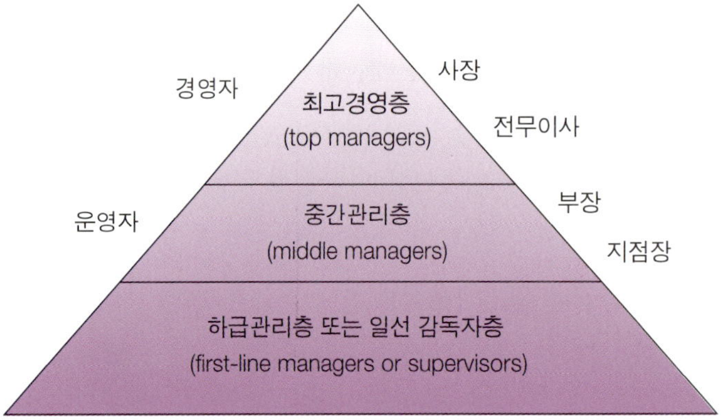

그림 5-10 경영관리계층

주로 자본주의 초기 형태로 출자 기능과 경영관리의 기능이 동일인에게 제공된다(출자자=경영자). 의사결정과 지휘 관리를 소유자 본인이 담당하므로, 모든 경영 활동에 대한 위험부담을 경영자 자신이 부담하게 된다. 이런 경우 '경영자' 라기보다는 '기업가' 라고 하는 것이 더 적절한 명칭이다.

(2) 수탁경영층(Trusteeship zone)

주주총회로부터 경영에 대한 일체의 권한(authority)을 위양(delegation)받은 계층으로서 수탁기능을 담당하며, 이사회에 의하여 구성된다.

① 이사회의 구성

이사회(board of directors)는 사내 이사와 사외 이사로 구성되는데, 사내 이사(inside directors)는 이사회의 구성원인 동시에 업무 담당 중역으로서 업무의 집행 책임을 맡고 있는 사람이다. 보통 사장, 부사장, 전무이사, 상무이사 및 평이사 등으로 구성된다.

사외 이사(outside directors)는 대주주들의 이익 대표로서, 또는 어떤 사람의 경험이나 경력을 기업 경영에 이용할 목적으로 선임되며 이들 역시 이사회를 구성한다. 주주들의 입장에서 보면, 사내 이사로만 이사회가 구성되었을 때에는 주주들의 이익을 대변하는 데 한계가 있으므로 회사 밖의 유능한 인사를 이사로서 맞이할 필요가 있다.

② 이사회의 직능

업종이나 경영 규모에 따라 여러 가지로 차이가 있으나, 이사회가 기업 전체의 건전한 경영이라는 책임을 완수하기 위해서는 다음과 같은 사항을 기본적으로 수행하여야 한다.

- 수탁 기능 : 주주(株主)의 이익을 보호하기 위한 회사 자산의 합리적 운용
- 사업 목적의 결정 : 이사회의 주요 직능
- 경영간부의 선출 : 이사회는 사장 및 임원을 선임하고 유능한 경영관리자가 양성되고 있는지를 확인해야 한다. 이러한 책임은 사장에게 있으므로, 경영간부를 선임할 때에는 사장의 의견을 존중한다.
- 적절한 계획과 업적의 검토 : 이사회는 전반 목표의 확립과 회사의 업적을 검토한다.
- 예산의 승인 : 예산의 최종 승인은 이사회의 중심적인 직능이다.

우리나라 기업의 경우, 대부분의 이사가 집행기능을 담당하는 상임이사로서 전반경영층이나 부문경영층에 속하고 있기 때문에 이사회의 본질적 직능을 충분히 이행하는 데 어려움이 있다.

(3) 전반관리층(General management zone)

전반관리층은 총괄적·전반적 경영직능을 담당하는 계층으로서, 이사회가 정한 기본 방침의 범위 안에서 기업 전체의 전략적 계획·지휘·조정 및 통제를 하는 수뇌경영자(chief executive)를 의미한다. 이와 같은 전반관리직능을 담당하는 최고 경영자는 사장, 즉 대표이사를 들 수 있다.

이사회가 결재적 직능, 즉 주요 방침의 확인 및 성과에 대한 평가와 승인을 하는 데 반해서, 전반관리층은 계속적·집행적 직능, 즉 중요한 방침을 입안하거나 성과의 발전을 맡아서 관리한다.

2. 중간관리층

중간관리층은 조직의 중간 계층에 위치한 관리자로서 부장, 지점장, 사업본부장 등이 속한다. 이들은 하위관리층의 업무에 대한 통솔 책임과 동시에, 상위경영층의 조정을 받는다. 중간관리층은 조직체의 규모나 복잡성에 따라서 하나 이상의 계층으로 구성되기도 한다.

3. 하급관리층

이 계층은 중간관리층의 지휘 아래 현장관리직능을 담당하는 관리 계층이며, 제1선의 작업자를 직접 지휘·감독하는 계장, 반장, 직장 등이 이에 속한다.

주요 직능은 중간관리층에서 정한 계획 및 방침에 따라 작업자의 수배 계획과 작업 조직을 마련하고, 실제 작업을 지휘·통제함으로써 일정, 원가, 품질, 서비스를 유지하고 확보한다.

4. 경영 계획과 경영관리계층의 관계

계획단계를 경영관리 계층과 연결지어 볼 때 상위경영층은 조직의 사명에 맞추어 전반적인 목적과 목표를 세우고, 중간관리층은 이를 실행하기 위한 방침을 세우거나 부서 업무의 절차를 세운다.

하급관리층은 세부업무기능의 수행절차나 방법을 구체화하는 역할을 맡게 된다.

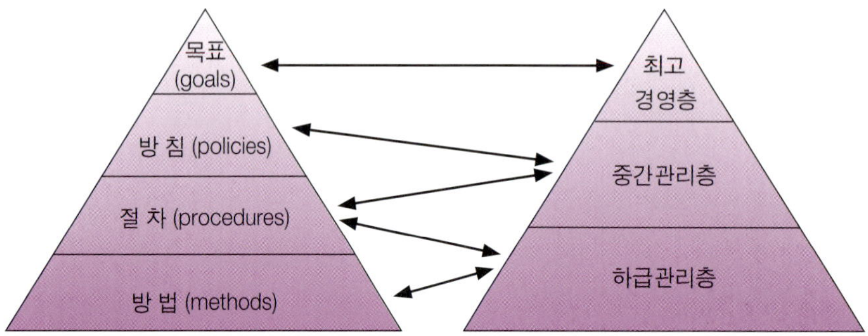

그림 5-11 경영 계획과 경영관리계층의 관계

목적이나 목표는 그 수가 적고 광범위한 계획이며, 방침이나 절차 및 방법은 그 수가 많고 보다 구체적인 계획이라고 할 수 있다. 방침은 목표 실행을 위한 지침서의 역할을 하며, 절차와 방법은 목표 실행을 위한 실제적인 단계라고 할 수 있다.

05 경영 조직의 형태

조직의 구성 원칙에 의해서 실제적인 조직 구조가 형성된다. 그러나 이러한 원리를 모두 적용시킨 이상적인 조직은 없으며, 그 중에서 어떤 원리가 어느 정도 적용되었는가에 따라서 여러 가지 상이한 조직 구조가 형성된다. 그뿐만 아니라 조직의 형태는 변화하는 기업환경에 적응하기 위하여 능동적으로 변화·발전할 수 있다.

조직 문화는 외부 환경에 대하여 반응하는 능력을 증가시켜 주며, 조직 내부의 고객에 대한 반응 능력을 증가시켜 주고, 조직이 외부 환경에 적응할 수 있도록 행위와 과정을 재구성하는 능력을 증가시켜 준다.

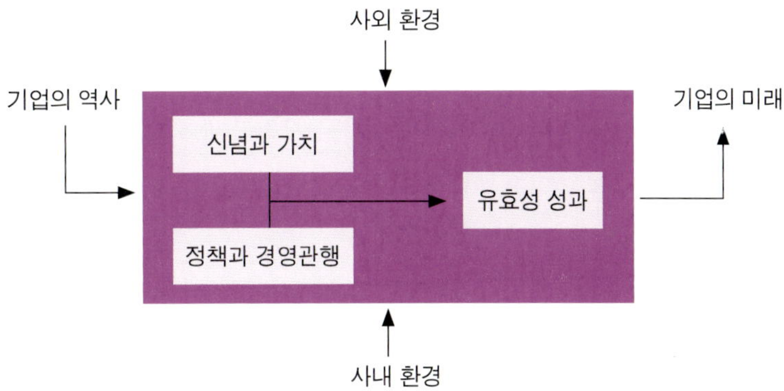

그림 5-12 조직 문화와 조직 유효성의 관계 모형

1. 전통적인 조직

(1) 라인조직(Line organization)

① 라인조직의 개념

라인(직계식)조직이란 최상위에서부터 최하위 단계에 이르는 모든 직위가 단일명령 권한의 라인으로 연결된 조직을 의미한다. 이 조직은 군대 안의 명령 계통을 획일화하기 위해서 채택되었던 군대식 조직(military organization)의 한 형태이다.

기업의 주된 목적을 달성하는 데에 직접적으로 공헌하는 기능만이 라인 기능으로 간주되는데, 가장 단순한 조직에서부터 가장 복잡한 조직에 이르기까지 모든 기업의 제조(manufacturing)와 마케팅(marketing)기능이 이에 속한다.

명령일원화의 원칙과 감독범위 적정화의 원칙을 중심으로 하여 라인조직은 모든 직위가 최고경영자로부터 최하위계층에 이르기까지 명령 권한의 라인에 의해 연결되는 조직 구조이다. ①권한 및 책임의 명료화 ②부하의 효율적인 통제기능 ③상위자의 전체적인 조정 용이 ④하위자가 상위자의 명령에 따르고 보고하는 관계라는 특징을 갖는다.

경영자의 의사명령이 상부에서 하부까지 직선적으로 전달되는 조직형태로 지휘에 대한 안정감을 부여한다.

② 라인조직의 장점

- 명령 계통이 매우 단순하며, 의사결정이 신속하게 이루어진다.
- 각자의 책임·의무 및 권한의 통일적 귀속이 명확히 규정되며, 경영 전체의 질서를 확립할 수 있다.

③ 라인조직의 단점

- 인사·재무 및 회계 등 지원적 업무에 시간과 노력이 많이 든다.
- 2차적인 지원적 업무를 수행하기 위한 전반관리 능력(all mighty)을 갖춘 경영자는 실제로 많지 않고, 또한 그것이 바람직하지도 않다.
- 상하관계만을 중시하기 때문에 횡적인 전문화를 기할 수 없게 된다.

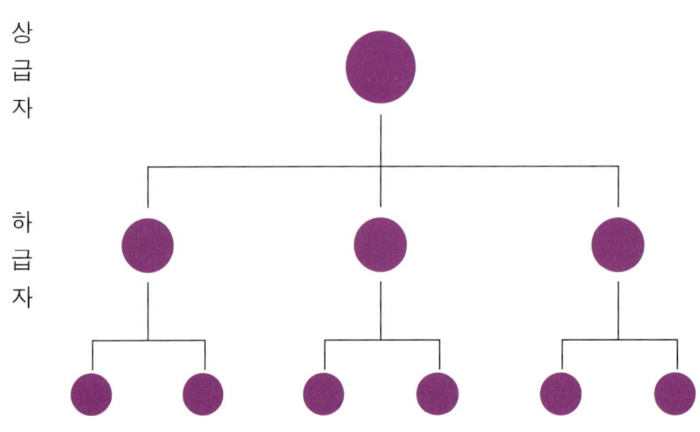

그림 5-13 라인조직

이상과 같은 장·단점 때문에 라인조직은 경영자에게 여러 가지 능력을 고도로 요구하지 않으며, 또한 지원적 업무에 많은 시간을 바칠 필요가 없는 비교적 작은 규모의 조직과 생산제품이 단일한 조직에서 흔히 채택된다.

(2) 직능식 조직(Functional organization)

① 직능식 조직의 개념

테일러(Taylor)가 고안한 직능식 조직은 관리자가 담당하는 일을 전문화하고, 부문마다 다른 관리자를 두어 작업자를 전문적으로 지휘·감독하고자 한다. 즉 라인조직에 있어서와 같이 모든 권한을 한 사람이 가지는 만능적 직장(職長)이 아니라, 여러 명의 직능적 직장(functional foreman)이 자기의 특수 부문에서 여러 작업자를 다룸으로써 보다 큰 효과를 거두려는 것이다.

② 직능식 조직의 장점

- 전문화의 원칙에 따른 조직으로, 각 스탭 관리자가 주어진 전문적인 영역에 관해 부하를 지휘·감독하면 라인 관리자의 부담이 크게 경감된다.
- 결과적으로 시간을 절약하고 의사소통의 거리를 단축하며 정확도를 기할 수 있기 때문에 생산원가를 절감시킨다.

③ 직능식 조직의 단점

- 명령 또는 조언과 권고를 하는 상급자가 다수이므로 이에 대한 통일을 기하지 못하거나 중복 또는 모순이 있을 수 있다.

따라서 직능식 조직은 환경이 상당히 안정되고 업무상 고도의 전문화를 요하는 경우, 조직의 규모가 비교적 작고 업무내용이 단순한 경우, 기업이 한정된 분야에서 사업하는 경우 등에서 그 효과를 거둘 수 있다.

(3) 라인·스탭조직(Line and staff organization)

① 라인·스탭조직의 개념

라인·스탭조직은 에머슨(H. Emerson)에 의해 제안된 조직이다. 직계 조직의 지휘 명령의 통일성을 주는 동시에 그에 따른 단점을 보충하기 위해서 참모제도를 병설시킨 조직이다.

즉 모든 명령과 감독은 라인의 장을 통해서 실행되며, 스탭의 전문가는 직접 명령이나 결정의 권한이 없다. 단지 라인의 장에 대한 조언 및 권고 등의 기능만을 담당한다. 명령일원화의 원칙과 전문화의 원칙을 활용한 조직 구조이다.

직능식 조직에 있어서의 라인·스탭관계는 스탭에게 동의·상담·조언 관계의 전문 기능이 주어진다. 이때 스탭이 최종 승인권을 가진 상태를 동의 관계, 라인에게 최종 의사결정권이 있지만 스탭의 의사가 반영되는 상태는 상담 관계, 의사결정 과정에서 필요에 따라 스탭의 조언을 받는 경우는 조언 관계를 지닌다. 다시 말하면 라인조직에 기반하고 스탭조직을 보강한 라인·스탭조직은 라인조직과 직능식 조직의 장점을 살리려는 의도에서 만들어진 조직 구조이다.

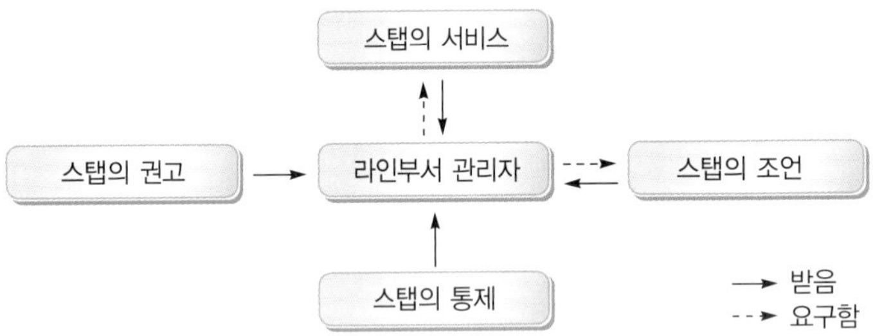

그림 5-14 라인·스탭조직

조직의 규모가 커지고 조직 기능이 복잡해짐에 따라 다양한 스탭 요원의 절대수가 종업원 비율에 맞게 증가하게 되는데, 이렇게 되면 라인 조직에서 라인·스탭조직으로 유형이 바뀌게 된다. 조직의 성장과 필요에 따라서 여러 발전 단계를 거쳐 가며 등장하는 스탭은 라인 관리자에게 전문적·기술적 역할을 다하게 된다.

라인 권한이 직접적(direct)인 것이라면, 지원적(supportive)인 권한에 근거하여 라인 기능에 간접적으로 영향을 미치는 스탭 기능은 여러 가지로 구분될 수 있다. 어떤 스탭 부문은 이들 기능 중의 어느 하나만을 수행하거나 강조하고, 또 다른 스탭 부문은 몇 가지 또는 모든 활동을 수행한다.

② 라인·스탭조직의 장점

- 라인은 스탭의 조언과 권고를 받음으로써 자신의 업무수행과 관계없는 문제에는 시간을 소비할 필요가 없다.
- 정책의 일관성을 확보할 수 있어서 조직의 관리 통제가 매우 안정적이다.
- 라인은 유능한 '스탭'을 활용할 수 있어서 보다 신중하고 유익한 의사결정을 내릴 수 있다.

③ 라인·스탭조직의 단점

- 명령 계통에 있어서 조언과 권고적 참여가 혼동될 우려가 크고, 그 때문에 라인 기능자와 스탭 기능자 사이에 갈등이 생기는 경우가 많다.
- 스탭의 권한이 너무 확대되면 라인의 기능 수행에 지장을 준다.
- 라인이 스탭에 지나치게 의존해 직접적인 명령이나 결정을 미루고 책임을 회피할 우려도 있다.

오늘날의 가장 일반적인 조직 구조는, 기본적으로 라인이 지휘·명령의 일원화를 기하면서 스탭의 조언과 권고를 받는 라인·스탭조직을 취하는 것이다. 라인·스탭조직은 라인 조직의 문제점을 극복할 수 있는 장점을 지니고 있고, 양자 간의 협력 관계에 갈등이 생겼을 때 상위직의 경영관리자가 스탭에게 어떤 권한을 줄 것인가를 결정해야 하기 때문에 흔히 채택되고 있다.

2. 조직의 부수적 형태

(1) 위원회조직(Committee organization)

① 위원회조직의 개념

조직이 확대되고 전문화됨에 따라 각 부문 간의 관계를 경영 활동의 전체적인 관점에서 조정할 필요가 있다. 따라서 여러 관계 부문의 당사자를 구성원으로 하는 회의체가 마련되는데, 이를 위원회조직이라 한다. 위원회에서는 경영 정책이나 문제 해결 방책 등을 결정하기 위하여 이에 관련된 사람들이 모이게 된다. 위원회는 여러 가지로 분류할 수 있으나, 그 성격상 크게 두 가지로 나눌 수 있다.

하나는 결정권을 갖고 있으며, 또 경영 활동의 결과를 책임짐으로써 라인의 역할을 수행하는 위원회이고, 다른 하나는 라인을 조언하고 도움으로써 스탭의 역할을 수행하는 위원회이다.

위원회 조직은 각 부문 사이의 불화와 마찰을 피하기 위하여 관련되는 사람으로 하여금 민주적인 의사 결정을 하도록 하고, 그에 따른 실행을 하도록 한다.

② 위원회조직의 장점

- 여러 사람이 공동으로 심의하여 판단하기 때문에 효과적이다. 이때에는 브레인스토밍(brain storming)의 효과가 기대된다.
- 위원회는 조정을 위한 유효한 수단으로 이용된다.
- 위원회는 이해자 집단의 대표들로 구성되므로 그들의 의사를 반영하는 방법으로 이용되는 경우가 많다.
- 위원회는 관계자를 참가시킴으로써 참가자의 동기유발에 기여한다.

③ 위원회조직의 단점

- 시간과 비용이 많이 든다.
- 책임 소재가 분명하지 않다.
- 타협의 위험성도 있으며, 개인적 창의성을 저해하기 쉽다.
- 회의 때는 위원들 사이에 불신과 불화를 야기할 가능성이 크다.

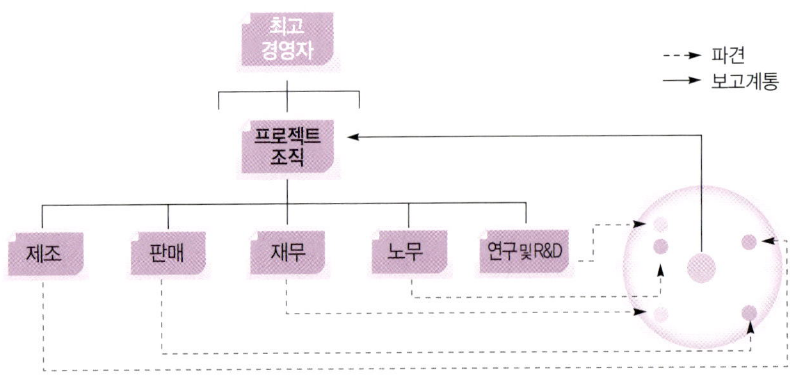

그림 5-15 프로젝트조직 구조

(2) 프로젝트조직(Project organization)

오늘날 경영조직의 또 다른 형태로 프로젝트조직이 이용되고 있다. 프로젝트 조직이란 직능별 · 제품별도 아닌, 프로젝트를 위해 형성된 조직이다. 여기에서 프로젝트란, 경영관리상 반복적으로 일어나고 있는 일상적인 업무 활동과는 달리, 앞으로 해 나가야 할 구체적인 특정 계획(과제)을 말한다.

오늘날의 경영은 기업환경이 동태적으로 다양하게 변동하고 또한 기술혁신이 급격하게 진행됨에 따라 프로젝트를 중심으로 이루어진다. 프로젝트 조직은 프로젝트 관리자에 의해서 대표되며, 그는 이 프로젝트의 전체적인 성공 여부에 대하여 책임을 지게 된다.

또한 이 프로젝트조직은 여러 직능 부문에서 선발된 사람들로 구성된다. 구성원들은 프로젝트조직의 각 전문 분야에 배치되어 그 일의 진전에 따라 인원을 교체하며, 프로젝트가 완료되면 원래의 소속 부문으로 돌아가거나 혹은 또 다른 새로운 프로젝트에 배치된다.

(3) 팀형 조직

오늘날 기업의 규모 확대와 경영환경 변화 및 경영합리화 등에 능동적으로 대처해 나가기 위해 과(課) 중심 체제의 상하관계 운영이 팀형 조직으로 변화하고 있다. 다수의 관리 계층이 존재하지 않는 평탄 구조로 명령계층을 단축하고 상하 조직 간의 명령과 보고 체계가 단순화되어 신속한 의사결정과 조직 효율을 향상시킬 수 있다.

(4) 버블형 조직

거품형 조직은 평탄 구조(flat organization)의 팀 조직에서 한 단계 진전한 조직 구조이다. 이 조직 구조는 기능에 따른 위계질서를 강조하기보다 각 팀 간의 상호기능을 위주로 한다. 버블형 조직에서는 경영계층 대신 팀의 리더가 각 팀 활동을 이끌고 촉진하는 역할을 하며, 팀 구성원들은 의사결정을 한다.

(5) 매트릭스조직

각 구성원이 본래 속해 있는 부서의 업무 역할을 수행하면서 다른 한편으로는 프로젝트의 일원으로 활동함으로써 새로운 외부환경 변화에 대처하여 전문적 기능을 발휘하고, 신제품이나 기술 개발과 같은 분권화된 조직에 속해서 일한다.

(6) 네트워크조직

복잡해진 기업환경 변화는 핵심 역량을 기업 내부에 보유하고, 조직의 구조를 축소시켜 경영자원의 효율을 높이며, 비핵심 부문을 아웃소싱하고, 전략적 제휴를 통해 네트워크 구조를 형성해 상호 협력을 맺는 수평적 조직의 한 형태이다.

Check Point

거버넌스(Governance)

국가의 여러 업무를 관리하기 위해 정치·경제 및 행정적 권한(authority)을 행사하는 방식, 즉 국정관리체계를 의미한다. 국정관리체계(國政管理體系), 공치(共治), 협치(協治) 등의 용어로 번역되어 사용되기도 한다.

넓은 의미에서의 거버넌스는 일반적인 국정관리 체계로 계층제(관료제 또는 전통적 형태의 정부 조직), 시장, 네트워크(network) 등이 있다. 전통적 행정(government)과 대비되는 '뉴 거버넌스'의 개념은 오늘날의 행정이 시장화·분권화·네트워크화·기업화·국제화를 지향함에 따라 공공문제의 해결을 위한 '네트워크식 국정관리 체계'만을 지칭하는 의미로 사용된다.

정부와 시민사회(civil society)의 협력적 네트워크(network)를 강조하는 개념이다. 자기조직화 네트워크(self-organizing network), 민·관 파트너십(partnership), 공공서비스의 민·관 공동생산(coproduction), 신공공관리(new public management) 도입 및 기업 거버넌스(corporate governance), 최소국가(minimal state), 사회적 인공지능체계(socio-cybernetic system) 등을 들 수 있다. 즉 뉴 거버넌스는 종래의 집권적 관료구조에 바탕을 둔 전통적 행정을 대체하는 개념(from government to governance)으로 사용된다.

(7) 가상조직

서로 다른 핵심 역량을 갖춘 여러 기업들이 상호간에 협력 네트워크를 형성하고 이를 기반으로 시간과 공간을 초월하여 서비스 정보, 정보의 개발 연구, 생산과 판매를 목적으로 하는 조직을 말한다.

이는 정보통신 기술의 발달과 인터넷 확산으로 생산자와 소비자 사이의 정보 흐름이 빨라짐에 따라, 첨단기술 분야나 생명공학 분야의 기업을 중심으로 환경의 불확실성과 복잡성으로 인한 높은 투자 비용과 위험의 최소화를 위한 구조적 대안으로 관심을 끌고 있다.

06 집권관리와 분권관리

1. 집권관리(Centralized management)

관료적 관리의 형태로서 모든 결정권과 관리권이 최고관리층에 집중되고 하위의 각 부문에 자주성을 주지 않는 관리 형태이다. 소규모 기업에서 최고관리층이 업무 전반에 걸쳐서 탁월한 지식·경험·능력 등이 있고, 합리적 결정 기초가 되는 정황을 정확·신속하게 파악할 수 있는 경우에 효과적이라고 할 수 있다.

조직의 집권화를 촉진하는 요인은 다음과 같다.

(1) 직능별 부문 편성

직능별로 조직을 편성할 때에 집권화의 경향이 강하게 나타난다. 때문에 직능별 조직 아래에서는 각 부문이 구매, 제조, 판매, 재무, 인사 등으로 이루어지는 경영 직능의 일부분밖에 담당하지 않으므로 그에 포괄적인 권한을 위양하려고 하더라도 스스로 한계가 있게 마련이다.

(2) 정보처리 기술의 발달

오늘날 컴퓨터를 비롯하여 정보처리기기의 발달로 대량의 정보가 신속·정확하게 처리되면서 실제로 조직이 집권화될 것인지 분권화될 것인지에 관해서는 이견이 있다.

(3) 수익성 악화 또는 기업에 파손의 위험이 있을 때

이때에는 전사(全社)적인 결속과 의사 통일, 그리고 비용 삭감을 도모하기 위해 집권화되는 경향이 있다.

표 5-1 집권화와 분권화의 장점

집권화의 장점	분권화의 장점
획일적(uniformity)인 의사결정이 가능하다.	의사결정이 보다 신속하게 이루어진다.
전반 기능을 잘 갖춘 경영관리자가 요구된다.	하급 경영계층의 문제가 즉시 처리된다.
최고 경영층이 조직의 미래 계획에 관해 더 잘 알고 있으므로 최선의 의사결정을 할 수 있다.	상급자의 명령에 따르기만 하기보다는 하급 경영계층에서 의사결정기능을 개발할 기회가 주어지므로 동기부여가 된다.
계획과 보고 절차가 간단하다.	최고경영층은 작업 부하(負荷)를 줄여 전략 계획에 많은 시간을 할애할 수 있다.

2. 분권관리(Decentralized management)

의사결정 권한이 중앙집권적으로 최고경영층에 집중되지 않고, 하위의 관리 계층에 대폭 위양되어 있다. 이때에 각 부문의 관리자가 계획과 관리 면에서 일정한 자주성을 가지는 형태의 경영관리 방식이다. 따라서 이는 권한 위양을 전제로 한다. 하위에 결정 권한이 분산되는 현상을 가리켜서 '분권화(decentralization)' 라고 한다. 분권관리는 경영의 대규모화와 고정화에 따라 경영관리, 특히 집권관리가 갖는 경직화를 타파하기 위하여 대두되었으며, 조직의 분권화를 촉진하는 요인은 다음과 같다.

(1) 조직의 대규모화

조직 규모가 커져 관리가 복잡해질 뿐만 아니라, 집권적 조직에서 상위경영층의 부담이 과중될 때 분권화가 촉진된다.

(2) 사업의 다각화

사업 내용이 다각화되어 다양한 제품과 이질적인 시장을 취급하게 되면, 기존의 집권적 조직으로서는 거기에 충분히 대응할 수 없게 되므로 분권화가 진전된다.

(3) 기업환경 변화

오늘날 급격한 기업환경의 변화는 집권적 조직만으로 능동적 대처가 어렵기 때문에 분권화가 촉진된다.

(4) 업무 활동의 지리적 분산

다국적 기업과 같이 활동 거점이 지리적으로 매우 분산되어 있을 경우에 분권화가 촉진된다.

(5) 조직 슬랙의 존재와 성장 지향

기업체의 업적 호조로 조직 슬랙이 풍부하게 존재하거나 성장 지향이 강한 경우에도 분권화의 경향이 강하게 대두된다. 그밖에도 최고 경영자의 성격이나 경영 이념, 더 나아가서 기업의 역사 등도 집권·분권화의 정도에 커다란 영향을 준다.

Check Point

조직 슬랙(Organizational slack)

기업 등의 조직에서 이용 가능한 자원[貢獻]과 조직이 존속하는 데 필요한 지불[誘因]의 차액[殘留資源]. 슬랙이란 '이완', '해이'라는 뜻이다. 기업이 보유하는 경영 자원의 여유가 조직 슬랙이며, 재고품과 유보금(留保金)이 그 대표적인 것이다. 여유 자원의 활용을 꾀하는 것이 다각화(多角化)로 내딛는 단서가 되며, 그런 의미에서 기업성장을 유도하는 유력한 조건이 된다. 과잉 설비 등은 신규 참여를 억제하는 데도 소용된다.

물론 이러한 활용을 꾀하지 않으면 이들은 단순한 유휴 자원이므로 경영을 압박하는 원인이 된다. 슬랙을 무형 자산으로까지 확대해서 보면, 유사 제품의 동시 개발이라든지, 정보의 장황함이나 권한의 교착(交錯) 등이 포함된다. 이들을 중복이라고 해서 회피하는 사람도 있지만, 오히려 조직 활성화를 위한 유력한 수단이 될 수 있다.

3. 사업부제조직

분권관리 조직의 가장 대표적인 형태가 바로 사업부제조직이다. 오늘날 경영 규모의 확대, 기술혁신의 급속화, 제품의 다양화 및 판매 경쟁의 격화 등으로 형성되었다.

사업부제조직은 경영 활동을 1차적인 단위 분화에 의하여 제품별·지역별 또는 고객별 사업부로 분화하고, 이들 각각의 사업부에 대하여 독립성을 인정하여 권한과 책임을 위양함으로써 자주적인 채산단위(採算單位)로 운영하고자 하는 조직 형태이다. 또한 제품별·지역별로 제조 및 판매에 따르는 재료의 구매 권한까지도 사업부에 부여하여 그 경영상의 독립성을 인정하여 주는 한편, 책임의식을 갖게 함으로써 경영활동을 효과적으로 수행할 수 있도록 하고 있다.

사업부제의 선택은 제품이 여러 종류에 걸쳐 있는 다각적 경영의 경우, 또는 제품 판매 지역이 대단히 광범위하게 걸쳐 있을 경우 등에 이루어진다. 각 사업부는 독립적인 수익단위(profit center)와 비용단위(cost center)로 운영되기 때문에 사업부 자체가 독립된 기업의 성격을 띤다. 사업부제 조직을 취하면, 사업부장의 책임 경영 체제 아래, 독립적이며 기동적인 경영 활동을 수행할 수 있으므로 전반적인 경영자의 육성에도 효과적이다.

21세기 생존을 위한 새로운 경영 기법은 국제화, 창조화, 정보화, 복합화, 상생화의 키워드로 국제 경제에 대처하고 있다.

표 5-2 생존 경영을 위한 21세기 경영 키워드

구분	특성	내 용
21세기 경영 키워드	국제화	총성 없는 기술전쟁, 지구촌 무한경쟁
	창조화	미래를 위한 무한자원, 신지식 프로 사회
	정보화	경영의 생존 필수조건, 정확 신속 활용
	복합화	시너지 효과의 극대화, 타 업종과의 교류
	상생화	사회공헌도는 경쟁력, 이미지와 신뢰 중시

4. 콩글로머리트(Conglomerate) 조직

사업부제 조직과 유사하며, 사업부들 간에 완전히 독립되어 중요한 상호 의존 관계가 없으므로 완전한 자율성을 갖고 단일 활동 영역에서 다양한 사업부를 운영한다. 규모의 경제성을 활용할 수 없고 통제시스템이 잘 구성되어야 경영 통제가 가능하며, 경기 변화로 인한 영향을 줄이면서 조직의 성장 전략을 사용할 때 이용할 수 있다.

07 공식조직과 비공식조직

공식조직은 조직의 공동 목적을 달성하기 위하여 인위적 · 공식적 · 제도적으로 형성된 조직을 말하며 조직도를 갖는다. 조직구성원은 공식조직에 소속되어 조직의 절차와 규범에 따른 행동과 개인의 노력을 통합하여 사명감을 갖고 조직 목표 달성을 위해 상호 유기적으로 협력하는 대외적 조직이다.

비공식조직은 개인의 욕구에 의해 자연 발생적으로 형성된 자발적 조직으로 개인간 상호 친목도모를 목적으로 한다. 조직의 직무수행에 직접 관여하지 않으나 동기부여를 통한 작업능률과 조직 성과에 영향을 미친다.

공식조직과는 달리 문화적 · 사회적 가치를 통한 집단 결속 및 구성원들의 귀속감과 안정감을 제공하며 행동 통제의 기능도 있다.

표 5-3 공식조직과 비공식조직

공식 조직	비공식 조직
성문화된 조직	관습화된 조직
인위적이며 제도상의 조직	자연 발생적이며 현실상의 조직
외면적 · 외향적 조직	내면적 · 내재적 조직
능률의 원리에 따른 조직 구성	감정의 원리에 따른 조직 구성
상층의 권한 위임	구성원 간의 양해와 승인에 의한 권한
확대 성장	소집단 상태로 유지
목적지향 관계에 중점	인간관계에 중점

표 5-4 관리 한계에 따른 조직구조와 요건

관리한계	공식조직	비공식조직
좁음	수직적 · 직권적 · 통계적	비구조적 작업, 다양한 과업, 부하의 능력개발과 지도, 부하들의 지역적 분리
넓음	수평적 · 분권적 · 자율적	구조적, 표준화된 과업, 높은 수준의 부하능력, 다양한 스탭 지원 가능

Chapter 06

경영 통제 및 피드백

01 통제의 의의 및 필요성

통제란 현재의 경영 성과를 측정하고, 사전에 설정한 경영목표에 도달할 수 있게 하는 것이다. 따라서 통제는 계획설정이 선행되어야 하며, 통제 활동은 차후 계획 수정에 필요한 정보제공을 포함해야 한다. 급변하는 경영 환경의 변화와 조직 규모의 성장, 업무의 복잡화, 권한 위양과 분권화 등의 직무환경은 통제기능의 필요성을 증대시키고 있다.

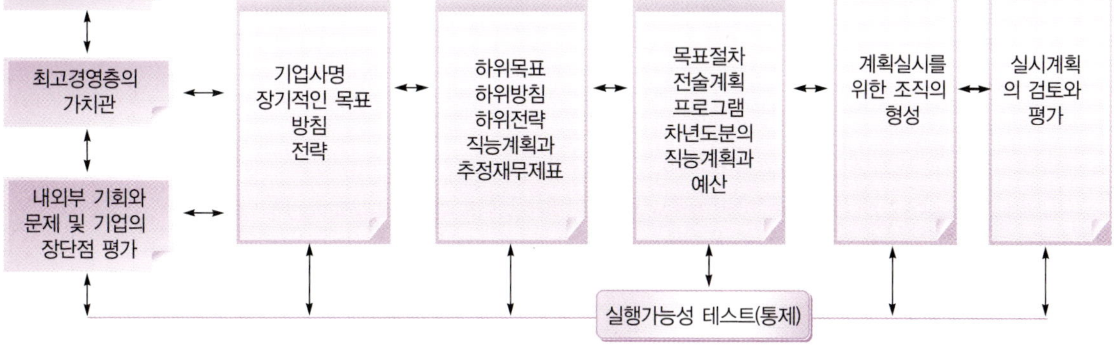

그림 6-1 스타이너의 경영 계획 모델

02 통제 과정 및 유형

1. 표준의 설정

통제 과정의 첫 단계는 계획을 설정하는 것이다. 계획은 그 내용이 자세하고 복잡해 경영자들이 모든 것을 살펴보기 어려우므로 특정한 표준을 설정한다. 계획이 잘 수행되는지 여부를 파악하는 성과 측정을 위해 설정해 놓은 기준을 표준(standard)이라고 한다. 표준은 구체적 단위로 표현되기도 하고, 그렇지 않은 경우도 있다.

예를 들어 생산량, 작업 속도, 서비스 단위 등과 같은 양적 표준으로 표현되는 경우, 비용이나 수입이나 투자액 등과 같은 금전적 단위로 표현되는 경우가 있으며, 종업원 만족도와 같은 무형적 표준이 쓰이기도 한다.

2. 표준에 대한 실제 성과 측정

성과의 점검과 측정 과정은 통제의 중심이다. 적정한 점검과 평가, 측정과 그 결과에 대한 신속한 보고는 효율적인 경영 통제 활동을 위한 필수 조건이다. 구두 또는 서면으로 보고받은 자료를 분석하거나 실제 현장 활동과 성과를 관찰·조사해 경영 활동 성과를 표준과 비교·검증한다.

3. 편차의 수정

업무 집행의 결과가 허용 가능한 편차를 벗어나 표준에서 이탈하였을 때 통제가 이루어진다.

목표한 기준에서 이탈하는 원인으로는 ① 예상치 못한 작업 조건이나 환경 변화 ② 종업원의 훈련 부족과 능력 부족 ③ 계획과 표준이 적절치 못한 경우 ④ 지휘 방법이 부적절한 경우 등을 들 수 있다. 이에 대하여 필요한 경우에는 계획을 수정하여 내외부 환경을 조정하거나 관리감독과 훈련방법을 재검토하여 강화하는 방법 등으로 통제를 가할 수 있다.

03 통제 기법

1. 통제의 기본 요건

최고경영자와 일선 감독자는 목표와 절차의 실천에 대한 통제를 수행하기 위해 다음과 같은 요건을 갖추어야 한다.

(1) 직무 특성을 반영

제조 부서와 판매 부서, 중소기업과 대기업의 통제 상황은 다를 수밖에 없다. 직무특성에 따라 예산, 표준 시간, 비용, 손익분기점 등에서 특정 상황에 적용할 수 없는 경우가 발생하므로 경영자는 경영 여건과 직무 특성에 맞는 통제시스템을 전략화해야 한다.

(2) 편차의 신속한 보고

가장 이상적인 통제는 편차가 발생하기 이전에 미리 문제점을 찾아내 수정하도록 하는 것이다. 이를 위해 수행결과에 대한 정보를 신속하게 전달할 수 있는 통제시스템이 필요하다.

(3) 미래지향적 통제

경영자는 미리 예측(forecast)함으로써 문제 발생 이전에 시정 조치를 강구할 수 있는 통제 기술이 필요하다. 이를 위해 미래지향적인 경영자의 통찰력(insight)이 필요하다.

(4) 예외를 식별하는 통제

통제의 과정에는 항상 예외(exception)적인 상황에 대한 정확한 식별이 있어야 표준에서 이탈하는 편차를 찾아서 이를 시정할 수 있다.

(5) 목표지향적 통제

통제는 항상 목표 실천을 위한 견제의 역할을 하기 때문에 목표를 전제하여 수정하고 개선점을 찾아가는 것이다.

(6) 탄력적 통제

계획이 변경될 경우나 예측하지 못한 환경 변화가 발생한 경우, 현저한 실패가 예상될 때에는 유동적 통제가 이루어진다. 계획 변경으로 인한 통제는 복잡한 여러 가지 상황에 대처할 계획을 가지고 있어야 한다.

(7) 경제적인 통제

통제는 비용보다 효과가 크도록 이루어져야 한다. 이를 위해 원가—효용(cost-utility) 분석이 선행된다.

(8) 이해 가능한 통제

복잡한 도표와 수학 공식, 통계 처리에 의해서만 가능한 통제기술은 모든 경영자에게 유익하게 활용되지 않는다.

(9) 정확한 시정 조치

적절한 통제시스템은 실패의 원인을 찾아내고, 책임 소재와 실패 요인을 시정하기 위해 필요한 조치를 강구할 수 있도록 명백히 구분될 수 있어야 한다.

2. 통제의 기법

전통적 경영 통제기법에서는 예산통제를 주로 실시하여 왔으나 오늘날 비예산적 통제기법이 활용되고 있다. 통제의 기법에는 여러 가지가 있으나 여기에서는 예산통제, 판매실적법, 개인관찰법, 경영정보시스템, 의사결정기법 등을 설명하고자 한다.

(1) 예산통제

예산통제(budget control)는 기업의 경영활동에 대한 모든 계획을 화폐가치로 나타내어 예산을 수립하고, 이에 기초하여 경영활동을 수행하며, 이때 예산은 관리적 성과의 여부를 판단하기 위한 표준이 된다. 최초의 예산과 실제 업무성과와의 차이를 분석하는 관리기법이다.

(2) 판매실적법

과거 판매 실적에 따라 현재와 미래의 판매고를 예측·통제하는 방법으로 과거의 자료를 이용한다는 점에서 통계적 자료이용법과 유사한 성격을 지닌다.

(3) 개인적 관찰법

계획 목표 달성은 인적 자원에 의존하므로 행동과학적 방법을 활용하여 개인의 능력, 잠재력, 개성을 관찰한 자료를 통제 수단으로 이용하는 방법이다.

(4) 경영정보시스템

특정 조직에서 조직 운영과 의사 결정에 필요한 정보를 제공하기 위하여 컴퓨터를 이용해 자료를 분석·통제하고 의사결정에 필요한 모델과 데이터베이스를 활용한 정보시스템이다. 경영정보시스템은 자료를 처리해 두었다가 의사 결정에 적합한 경영 정보로 만들어 전략적 계획과 경영 통제에 활용한다.

(5) 의사결정기법

정형적 의사결정은 관습과 업무 절차, 조직 구조에 따라 구성원에게 공통의 목표를 달성하도록 정보의 전달과 책임을 명확하게 해준다.

비정형적인 의사결정의 현대적 접근법은 자기발견적(heuristic) 문제해결기법을 응용하여 의사결정에 대한 인간 훈련, 탐색적인 문제해결방법을 적용한다.

① 델파이법

미국 랜드연구소에서 개발한 의사결정기법으로 인간의 직관력을 이용한 집단 의견을 수렴해 장래를 예측하는 의사결정기법이다. 어떠한 문제에 대하여 전문가에게 우편을 통하여 독립적으로 그들의 의견을 수집하고, 수집된 의견을 요약하여 다시 전문가들에게 제공하여 전문가의 논평과 해결안을 수립한 뒤 그들의 의견이 합의에 이를 때까지 이를 반복한다.

시간이 많이 소모되며, 참가자의 인선에 따라 결론이 크게 달라질 수 있고, 전문가들을 한 자리에 모아 창의성을 발휘시킬 수 없다는 단점이 있다.

② 탐색적 기법

발견적 기법, 자기발견적(heuristic) 문제해결기법이라고도 하며, 인간의 일반적인 문제해결과정을 명확히 하고 그것을 프로그램에 기술하고자 하는 시도이다. 시행착오(trial and error)를 통해 고도로 비정형적이고 구조화되어 있지 않은 문제를 해결할 수 있게 해주므로 최근 광범위하게 사용된다.

인간의 문제해결 과정은 ㉠ 목표 설정 ㉡ 현재의 상태와 목표와의 차이 검사 ㉢차이를 제거하기 위한 수단, 과정을 기억 또는 탐색 ㉣발견된 수단 또는 과정을 적용하는 단계를 거친다.

이와 같은 해결과정 중 전체적인 관점에서 문제의 해결수단을 찾지 못하면 해결 가능한 하위 문제로 세분하여 목표를 달성하거나 진실에 접근할 수 없을 때에 한 걸음 후퇴하여 다른 방법을 탐색하는 피드백 과정을 내포하고 있다.

③ 선형계획법

선형계획법(linear programming)은 최적의 제품 배합, 광고매체의 선택, 작업량 결정, 투자대상 선정과 같은 제한된 자원을 가장 합리적인 경영관리 활동에 배분하는 것과 관련된 의사결정기법이다. 수학적 규칙을 사용하여 계량적인 문제해결방법을 찾아내는데, 예를 들면 제조시간과 이익의 일차 함수 모델을 설정하여 생산량을 정하는 것이다.

④ 확률적 기법

미래 상황을 확실하게 알 수 없는 경영 의사결정 상황에서 사건의 발생 확률에 대한 가정을 통해 미래 사건의 결과를 확률적으로 알 수 있는 경우를 위험한 상황하에서의 의사결정이라고 하는데, 이때에 활용되는 기법이다.

확률적 기법(stochastic method)은 의사결정자가 ㉠ 발생 가능한 모든 사건과 이 사건이 가져올 결과를 고려, ㉡ 각각의 결과가 발생하는 확률을 계량화하여 확률 분포로 표시, ㉢ 각각의 결과를 화폐 단위로 나타내고 이를 기초로 각각의 사건 결과의 화폐가치를 해당 사건의 발생 확률에 의해 가중평균한 기대 화폐가치를 산출하는 3단계 의사결정절차를 따른다.

PART Ⅱ

인적 자원과 재무관리

Chapter 07

동기부여, 리더십, 의사소통 및 의사결정

01 동기부여

동기부여(motivation)는 마음 속으로 자기 자신을 이끌면서 다른 사람들이 따라올 수 있도록 여건을 조성하는 행위로 조직구성원이 적극적으로 책임을 갖고 자발적으로 일에 종사할 의욕을 일으키도록 하는 활동을 말한다. 즉 종업원이 직무에 대한 의욕을 가지게 하고, 직무를 잘 수행하기 위해 노력을 기울이도록 영향을 주는 활동이다. 경영자의 동기부여능력은 종업원이 어떤 목표를 지향하도록 행동을 유발·조절·유지시켜 나가도록 하며, 작업노력의 수준과 방향 및 지속성을 결정하게 한다. 따라서 동기부여는 진정한 리더십 행위이다.

동기부여가 안 된 활동은 직무 만족도가 높지 않으며, 직무 만족 없이는 큰 성과를 기대하기가 어렵다. 급식조직에서도 종업원들이 업무를 효율적으로 수행하도록 하기 위해서는 적절한 동기부여가 이루어져야 하며, 이를 위해 동기부여 요인에 대하여 관심을 가지고 인간 행동을 유발시키거나 충족시키는 요인에 대한 연구가 필요하다.

> **Check Point**
>
> "동기부여는 사람들이 해주기를 바라는 것을 자발적으로 할 수 있도록 만드는 기술이다"
> — 아이젠하워(미국 제34대 대통령)

1. 동기부여의 이론

동기부여이론의 대표적인 연구자는 매슬로우(Maslow), 알더퍼(Alderfer), 허즈버그(Herzberg), 맥클리랜드(McClelland)가 있다. 이들은 인간의 행동을 일으키는 다양한 욕구들을 정의하였고, 이론 간의 욕구들은 서로 유사점을 가지기도 한다(그림 7-1).

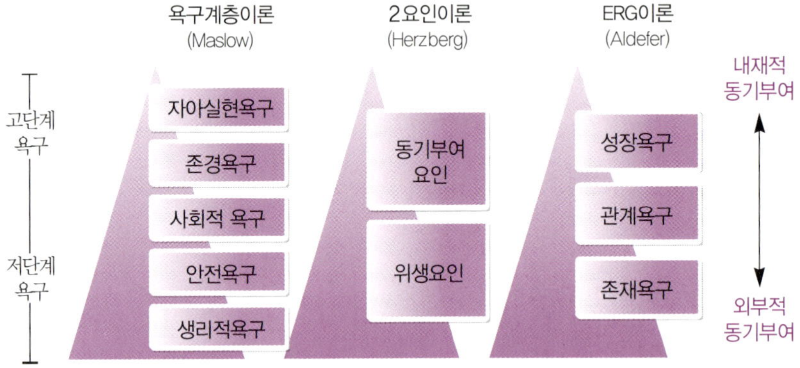

자료 : 김성국, 1998

그림 7-1 동기부여이론의 비교

(1) 매슬로우의 욕구계층이론

매슬로우(Abraham Maslow)의 욕구계층이론(need hierarchy theory)은 가장 널리 알려진 동기부여이론이다. 욕구란 개인의 만족을 위하여 충동을 느끼는 생리적·심리적 결핍 상태로, 매슬로우는 인간의 욕구가 가장 낮은 계층의 욕구로부터 가장 높은 계층의 욕구까지 5단계의 계층을 형성하고 있고, 충족된 욕구는 더 이상 동기부여 요인이 되지 않는다고 하였다.

욕구 피라미드의 낮은 단계가 채워지지 않으면 높은 단계의 욕구는 생기지 않으며, 욕구의 계층이 올라감에 따라 더 중요한 요인이라 판단했다(그림 7-2). 매슬로우에 의하면 생리적·안전 욕구가 충족되는 환경에서 일하는 종업원의 작업수행도가 그렇지 못한 환경의 종업원보다 높다고 한다. 따라서 종업원의 적절한 임금, 복리후생, 안전한 작업 환경, 퇴직 계획 등이 잘 관리되는 것은 작업의 수행도를 높이는 필수적인 요소이다.

욕구계층이론은 종업원이 직무를 수행하는 것뿐만 아니라 그것을 통해 자신의 개인적 욕구를 동시에 충족시키려 한다는 것을 알려준다. 따라서 경영자는 조직과 직무의 목표를 달성함과 동시에 개인의 욕구를 만족시킬 수 있는 방안을 개발하고, 욕구 충족을 방해하거나 좌절시키는 역기능적인 행동을 유발하는 요인들은 제거해야 한다.

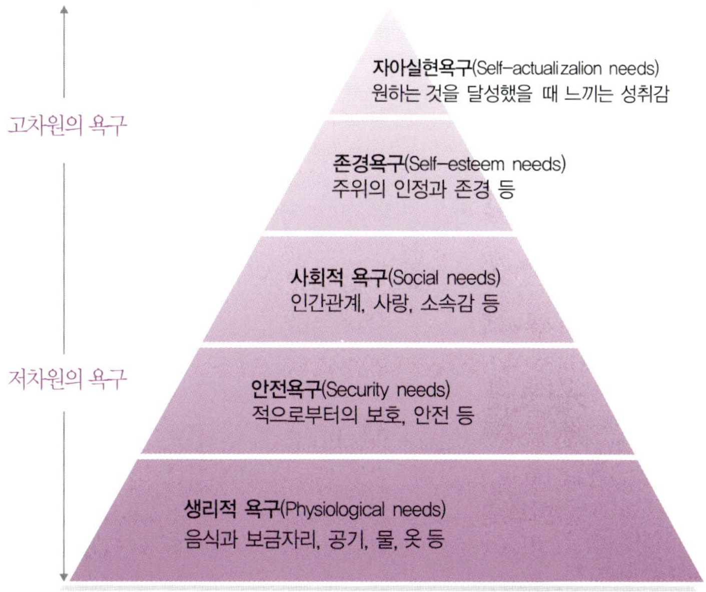

그림 7-2 매슬로우의 욕구계층이론

매슬로우의 이론은 종업원의 다양한 욕구를 유형화해 파악하였으며, 급식시설에서 종사자의 다양한 욕구를 만족시킬 수 있는 동기부여를 이해할 때 활용할 수 있다. 그러나 인간은 동시에 여러 가지 욕구를 가지고 욕구계층이 변화할 수 있음에도 불구하고, 만족된 욕구는 더 이상 동기부여를 할 수 없다는 주장에서 제한이 있다.

(2) 알더퍼의 ERG(Existance, Relatedness, Growth)이론

알더퍼(Alderfer)는 매슬로우와 같이 작업 동기부여에서 개인의 욕구가 가장 중요하다고 보았으며, 인간의 욕구를 크게 존재욕구, 관계욕구, 성장욕구의 세 가지로 정의하였다.

① 존재욕구(Existeance)

가장 기본적인 생리적·물리적 욕구로 생명 유지, 신체적 안전, 임금, 쾌적한 작업 환경 등이 해당된다. 매슬로우 이론의 생리적 욕구와 물리적 안전 욕구가 이에 포함되는데, 이 욕구가 충족되지 못하면 인간은 생존이 위협받게 된다.

② 관계욕구(Relatedness)

조직에서 타인과 좋은 관계를 이루고 싶은 욕구로, 매슬로우 이론의 대인관계의 안전 욕구 및 사회적 욕구와 존경 욕구가 포함된다.

③ 성장욕구(Growth)

조직에서 능력을 최대로 발휘하고 능력 개발을 필요로 하는 업무에 종사하기를 원하며 남들에게 인정받고 싶어 하는 욕구가 해당된다. 매슬로우 이론의 존경 욕구와 자아실현 욕구에 해당된다.

알더퍼 이론은 매슬로우 이론과는 달리 욕구단계의 퇴보가 있을 수 있고, 여러 욕구가 동시에 나타날 수 있다는 주장이다. 즉 알더퍼 이론에 의하면 성장욕구가 채워지지 않으면 관계욕구가 증가하게 된다고 한다.

(3) 허즈버그의 2요인이론(Two-factor theory)

2요인이론은 동기-위생요인이론이라고도 한다. 직무에 불만을 느끼는 사람은 일하고 있는 환경에 관심을 가지고, 직무에 만족하는 경우에는 직무 그 자체에 관심을 가진다. 인간은 직무 만족에 대해 각각 다른 영향을 미치는 독립적인 두 가지의 이질적 욕구를 가지고 있으며, 이를 2요인이라고 한다.

> **Check Point**
>
> ✣ Herzberg에 따른 위생요인의 예 : 불편하고 쾌적하지 못한 조리사 휴게실
> - 휴게실 환경에 대한 욕구가 충족되지 못하면 종업원 불만족의 요인이 되므로 위생요인임
> - 조리사 휴게실의 환경에 대한 욕구가 충족된다 하더라도 동기부여요인으로 작용하기는 어려움

① 위생요인(Hygiene factors)

직무 환경과 관련되는 외적 요인으로 작업 조건, 대인관계, 동료, 감독자, 부하, 급여, 지위, 직업 안정성, 회사 정책 등이 포함된다. 그런데 이 요인이 충족되면 종업원의 불만족을 방지할 수 있으므로 위생요인이 적절히 갖추어져 있어야 한다. 위생요인이 충족되지 않으면 불만족을 느끼게 되므로 불만요인(dissatifier) 또는 유지요인(maintenance factor)이라고 한다. 하지만 위생요인은 충족되면 종업원의 불만족만 사라질 뿐 종업원에게 만족감을 주거나 동기부여 수준을 높일 수는 없다.

② 동기부여 요인

직무 자체에 관한 내적 요인으로 직무에 대한 성취감, 인정, 승진, 직무자체, 책임, 발전 가능성 등 6가지가 포함되는데, 이 요인이 충족되면 만족을 느끼며 직무 만족과 동기부여를 향상시킬 수 있다. 발전, 인정, 승진 등은 매슬로우의 존경 욕구와 자아실현 욕구에 해당된다.

동기부여요인과 위생요인은 별개의 것이며, 작업장의 불만을 해소하기 위해서는 위생요인을 제거하여야 하지만, 위생요인의 제거로 종업원들이 직무에서 만족을 바로 느끼게 되는 것은 아니다. 즉 급식소에서 낮은 생산성이나 높은 결근율 등의 문제가 발생했을 때, 임금 인상과 작업조건 개선과 같은 위생요인만 제공하는 것보다 종업원의 발전을 위한 직무재설계나 발전의 경험 등을 통하여 동기를 부여하는 것이 필요하다.

그러나 허즈버그 이론에서 고려되지 않은 한계점은 승진, 도전이 동기부여가 되는 종업원이 있는가 하면, 임금이나 직무 환경에 의해 동기부여가 되는 종업원이 있는 등, 사람마다 작업환경에 대한 반응이 다르다는 점이다.

(4) 맥클리랜드의 성취동기이론(Acquired needs theory)

맥클리랜드가 주장한 세 가지 욕구와 그에 따른 적절한 동기부여방법은 표 7-1과 같다.

표 7-1 맥클리랜드의 욕구 유형별 특징과 동기부여방법

욕구	성취 욕구	권력 욕구	친화 욕구
특징	• 과거보다 일을 효과적으로 해내려는 욕구. • 성취가능한 목표를 설정함. • 미리 위험을 예측하고 최소화함. • 어려운 일에 도전함. • 수행결과에 대해 구체적인 피드백을 원함.	• 다른 사람을 통제하고 영향을 주며 책임지기를 원하는 욕구. • 경쟁에 이기는 것을 즐김. • 항상 새로운 일에 도전하고자 함. • 의사결정에서 타인과 정면 대응하려고 함.	• 사람들과 가깝게 지내려는 욕구 • 일 자체보다 일하는 사람과의 관계에서 만족을 얻고자 함. • 다른 사람들과 친근한 상호작용을 즐김. • 여러 가지 사회활동을 즐김. • 소속감을 원함.
동기부여 방법	• 명확하게 달성할 수 있는 목표를 줌. • 도전적이면서 일상적이지 않은 과업을 부여. • 업무 수행 결과에 대해 신속하게 피드백해줌. • 새로운 일을 주고 책임감을 더 크게 해줌.	• 가능한 스스로 직무를 계획하고 평가하게 함. • 자신과 관련된 의사결정에는 꼭 참여시킴. • 부분적 업무보다 전체적인 업무를 맡기는 것이 좋음.	• 팀 위주의 관리 유형이 좋음. • 칭찬과 인정을 많이 해줌. • 새로운 종업원의 훈련을 맡기면 훌륭한 지원자가 되어 줌.

맥클리랜드(McClelland)는 조직 내 개인의 동기부여는 성취욕구(achievement needs), 권력 욕구(power needs) 및 친화 욕구(affiliation needs) 등의 세 가지 유형에 따라 다르게 이루어진다고 보았으며, 욕구 유형에 따라 동기부여방법을 모색하였다.

(5) 브룸의 기대이론(Expectancy theory)

브룸(Vroom)의 기대이론은 기대(expectancy), 수단성(instrumentality) 및 가치(value)의 요소를 가지며, 사람들은 일에 대한 인정, 높은 임금 및 성취감 등의 기대감으로 동기가 유발된다고 한다.

① 기대 : 노력하면 높은 성과를 달성할 수 있다고 기대하는 정도로 사람들이 어느 정도 성과를 얻을 가능성이 있다고 생각하는지에 의해 동기부여가 된다.

② 수단성 : 직무 결과에 따라서 임금·승진 등의 보상이 제공될 것이라고 기대하는 확률을 말하며, 그 직무를 수행했을 때의 보상이 유인으로 작용할 때 동기부여가 된다.

③ 가치 : 성과의 결과로 주어지는 보상이 가치있을 때 동기부여가 된다.

기대이론은 관리자가 종업원 개개인이 가진 동기부여 요소를 파악하는데 도움을 준다. 관리자가 동기부여를 위해 기대이론을 사용하려면 먼저 종업원이 노력하면 성과를 이룰 수 있도록 능력을 길러주고, 작업 환경을 개선시켜 주며, 종업원이 가치를 두는 보상이 무엇인지 검토하여 업무성과가 있었을 때 어떤 보상을 줄 것인지를 인식시켜야 한다.

(6) 아담스의 공정성이론(Equity theory)

아담스(Adams)는 종업원들에게 적절한 동기부여를 위해서는 공헌도에 따라 공정하게 보상하여야 한다고 주장하였다. 사람들은 투입된 자신의 노력과 보상의 비율이 동일한 직무 상황에 있는 다른 사람들의 투입과 보상의 비율과 비교한다.

사람들은 투입된 노력의 양에 따라 공정한 보상(공정한 대우)이 있어야 하며, 보상이 적으면(과소 보상) 노력을 줄이려 하고, 보상이 많으면(과대 보상) 노력을 더 많이 하여 공정성을 회복하는 방향으로 반응한다는 것이다.

만약 불공정을 느꼈을 때는 종업원 간에 긴장이 조성되며, 해소하는 과정에서 다른 방향의 동기부여가 이루어짐으로써 공정한 보상을 받고 있다고 느끼는 사람은 현 상태를 유지하려고 하고, 과소 보상을 받고 있다고 느끼는 사람은 자신의 노력 수준을 낮추게 된다.

종업원들은 똑같은 대우를 받더라도 자신의 인식에 의해 현실을 다르게 평가하므로 경영자는 종업원이 보상을 비교하는 대상이 누구인가에 대해 이해하고, 동기부여를 위하여 보상이 공정한 것으로 인식되도록 해야 한다.

(7) 드러커의 목표관리법(Management by objectives : MBO)

목표관리법은 종업원이 달성해야 하는 목표를 구체적으로 설정하여 목표에 의해서 관리하는 제도이다. 잘 설정된 목표는 종업원들의 작업 노력을 활성화하고 동기부여를 지속적으로 할 수 있다. 구체적이고 달성하기 조금 어려운 목표를 제시할 때, 그리고 목표달성 정도에 따라 보상이 있을 때 종업원들은 더 노력하게 된다.

(8) 에드워드 데시의 자기 결정성이론(Self-determination theory)

에드워드 데시(Edward Desi, 로체스터대 심리학과 교수)는 사람에게는 '내발적 동기'와 '외발적 동기'가 있다고 주장하였다. 내발적 동기(intrinsic motivation)는 어떤 행위 자체가 즐겁고 자연발생적인 만족을 주므로 그 일을 하는 것을 말하며, 외발적 동기(entrinsic motivation)는 행위가 다른 결과(금전적 보상, 벌을 피함 등)를 가져오므로 그 일을 하는 것이다. 내발적 동기가 외발적 동기보다 더 지속성이 있고, 더 좋은 성과를 가져오며, 더 큰 심리적 안정을 가져온다. 따라서 내발적 동기의 경우는 활동에 열중하는 자체가 보상이 되므로 언제까지나 높은 동기가 부여될 수 있으며, 외발적 동기부여는 대부분 효과가 한시적일 가능성이 높다.

조직 내 · 외발적 동기부여는 잘못하면 내발적 동기를 꺾을 수 있으므로 주의하여야 한다. 즉, 내발적 동기에 의해 자연발생적으로 시작한 활동에 대해 보상(외발적 동기)을 줌으로써, 역으로 종업원이 원래 가졌던 자발적인 의욕(내발적 동기)이 줄어들 수 있다.

내발적 동기를 떨어뜨리는 외발적 동기로는 실험에서 보상, 벌칙, 데드라인, 감시 등이 역의 상관관계로 나타났다. 따라서 '당근과 채찍' 전략으로 상징되는 전통적인 조직의 보상시스템은 오히려 종업원의 스스로 일하려는 의지(내발적 동기)를 꺾을 수 있다.

내발적 동기를 가져오는 것은 사람의 기본적인 욕구 세 가지를 충족시키면 가능하다고 하는데, 그 세 가지 욕구는 자율성의 욕구, 유능감의 욕구, 관계성의 욕구라고 보고하였다.

2. 동기부여방법

모든 작업 조건이나 종업원에 대해 동기부여이론이 동일하게 적용되는 것은 아니다. 리더는 종업원 개개인의 특성을 이해하고, 또 상황에 맞게 적합한 이론을 선택하여 관리기능을 효과적으로 수행해야 한다.

종업원의 동기부여를 위해서는 동기부여이론들의 공통점을 고려한 다음과 같은 리더의 지침이 필요하다.

① 확실하게 모범을 보이는 리더가 된다.

약속한 일을 실천하고 회사가 추구하는 가치를 이해시키며, 자신이 가치를 따르며 모범을 보이는 리더가 된다.

② 명확하게 커뮤니케이션 한다.

리더의 말은 조직의 시각을 대변하므로 정확하게 말하고, 구성원들이 잘 이해하고 있는지 듣고 확인한다. 그리고 리더가 보고, 듣고, 관찰한 바를 검토하고 다른 사람들의 생각을 받아들여 행동에 반영한다.

③ 창조적으로 도전한다.

종업원들의 재능과 기술을 제고하는 도전 목표들을 찾고, 종업원들이 새롭고 차별화된 경험을 할 수 있도록 하며 다른 부서의 사람과도 만나게 해서 풍부한 경험을 쌓게 한다.

④ 과감하게 권한을 위임한다.

종업원에게 책임을 부여하고 권한을 위임한다. 종업원들이 말과 행동에 책임을 질 수 있게 하고, 어려울 때 믿음을 주고 권한을 준다.

> **Check Point**
>
> **급식 종사자를 위한 전문기술 및 자아개발 교육의 예**
> - 급식생산 및 운영관리 기술
> - 관련 박람회나 전시회 참여
> - 유사한 급식업체 견학
> - 인간관계 기술
> - 의사소통 기술
> - 스트레스 줄이는 법
> - 재테크 방법
> - 건강 관리 방법
> - 좋은 부모 되기

⑤ 적절하게 코칭한다.

먼저 듣고 칭찬한 다음 마지막에 비판한다. 개선된 것에 대해서 합의를 얻고 모든 합의를 끝까지 지켜나간다.

⑥ 의미있게 인정한다.

종업원들을 동료들 앞에서 칭찬하고 인정하여 사기를 북돋워 준다. 또한 종업원들에게 적절한 보상과 공평한 기회를 준다.

⑦ 명예롭게 희생한다.

팀의 욕구를 먼저 생각하고, 고통을 나누며 희생을 의미있게 만든다.

⑧ 지속적으로 사기를 북돋운다.

어려운 일에 먼저 나서고 긍정적으로 생각하게 한다.

Check Point

[연습]
종업원들에게 리더로서 동기부여 하는 방법을 근거로 우리가 스스로에게 동기부여를 하는 방법에 대해 토론해 보자.

GS슈퍼마켓, 모든 직원들에 자신의 '서비스 마일리지' 적립

GS Supermarket 수퍼마켓

GS슈퍼마켓은 국내 기업형 슈퍼마켓(SSM) 시장을 선도하고 있는 업체다. 1990년대 이후 대형 매장과 넓은 주차장을 갖추고 신선식품 위주로 상품을 구성해 SSM 시장을 개척했다. 이런 변신 덕분에 이 회사는 지난해 업계 최초로 매출 1조 원을 넘어섰다. 업체 간 경쟁이 치열해지면서 GS슈퍼마켓은 차별화를 위해 2007년부터 최고경영자(CEO) 직속으로 고객만족조직을 운영하고 있다. 가장 중점을 두는 것은 서비스에 대한 동기 부여다. 서비스 혁신을 위한 인식 전환이 CEO에서 팀장, 고객 접점 구성원까지 연결되도록 한 것이다. 이를 위해 이 회사는 '모범 서비스 동영상'을 제작해 전국 점포에 배포하고 있다. 또 모든 직원이 자신의 '서비스 마일리지'를 적립하고, 서비스 성적이 우수한 직원에게는 해외 연수 등의 혜택을 준다. 고객에게 칭찬을 받은 직원에게는 CEO가 친필 편지를 보내주기도 한다. 매년 서비스 올림픽, 서비스 페스티벌 같은 전사적 행사를 열어 모든 임직원이 고객만족을 실천할 수 있는 분위기를 조성하고 있다.

[중앙일보 2010.08.26]

02 리더십

리더십은 조직구성원들이 조직의 목표달성을 위한 자발적 노력을 할 수 있도록 영향을 주는 기술 또는 과정이라고 정의할 수 있다. 즉 복종, 확신, 존경, 열정, 협동 등의 방법으로 사람들이 목표를 이룰 수 있도록 영향을 주고 지휘할 수 있는 기술이다.

지성, 추진력, 동기부여, 공평성과 일관성, 자기 확신, 전문적 지식, 카리스마, 창의력, 유연성 등의 특징을 가지고 종업원에게 동기를 부여하여, 설정된 계획과 직무 수행에 적합한 행동을 하도록 유도해 집단의 조직 목표달성을 촉진하는 것이 리더의 역할이다.

Check Point

성공적인 리더의 특징

- 지성(intelligence) : 가지고 있는 지식을 적재적소에 활용함.
- 전문적 지식(expertise) : 맡은 직무에 대한 해박한 지식. 일선관리자는 기술적인 지식이 필요하며, 최고관리자는 개념적 지식이 필요함.
- 추진력(drive) : 성취와 야망을 위하여 일이 완성될 때까지 일에 매달리며 종업원을 끌어당기는 능력
- 동기부여(motivation) : 비전 성취를 위한 동기부여가 되어 있으며, 종업원들에게도 개별적으로 변화와 발전에 대해 열정을 갖게 하는 능력
- 공평성(fairness) : 종업원을 객관적이고 편견없이 대함.
- 일관성(consistency) : 특정 업무에 기대되는 수행기준을 모든 사람들에게 공평하게 적용함.
- 자기 확신(self-confidence) : 어떤 결정을 내리거나 위험을 겪을 때, 자신의 실수를 인정해야 할 때, 올바른 결정에 대해 비난을 받는 등의 상황에서 결정에 대해 확고한 의지가 있어야 함.
- 유연성(flexibility) : 새로운 정보에 반응할 줄 알고, 정보의 필요성 판단과 적용을 신속히 함.
- 창의력(creativity) : 일을 하는 데 있어서 새로운 시도 등 독창적인 해결방안을 적용하고 이끌어 내는 능력
- 카리스마(carisma) : 사람들에게 효과적으로 비전을 제시하고, 변화에 대한 두려움을 없애주는 능력

1. 리더십이론

리더십을 이해한다는 것은 쉽지 않은 일이지만, 리더십에 대한 접근방법

에 따라 특성이론, 행동이론, 상황이론으로 분류되며 대략적인 특징을 보면 표 7–2와 같다.

표 7–2 리더십이론의 특징

종류	특징	관련 이론
특성 이론	훌륭한 리더가 지니고 있는 탁월한 신체적, 지적, 성격 특성을 연구	리더의 특성 관찰 전기(傳記)를 통한 문헌적 분석
행동 이론	리더의 효율적인 행동 유형(사람 중심, 일 중심)을 연구	아이오와 대학 모형 미시간 대학 모형 오하이오 대학 모형 관리격자도 모형
상황 이론	리더십에 작용하는 상황적 특성(구성원과의 관계, 과업 구조의 명확성, 리더의 권력)을 연구	피들러의 상황적합이론 허시와 블랜차드 이론

(1) 특성이론

1940년대에 시작한 리더십에 관한 초기 연구로, 사람이 가지고 있는 어떤 특성이 리더십을 발휘하는 데 중요하다는 이론이다. 주로 사회적으로 훌륭한 리더로 평가받는 인물을 중심으로 연구되었으며, 리더의 선천적 자질을 유능한 리더의 조건으로 파악하기 때문에 선천적 리더십(natural leadership theory)이라고도 한다.

훌륭한 리더는 남과 다른 개인적 특성으로 신체적 특성(신장, 외모 등), 지적 특성, 성격 특성(자신감, 확고함, 열의), 업무 특성(성취욕, 창의성 등) 및 사회적 특성(협동심, 대인관계 기술 등)의 리더 특성의 차이가 있다는 주장이다. 최근 연구에서는 추진력(성취 동기, 에너지, 솔선력, 끈기), 권력을 추구하지 않는 통솔 의지, 정직성과 성실성, 자신감, 사업인지능력 등과 같은 자질이 추가되고 있다.

그러나 리더가 구비해야 할 공통의 특성을 일반화하기가 어렵고 어떤 특성을 가진 리더가 모든 상황에서 높은 리더십을 갖지는 않는 등, 일관된 유효성이 나타나지 않아 리더십을 설명하는 데 개인적인 특성만으로는 설득력이 부족함을 알게 되었다. 하지만 특성이론에서 밝혀진 리더의 특성들은 기업의 인적 자원관리에서 매우 중요한 의미를 지니고 있다.

(2) 행동이론

1950년에 들어서면서 높은 성과를 창출하는 리더는 어떻게 행동하는지에 대한 행동 유형을 연구해 집단 구성원과 원만한 관계를 유지하고, 사기와 성과를 높여주는 인적 자원관리에 큰 도움을 준 것이 리더십 행동이론이다. 리더의 행동은 관찰될 수 있으며 후천적 학습을 통해 보통 사람들도 유능한 리더로 바뀔 수 있다고 한다. 행동 이론에서는 리더의 다양한 행동 방식을 인간지향적, 또는 과업지향적으로 구분한다.

① 아이오와 대학 모형

1939년 아이오와 대학 연구팀에 의해 제기된 것으로, 리더의 특성보다 리더의 행동에 관심을 갖는 이론이다. 리더의 유형을 전제적(권위적) 리더, 방임적 리더, 민주적 리더로 분류하였으며, 그 중 민주적 리더가 가장 바람직하다고 평가하였다.

- 전제적(autocratic) 리더 : 종업원을 지휘하는 데 권위를 사용하고 잘못된 일은 다른 사람에게 책임을 전가하며, 종업원을 의사결정 과정에 거의 참여시키지 않는 리더 유형이다. 맥그리거의 X 이론을 믿는 리더이다.
- 자유방임적 리더 : 종업원들이 문제를 스스로 해결하도록 완전한 자유를 주며 방임하는 리더 유형이다.
- 민주적 리더 : 종업원을 지휘할 때 명령보다는 설득하고, 의사 결정에 참여시키며, 조직의 목표 달성을 위하여 권한을 위임하고, 자기 책임을 지는 리더 유형이다. 맥그리거의 Y이론을 믿는 리더이다.

Check Point

- **전제적 리더십** : 권위를 사용하여 지휘하고, 의사결정과정에 종업원을 거의 참여시키지 않는 리더십
- **자유방임적 리더십** : 종업원에게 무한의 자유를 주며 방임하는 리더십
- **민주적 리더십** : 설득으로 지휘하고, 종업원을 의사결정과정에 참여시키는 리더십

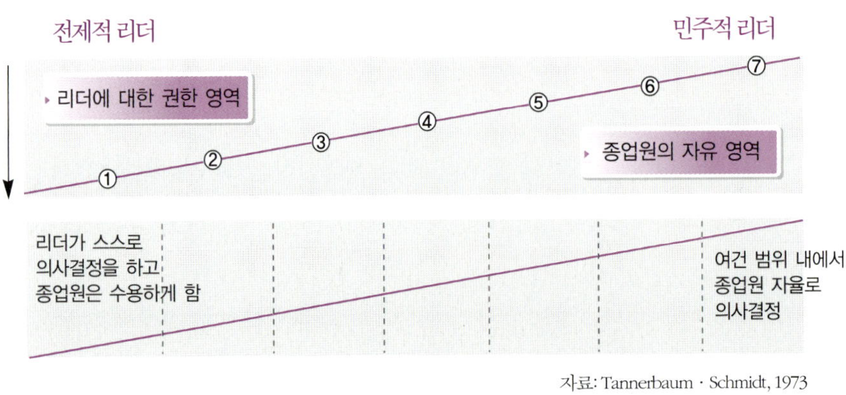

자료: Tannerbaum · Schmidt, 1973

그림 7-3 리더의 행동 모형에 따른 의사결정

리더의 유형에 따라 의사결정시 관리자의 권한과 종업원의 자유 정도는 그림 7-3과 같이 전제적 리더와 민주적 리더를 양극으로 하여 리더십의 행동이 연속적으로 나타난다.

Check Point

✣ **과업**(직무) **중심적 리더십** : 직무 수행력과 일의 기술적 특성에 관심을 가지고 과업 완수가 목표인 리더십

✣ **인간**(종업원) **중심적 리더십** : 종업원과의 인간관계를 중요하게 생각하는 리더십

② 미시간 대학 모형

리커트(Likert)를 중심으로 한 미시간 대학의 학자들은 리더 행동에 따른 종업원의 만족과 직무수행도의 증가를 연구하였다. 그 결과, 리더의 유형을 직무수행력과 일의 기술적 특성에 관심을 가지고 과업 완수를 목표로 하는 과업 중심적(product-oriented) 리더와 인간관계 유지에 관심을 두고 의사결정과정을 과감하게 종업원들에게 위임하여 종업원의 만족과 진급, 성장, 성취감에 높은 관심을 가지는 인간 중심적(employee-oriented) 리더로 분류하였다.

그러나 미시간 대학 모형은 과업과 인간이라는 두 가지 측면의 리더십만 강조하고, 어떤 유형의 리더십이 가장 이상적인지에 대해 설명하지 못하는 한계가 있다.

③ 오하이오 주립대학 모형

오하이오 대학 연구는 리더십 행동을 구조 주도형(initiating structure)과 인간 배려형(consideration)의 두 가지 개념으로 분석하였다. 구조 주도형 리더는 목표 설정과 작업 추진을 중요시하고 리더와 종업원 간의 명확한 업무수행 방법과 절차를 정확히 지시하는 유형이다. 인간 배려형 리더는 상호 믿음과 존경을 기초로 리더와 부하 간에 강한 유대관계를 형성하는 유형이다.

구조 주도형 특성과 인간 배려형 특성을 각각 독립적인 XY축으로 설정해 리더십을 4가지 유형으로 분류하면 그림 7-4와 같다.

- **높은 구조 주도, 높은 배려 유형** : 직무를 철저하게 수행하면서 종업원들을 신뢰와 인격으로 관리하는 가장 바람직한 리더 유형
- **높은 구조 주도, 낮은 배려 유형** : 직무는 철저하게 수행하나 종업원에 대한 인격적 관리가 낮은 수준인 리더 유형
- **낮은 구조 주도, 높은 배려 유형** : 직무는 철저하게 수행하지 못하나 종업원은 인격으로 잘 관리하는 리더 유형

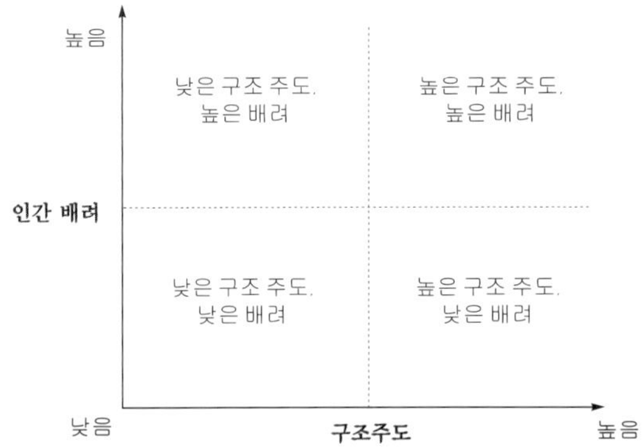

그림 7-4 구조 주도와 배려 스타일의 결합(오하이오 대학 모형)

- 낮은 구조 주도, 낮은 배려 유형 : 직무도 철저하게 수행하지 못하며, 종업원에 대한 배려도 낮은 가장 나쁜 리더 유형

이 리더십 모형은 구조 주도와 인간 배려라는 단순 요소로 리더십을 평가하는 것이 장점이며, 리더십의 유효성을 측정하는 데 설문조사에 의존하고 중요한 환경 변수나 상황적 요인이 고려되지 않은 제한점이 있지만, '관리 격자도' 의 기초가 되었다.

④ 관리 격자도 모형

블레이크(Blake)와 뮤톤(Mouton)이 오하이오 주립대학의 2차원적 기준의 네 가지 리더십 유형을 구체화하여 X축을 직무에 대한 관심(9개 눈금), Y축을 종업원에 대한 관심(9개 눈금)으로 표시하여 81가지 구체적 리더십을 5가지의 기본적인 리더십 스타일로 분류하고 앞으로 리더십을 어떤 방향으로 개선해야 할지 알려주고 있다(그림 7-5).

- 팀형(9.9형) : 직무에 대한 관심과 인간에 대한 관심이 모두 높은 리더십 유형으로, 구성원들 간에 팀워크를 강조하고 신뢰와 존경의 관계에서 종업원의 헌신을 통해 조직의 목표를 달성한다.
- 과업형(9.1형) : 직무에 대한 관심이 높아 과업과 생산에만 관심을 가지는 리더십 유형으로, 인간에 대한 관심은 매우 낮다.

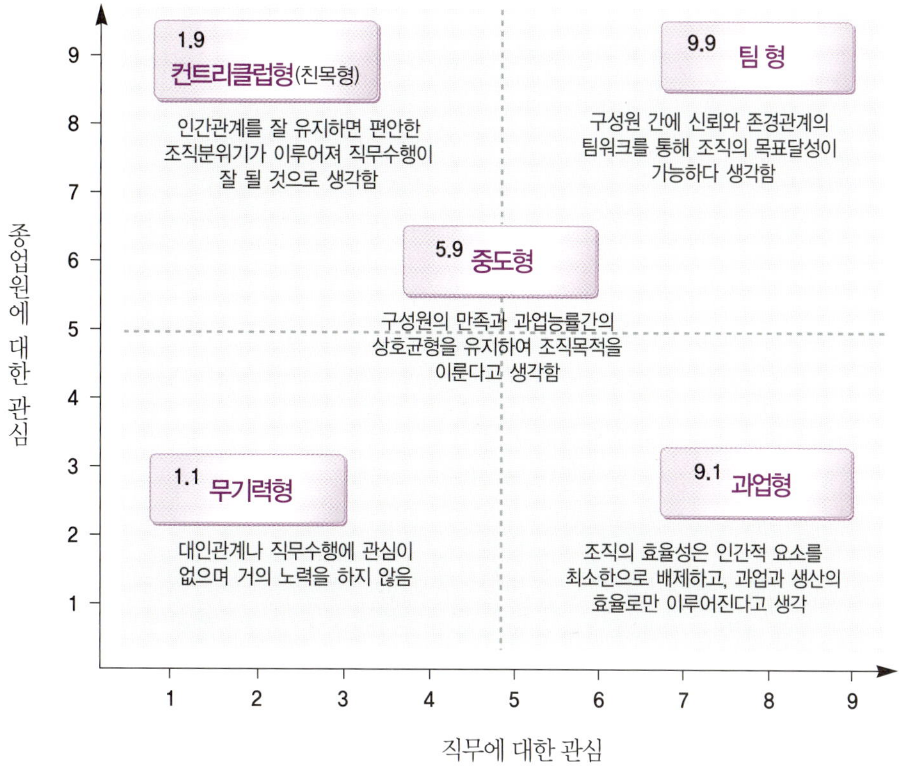

그림 7-5 관리격자도 자료: Blake · Mouton, 1986

- 중도형(5.5형) : 직무와 인간에 대한 관심이 모두 중간 정도인 리더십 유형으로, 갈등을 피하고 적당한 정도의 성과와 대인관계를 유지하나 탁월한 성과는 이루지 못한다.
- 친목형(1.9형) : 직무에 대한 관심은 낮고 인간에 대해서만 관심을 가지는 리더십 유형으로, 편안한 조직 분위기는 조성하지만 기업의 목표달성을 위한 노력은 매우 낮다.
- 무기력형(1.1형) : 직무와 인간에 대한 관심이 모두 낮은 리더십 유형으로, 관리자나 리더로서의 역할을 포기하고 직무에도 소극적이며 종업원과도 거의 접촉하지 않는 관리자이다.

관리격자이론은 기업에서 경영자의 리더십 개발에 많이 적용되는데, 경영자의 현재 리더십 유형을 평가한 후, 팀형(9.9형)을 목표로 발전하기 위한 행동 개발 프로그램을 적용하고 있다.

(3) 상황이론

리더십의 특성이론과 행동이론에서 모든 상황에 부합되는 유일한 리더십 특성이나 행동 유형이 발견되지 않아 1960년대 이후에는 리더십의 유형과 유효성의 관계에 영향을 미치는 상황적 특성을 강조하는 연구로 이어졌다. 리더십 행동이론에서 확대된 것이나 리더의 행동은 상황이나 종업원의 특성에 따라 달라져야 함을 강조하는 것이다.

리더십의 유효성은 리더의 행동 유형과 상황 여건에 의해 결정되며, 그 조직의 성과와 구성원의 만족감이 증대되기 위해서는 특정 상황에 가장 잘 맞는 리더십이 발휘되어야 한다는 것이다. 피들러(Fiedler)의 상황적합이론(contingency theory), 허시(Hersey)와 블랜차드(Blanchard)의 이론, 이번스의 경로-목표이론 등이 있다.

① 피들러의 상황적합이론

상황이론 중 대표이론으로 조직의 작업수행 성과는 리더의 행동적 스타일(과업지향형, 관계지향형)과 상황 변수(리더 - 부하관계, 과업 구조, 지위 권력)에 의해 결정된다고 보며, 각 상황에서 효과적인 리더십 유형을 규명하고자 하였다.

㉠ 리더의 행동적 스타일 측정 : LPC 척도

피들러는 리더의 행동적 스타일을 측정하기 위해 최소 선호 동료(Least Prefered Coworker: LPC) 척도를 개발하여 LPC 점수에 따라 과업지향적 리더(낮은 LPC 리더)와 관계지향적 리더(높은 LPC 리더)로 구분하였다(표 7-3).

LPC 척도는 지금까지 일한 경험 중 가장 같이 일하기 싫었던 사람을 떠올리며 그 사람이 가진 개인적 특성에 대해 8점 척도로 문항에 응답한 후 총 점수를 구한다. LPC 점수가 높은 리더는 자신이 싫어하는 동료에 대해서도 우호적으로 생각하는 경향이 있는 반면, 낮은 점수의 리더는 같이 일하기 싫은 동료를 비우호적으로 생각하는 경향이 있는 것으로 규정하였다.

표 7-3 LPC에 대한 평가

평가항목	점수 척도									점 수
쾌활한 사람	8	7	6	5	4	3	2	1	쾌활하지 못한 사람	
친절한 사람	8	7	6	5	4	3	2	1	불친절한 사람	
거부적인 사람	1	2	3	4	5	6	7	8	수용적인 사람	
긴장하고 있는 사람	1	2	3	4	5	6	7	8	긴장을 풀고 여유 있는 사람	
거리를 두는 사람	1	2	3	4	5	6	7	8	친근한 사람	
냉정한 사람	1	2	3	4	5	6	7	8	다정한 사람	
지원적인 사람	8	7	6	5	4	3	2	1	적대적인 사람	
따분해 하는 사람	1	2	3	4	5	6	7	8	흥미 있어 하는 사람	
싸우기 좋아하는 사람	1	2	3	4	5	6	7	8	화목하게 잘 조화하는 사람	
우울한 사람	1	2	3	4	5	6	7	8	늘 즐거워하는 사람	
서슴치 않고 개방적인 사람	8	7	6	5	4	3	2	1	주저하고 폐쇄적인 사람	
험담을 잘 하는 사람	1	2	3	4	5	6	7	8	너그럽고 관대한 사람	
신뢰할 수 없는 사람	1	2	3	4	5	6	7	8	신뢰할 만한 사람	
사려 깊은 사람	8	7	6	5	4	3	2	1	사려 깊지 못한 사람	
심술궂고 비열한 사람	1	2	3	4	5	6	7	8	점잖고 신사적인 사람	
마음이 맞는 사람	8	7	6	5	4	3	2	1	마음이 맞지 않는 사람	
성실하지 않은 사람	1	2	3	4	5	6	7	8	성실한 사람	
우호적인 사람	8	7	6	5	4	3	2	1	비우호적인 사람	
	총 점									

(활용방법)

① 지금까지 일한 경험 중 가장 같이 일하기 싫었던 사람을 떠올리며, 그 사람이 가진 개인적 특성에 대해 평가한다.

② 각 문항의 점수를 합산하여 총점으로 리더십 스타일을 판단한다.

총점 64점 이상 : 관계지향적 리더
58~63점 : 중간 형태
57점 이하 : 과업지향적 리더

ⓛ 상황 변수

피들러는 리더의 상황 변수를 리더 – 부하 관계, 과업 구조, 지위 권력의 세 가지로 보고 이 변수들을 조합하여 8가지의 상황으로 구분한 뒤, 각 상황에서 효과적인 리더십의 유형을 규명하였다(그림 7–6).

- **리더-부하 관계** : 리더와 종업원 간의 관계, 집단 구성원이 리더에게 갖는 호감, 신뢰도, 추종 정도에 따라 좋음(good), 나쁨(poor)으로 평가한다.

- **과업 구조** : 과업의 목표, 절차 및 방침이 명확하고 구체적으로 규정되어 있는 정도로, 높음(high)과 낮음(low)으로 나타낸다. 과업구조가 명확한 상황이면 보다 통제가 쉽고 구성원의 책임감도 커지게 된다.

- **지위 권력** : 리더가 갖는 구성원들에게 대한 명령·지시 권한이나 보상과 처벌을 할 수 있는 권한의 정도로, 강함(strong)과 약함(weak)으로 나타낸다. 강한 권력을 가진 리더가 종업원에게 더 추종을 받게 된다.

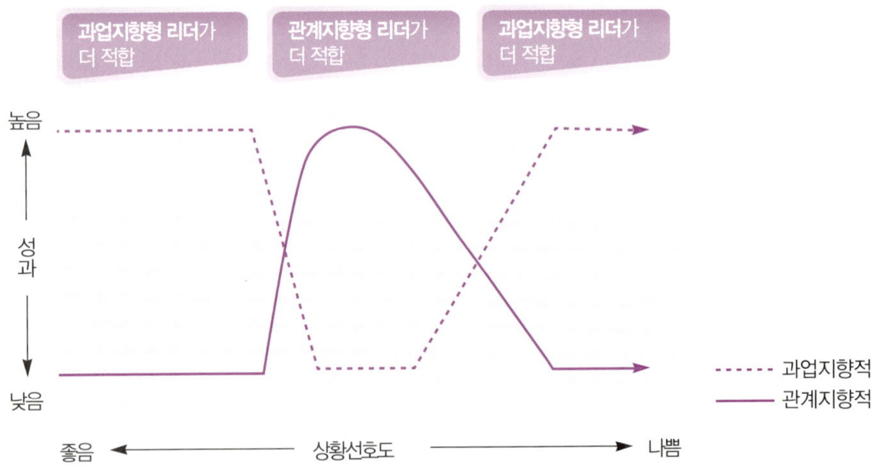

범주	Ⅰ	Ⅱ	Ⅲ	Ⅳ	Ⅴ	Ⅵ	Ⅶ	Ⅷ
리더-부하관계	좋음	좋음	좋음	좋음	나쁨	나쁨	나쁨	나쁨
과업의 구조화 정도	높음		낮음		높음		낮음	
지위 권력	강함	약함	강함	약함	강함	약함	강함	약함

그림 7-6 상황변수에 따른 효과적인 리더십 스타일

(자료 : Fiedler & Chemers 1974)

다양한 상황에 어떤 리더십이 효과적인지에 대해 피들러는 상황 선호도가 좋거나 나쁜 상황에서는 과업지향적 리더가 효과적이고, 상황 선호도가 중간 정도인 경우에는 관계지향적 리더가 효과적이라고 하였다.

② 허시와 블랜차드의 이론

리더십을 과업행동(task behavior)과 관계성 행동(relationship behavior) 및 효과성(effectiveness)의 개념으로 설명한 것으로 오하이오 대학의 구조주도와 인간배려의 두 가지 개념으로 분석한 연구와 유사한 개념이다.

과업행동은 리더가 조직의 목표를 위하여 개인과 전체의 임무와 책임에 관하여 언급하는 행동이고, 관계성 행동은 리더가 의사소통에 참여하기 위해 행하는 다양한 행동을 말한다. 효과성은 주어진 상황에서 적절한 리더십을 효과적인 것으로 규명하며 리더의 행동이 상황에 따라 달라져야 한다는 개념이다.

상황이란 종업원, 리더, 관계자, 조직 및 직무의 요구도 등에 따라 리더십 행동을 다르게 해야 하는 것을 의미한다. 그러나 이 이론에서 리더십 행동은 특히 종업원의 성숙 수준에 따라 결정해야 한다고 했다.

즉, 리더는 종업원의 성숙수준에 따라 리더십 행동을 다르게 해야 하는데, 종업원의 성숙수준은 업무수행능력과 업무수행의 자발성을 기준으로 측정한다.

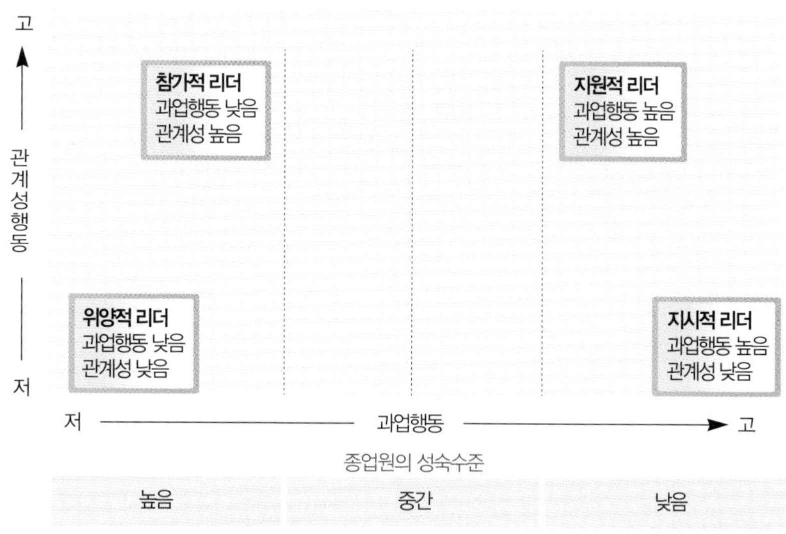

그림 7-7 허시와 블랜차드의 리더십 모형에 의한 효과적 리더십 유형

(자료 : Hersey · Blanchard 1988)

종업원의 성숙수준에 따라 리더행동은 지시적(telling), 지원적(selling), 참가적(participating), 위양적(delegating) 리더 스타일로 분류되며, 이 중에서 가장 적합한 행동 스타일로 관리하여야 한다.

종업원의 성숙수준과 상황요구에 따라 리더십의 유형은 다르게 발휘되고 탄력성 있게 변화할 수 있으며, 효과적인 리더는 종업원의 발전과 변화되는 상황에 대처하기 위하여 리더십 유형을 변형할 수 있는 리더이다(그림 7-7). 즉, 조직에서 경험이 없는 종업원을 지도할 때는 지시적 리더십을 발휘하고, 종업원이 업무에 익숙해지면 위양적 리더십을 활용하는 것이 바람직하다.

(4) 최근의 리더십이론

① 변혁적 리더십

리더와 종업원 모두의 동기부여 수준과 도덕 수준을 높이는 리더십이다. 변혁적 리더(transformational leader)는 훌륭한 역할 모델과 변화 담당자로 조직의 비전을 개발하고 설득력 있는 의사소통으로 종업원들에게 새 비전을 제시해, 종업원이 높은 수준의 업적을 성취할 수 있도록 권한을 주고 조직 생활에 활기를 불어 넣는 사람이다. 변혁적 리더는 이성적, 감성적으로 종업원을 고무하고 동기부여를 하며, 권한 위양을 통해 위상을 높여주고 명확한 비전과 달성 가능한 구체적인 전략을 제시한다.

반면에 카리스마형 리더는 리더와 종업원 간에 감정적·정서적 유대를 강력하게 하여 부하들을 간혹 나약하고 의존적인 존재로 만들 수 있다는 점에서 변혁적 리더십과 구분된다. 변혁적 리더에 대하여 종업원들은 신뢰, 충성심, 존경 등의 감정을 가지며, 이에 동기부여가 되어 기대 수준 이상의 성취를 달성하게 된다.

> **Check Point**
>
> ✣ **변혁적 리더십** : 차원 높은 동기부여와 도덕적 가치로 종업원을 동기부여하고 발전하도록 변형시키는 리더십
>
> ✣ **섬기는 리더십** : 종업원의 욕구를 살피고, 종업원의 입장에서 보살피고 발전을 돕는 리더십

② 섬기는 리더십

리더가 종업원의 성장을 돕고 팀워크와 공동체를 잘 형성하는 리더십이다. 섬기는 리더(servant leader)는 남을 위하는 이타적 윤리의식을 가지고 종업원들의 입장에서 생각하고 보살펴 종업원들을 더 자유롭고 풍요롭게 해준다.

바람직한 리더는 환경에 맞게 자신의 행동을 바꾸거나 리더 유형에 맞게 환경을 변화시켜야 한다. 바람직한 리더십을 가진 관리자는 종업원을 믿고 종업원에게 비전을 제시하면서 미래의 위험에 도전한다. 또한 종업원의 요구사항을 계속 경청하며, 의사소통을 통하여 의사 결정 사항을 효과적으로 수행하도록 해야 한다.

03 의사소통

의사소통(communication)이란 조직구성원들이 언어·비언어적인 수단을 통하여 서로의 정보와 의견을 교환하고, 공통된 이해를 위한 과정으로 조직을 효과적으로 지휘하며 조직 내의 여러 활동을 조정하는 상호작용과정이다. 효과적인 의사소통은 발신자가 의도한 의미와 가장 유사한 의미로 수신자에게 전달되는 것이다. 의사소통은 경영관리의 지휘과정에서 동기부여와 리더십의 중요한 수단이며, 큰 영향을 미친다.

Key Word

- 발신자(sender) : 메시지를 만드는 사람
- 수신자(receiver) : 메시지 수용자. 효과적인 의사소통은 수신자 중심이어야 한다.
- 메시지(message) : 의사소통 내용. 언어적(단어), 비언어적(얼굴 표정, 몸짓 등) 또는 그림 등
- 경로(channel) : 메시지가 전달되는 경로. 발신자는 공식적인 경로와 비공식적인 경로 및 경로의 단계 수를 결정해야 한다.
- 효과(effect) : 메시지 전달 결과로 나타나는 수신자의 변화로 의사소통의 목적임. 수신자의 지식, 태도 및 행동의 변화 순서로 나타나게 된다.
- 피드백(feedback) : 메시지 전달 후 수신자가 나타내는 반응. 메시지가 잘 전달되었는지 알 수 있고, 새로운 의사소통의 시작이 되기도 한다.
- 소음(noise) : 의사소통의 정확도를 감소시키는 요소. 단어 선택의 문제, 부적절한 경로, 주변의 산만함, 문화와 경험 차이, 신분의 영향, 메시지의 명확성 결여, 수신자의 심리적 상태, 피드백 결여 등

1. 의사소통의 의의

대부분 좋은 리더는 의사소통 능력이 뛰어나다. 리더는 조직의 목표를 알리고 목표를 달성하기 위해 계획을 수립하며, 자원을 조직화하여 지휘하고, 조직원들에게 동기를 부여하기 위해서 의사소통 능력이 필요하다.

급식산업에서는 고객의 기호도와 요구를 파악하기 위하여 종업원과 고객과의 의사소통이 매우 중요하다. 조직구성원 간에 의사소통한 후에 정해진 조직 내 의사결정이 고객의 관심을 끌 수 있으며, 설득력 있는 메시지를 만들어 고객에게 가장 효과적인 방법으로 의사소통하며 마케팅 전략에 쓰여야 한다.

2. 의사소통 과정

의사소통과정은 그림 7-8과 같이 발신자에서 수신자에게 정보가 전달되는 과정으로, 내용(메시지)이 매체에 의해 수신자에게 전달되면 수신자는 수신된 내용(의미)을 해독한다.

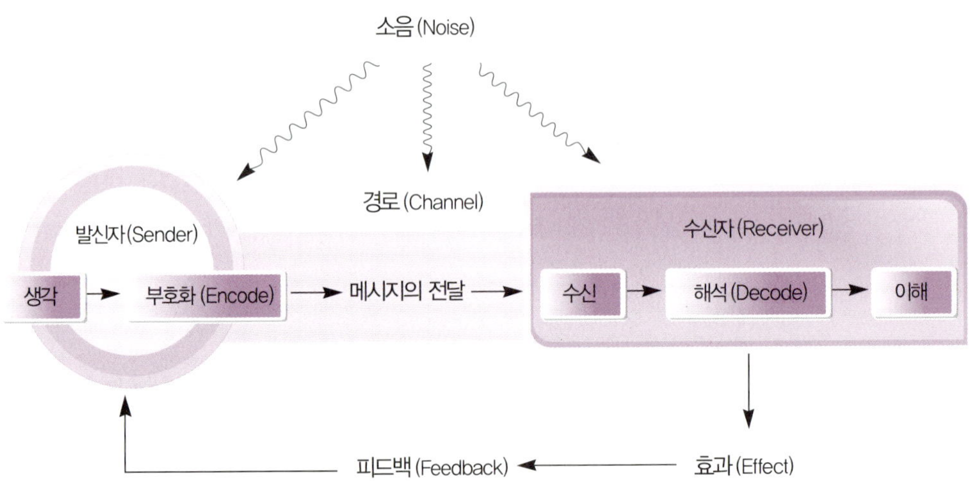

그림 7-8 의사소통과정 (자료 : 김남현, 1998)

3. 의사소통의 유형

의사소통은 방향에 따라 수직적 의사소통과 교차적 의사소통으로 분류할 수 있다.

(1) 수직적 의사소통

① 하향식 의사소통(downward communication) : 조직의 권한 계층에서 상층에서 하층으로 전달되는 의사소통이다. 주로 주요정책 설명, 업무지침 시달, 정책 설명 등의 정보를 제공한다. 조직 내의 회의, 공문 발송, 서면, 전화 등의 방법이 있다.

② 상향식 의사소통(upward communication) : 권한계층의 하층에서 상위계층으로 메시지가 전달되는 것으로, 종업원의 정보 및 작업에 대한 생각을 청취할 수 있으며, 의견제안함, 성과보고서, 고충 처리, 그룹 미팅 등의 방법이 있다.

효과적인 조직 운영을 위해서는 하향식 의사소통뿐만 아니라 상향식 의사소통도 원활하게 이루어져야 한다. 조직이 커질수록 상향식 의사소통은 쉽지 않지만, 조직 분위기를 참여적이고 비지시적인 환경으로 만들어 상향식 의사소통 분위기를 증진하는 노력이 필요하다.

(2) 교차적 의사소통

① 수평적 의사소통

수평적 의사소통(horizontal communication)은 권한 계층은 같으나 부서 간 또는 직무 단위가 다른 사람 간에 이루어지는 것으로 조정에 도움이 된다. 부서 간의 조정, 부서 내의 문제 해결이 가능하며, 생산 부서와 서비스 부서 간의 수평적 의사소통은 부서 간의 업무 분담과 갈등 예방에 도움이 된다.

② 대각적 의사소통

대각적 의사소통(diagonal communication)은 직무 단위와 권한 계층이 다른 사람 간의 직접적인 의사소통으로 중간 단계를 거치지 않으므로 시간과 노력 면에서 효과적이다. 급식 부서의 주문 담당자가 급식 부서의 책임자를 거치지 않고 직접 구매부서에 주문 내용을 알리는 것 등이 있다.

(3) 비공식적 의사소통

조직의 의사소통은 대부분 공식적 의사소통(formal communication)이지만, 조직의 권한 계층과는 다른 경로인 비공식적 조직(향우회, 취미 동아리 등)을 통하여 비공식적 의사소통(informal communication)이 이루어진다. 최근 조직에서 비공식적 의사소통이 많이 이루어지고 있는데, 자신의 감정을 자연스럽게 표출할 수 있어 조직 내에서 중요하다.

비공식적 의사소통은 조직 내 의사소통을 촉진시켜 수시로 정보를 얻는 유용한 수단으로 사용되어야 하며, 좋은 경영자는 이를 통하여 조직구성원 간 의사소통의 필요성을 높이는 데 활용해야 한다. 그러나 비공식적 경로를 통해 정보가 왜곡되어 확산되지 않도록 신속히 막아야 한다.

경영자는 종업원과 비공식적 의사소통으로 좋은 아이디어를 얻고, 종업원에 대한 이해를 높일 수 있다. 요즘은 SNS(Social Network System)를 이용하여 종업원과 소통하려는 경영자도 늘고 있다.

Check Point

[연습]
급식 및 외식업체 중 소비자와 소통이 잘 되는 업체를 조사해 보고, 개선할 점을 토론해 보자.

(자료 : 스타벅스 2014. 4. 27)

그림 7-9 식업체의 SNS(Social Network System)의 예

4. 의사소통의 기법

효율적인 의사소통을 위하여 다양한 기법이 필요하다.

(1) 적극적 경청

발신자의 정보를 정확하게 파악하기 위하여 발신자의 말과 의미에 집중하며 잘 듣고 적절한 질문을 한다.

Check Point

✣ 경청의 중요성

- CLO(Chief Listening Officer 최고경청자) : 애플의 스티브잡스는 다른 사람의 말을 경청하고 팀워크를 우선시한다는 의미로 스스로를 CEO가 아니라 CLO라 칭함.
- Mary Kay(화장품회사)의 경청의 기술 3가지 : ① 귀담아 듣기 ② 사소한 메일이나 메시지에도 반드시 회신하기 ③ 작은 제안도 인정해 주기
- 미네소타대학의 실험 : 상대의 말을 아무리 주의깊게 들어도 말을 들은 직후에는 전체 내용의 절반 정도만 기억하며, 3개월 정도가 지나면 들은 내용의 25%만을 기억함. 따라서 사회에서는 읽기능력보다 듣기능력이 3배 정도 중요함.

(2) 적절한 피드백

조직의 발전을 위하여 긍정적·부정적 피드백이 모두 필요하므로 종업원에게 피드백 여하에 따른 불이익이 없음을 인식시키고 신뢰관계를 만들어야 한다. 피드백은 빠를수록 좋고, 쌍방적 피드백이 더 효과적이다.

(3) 다양한 경로(Channel)

메시지를 명확하게 전달하기 위하여 여러 가지 경로를 이용하는 것이 좋다. 사람마다 정보를 잘 받아들이는 의사소통 경로가 다를 수 있으므로 다양한 경로를 통한 의사소통은 메시지를 좀더 명확하게 전달할 수 있다.

(4) 수신자의 심리 상태 고려

사람들은 자기의 관점에서 생각하는 습관이 있으므로 수신자의 감정 등 심리적 상태를 파악하여 적절한 시기에 의사소통하며, 다른 사람의 관점에서 생각하는 태도를 갖도록 한다.

5. 의사소통의 원칙

의사소통이 효과적으로 이루어지려면 의사소통의 원칙을 잘 갖추어야 한다.

Check Point

① 명확성(accuracy) : 의사소통 내용이 가치가 있으며, 정확한 정보여야 함.
② 명료성(clarity) : 간결한 문장과 쉬운 언어를 사용하여 수신자가 쉽고 정확하게 이해할 수 있어야 함.
③ 일관성(consistency) : 전달 내용이 논리적으로 일치하며, 행정적인 방향과 일처리 방법에서도 일치하여야 함.
④ 적시성(timeliness) : 꼭 필요한 적절한 시기에 의사소통이 이루어져야 함.
⑤ 적량성(adequacy) : 전달내용이 많지도 적지도 않아 수신자가 받아들일 수 있는 적절한 양이어야 함.
⑥ 관련성(relevance) : 수신자에게 필요하며 관련 있는 내용이어야 함.
⑦ 수용성(acceptibility) : 수신자가 적극적 반응을 보여서 수용하는 내용이어야 함.
⑧ 적응성(adaptability) : 수신자가 전달내용에 대해 상황에 따라 적절한 행동을 할 수 있는 융통성이 주어져야 함.
⑨ 분포성(distribution) : 의사소통이 조직의 상위층에서 하위층까지 관련된 수신자에게 꼭 전달되어야 함.

6. 의사소통의 장애요인과 극복방안

조직의 의사소통은 매우 중요하므로 주의를 기울여 효과적인 의사소통을 해야 한다. 효과적인 의사소통을 위하여 의사소통의 장애요인과 극복방안을 검토해 볼 필요가 있다.

(1) 장애요인

개인의 환경, 교육 정도, 경험, 지능의 차이 및 가치관, 태도, 주장의 차이가 의사소통을 방해하거나 메시지를 왜곡시킨다. 또한 편견이나 선입견으로 대화의 주제를 다르게 인식시키고, 가정이나 기대도 등이 의사소통의 질을 저하시킨다.

① 메시지의 여과 : 발신자가 의도적으로 메시지를 조작하여 수신자에게 전달하는 것이다. 특히 상향적 의사소통일 때 상사가 듣고 싶어 하지 않거나, 상사에게 하고 싶지 않은 메시지를 여과하는 경우가 많다.

Check Point

✣ 배회관리 : 조직을 돌아다니면서 구성원과 고객들과의 대화를 통하여 원하는 정보를 주고받는 것으로 조직에 활력을 불어넣을 수도 있다. 공식적 의사소통이 작동하지 않을 때 필요하다.

② 언어의 의미 차이 : 말의 의미를 다르게 해석할 때나 메시지의 정확성이 부족할 때 발생한다. '빨리', '알아서' , '잘' 등은 개인에 따라 다르게 해석할 수 있다.

③ 심리적 상태 : 분노, 긴장, 흥분 상태에서는 똑같은 메시지를 다르게 해독할 수 있다.

④ 비언어적 요소 : 발신자의 목소리 톤, 얼굴표정, 손짓, 몸짓 등의 비언어적 요소도 의사소통에 영향을 미친다.

⑤ 선택적 지각 : 수신자의 동기 요소에 따라 기대하지 않은 정보는 무시함으로써 원하는 방향으로 다른 해독을 하게 된다. 또한 의사소통 전달자가 일관성이 없거나, 처리해야 할 정보가 수신자의 정보처리능력 범위를 넘는 경우 수신자는 일부 정보를 무시하게 된다.

⑥ 환경적 요인 : 주위가 소란스럽거나 수신자의 관심이 없을 때 메시지 전달이 어렵다.

(2) 극복 방안

의사소통을 효과적으로 하기 위해서는 대화의 목적을 미리 결정하고 전달 내용을 체계화해 전달하며, 상대방의 이야기를 잘 듣고 적절한 피드백을 통하여 잘 이해하도록 해야 한다. 개인은 적극적인 경청과 적절한 경로를 선택하며 상대방의 입장을 이해하는 노력을 하여야 한다.

조직은 신뢰와 개방적인 분위기를 조성하고 다양한 공식적 의사소통 통로를 개발하여 의사소통이 원활하고 효과적으로 수행될 수 있도록 해야 고객 및 종업원의 만족도가 높아질 수 있다. 또한 비공식적 의사소통방법인 배회 관리를 활용할 수 있다.

04 의사결정

의사결정(decision making)은 문제 해결의 여러 대안 중 하나를 선택하는 것으로 경영관리의 계획 수립, 조직화, 지휘, 통제의 관리기능에서 모든 관리 계층이 잘 수행해야 하는 활동이다.

올바른 의사 결정은 많은 지식을 필요로 하며, 의사결정 결과는 의사소통을 통해 조직 내에 전해져 잘 수행되어야 한다.

1. 의사결정의 의의

의사결정 내용은 문제 해결을 위한 여러 대안적 해결책 중에 가장 적절한 것을 선택하는 과정이며, 조직 경영에서 나타나는 문제점이나 기회를 찾아서 해결해 가는 과정이다. 따라서 의사결정은 조직의 자원 분배를 지배하고 구조를 결정하게 된다.

의사결정은 조직에서 매우 중요한 일이므로 최근에는 과학적 접근방법, 즉 수학적 의사결정기법과 OR(Operations Research) 의사결정기법, 컴퓨터를 이용한 기법 등에 의해 의사결정을 하는 추세이다. 의사결정의 단계는 그림 7-10과 같이 위협과 기회 확인(Trigger) → 상황파악(Situation) → 선택목적의 확인(Objective) → 목적에 적합한 실행안의 작성(Alternative) → 선택기준의 설정과 비교, 최적안의 선택(Criteria & Choice) → 리스크 평가 및 대책 마련(Risk Management)의 6단계로 진행된다. 의사결정을 빨리 하겠다는 이유로 어느 단계를 무시하거나 건너뛴다면 비용을 지불하였음에도 불구하고 조직의 낮은 경영성과로 직결되게 된다.

그림 7-10 의사결정의 과정

(자료 : 나카시마 하지메, 2007)

2. 의사결정의 유형

리더들은 여러 형태의 의사결정을 하게 되며, 단순한 수준 및 특수성 여부 등 의사결정의 범위는 표 7–4와 같이 다양하다.

표 7-4 의사결정의 유형

분류	의사결정 유형	특징
내용에 따른 분류	정형적(programmed) 의사결정	• 일상적이고 구조화되어 있으며 반복적으로 일어나는 문제 해결을 위한 의사결정 • 하위경영자가 주로 담당 • 조직의 일상적인 절차나 기본적인 운영상의 의사결정 • 전통적인 의사결정기법(관습이나 간단한 절차) 사용
	비정형적 (unprogrammed) 의사결정	• 전례가 없거나 비일상적인 문제해결을 위한 의사결정 • 상위경영자가 주로 담당 • 새로운 정책을 수립하는 일 • 조직에서 중요한 결과를 초래할 수 있는 문제의 해결
계층과 범위에 따른 분류	전략적(strategic) 의사결정	• 조직 내부보다 외부환경과의 관계에 대한 의사결정 • 최고경영자가 수행 • 비반복적, 비자연적인 의사결정 • 기업목표 결정, 신제품 개발 계획, 새로운 환경에 대한 대책 등
	관리적(administrative) 의사결정	• 조직 내부에 관한 결정 • 전략적 의사결정을 구체화함 • 조직편성, 권한 및 책임관계 결정, 교육훈련과 개발, 재무에 관한 결정 • 개인목표와 조직목표 간의 충돌 발생
	업무적(operating) 의사결정	• 능률 및 수익성을 높일 수 있도록 업무의 구체적 수행에 대한 의사결정 • 주로 하위관리자가 수행 • 자주 발생, 반복적인 의사결정 • 예산 배분, 생산일정 계획, 업적 평가와 통제, 생산량과 재고 수준 결정

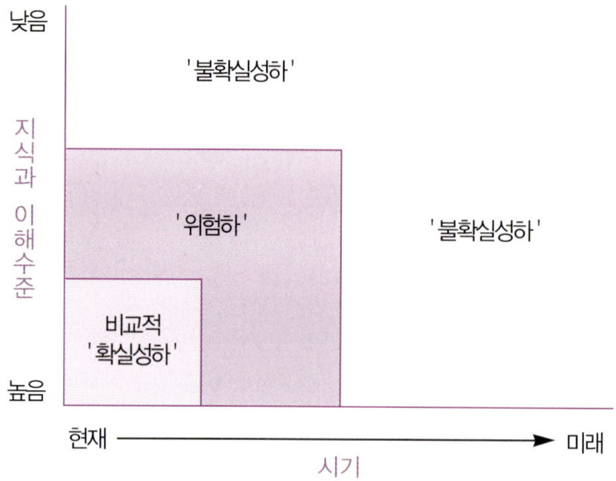

그림 7-11 의사결정 시기와 지식수준에 따른 의사결정 상황

(자료: Spears & Gregoire, 2007)

3. 의사결정 상황

의사결정의 상황은 위협이나 기회의 감지 능력과 인지수준 및 의사결정자의 경험과 능력에 따라 여러 가지 상황이 생길 수 있다(그림 7-11).

(1) 확실성하의 의사결정

확실성(certainty)의 상황이란 의사결정자가 문제의 내용과 대안적 해결책 및 각 해결책의 예상되는 결과에 대해 충분한 정보를 가지고 있는 상황을 말하며, 이때는 문제의 해결 대안에 대해서 정확한 결과를 예측할 수 있다. 그러나 이런 상황은 매우 드물며, 확실성의 상황으로 판단되었던 상황도 갑작스런 변동으로 불확실성의 상황이 되기도 한다.

확실성하에서는 선형계획법(linear programming)이란 수학적 계획법을 의사결정에 활용할 수 있는데, 제한된 예산과 생산조건하에서 최소의 비용 또는 최대 이익을 남기도록 자원과 생산을 적절히 조합하여 계산하는 것이다. 선형계획법은 관련되는 변수들이 일차함수, 즉 선형의 관계로 해석되어야 한다.

(2) 위험성하의 의사결정

위험(risk)의 상황이란 불완전하지만 신뢰할 만한 정보를 근거로 실현될 확률을 예측할 수 있는 상황을 말하며, 확실성과 불확실성 사이의 연속선상에 놓이게 된다. 위험성의 정도는 그 위험이 객관적 확률에 기초하는지, 아니면 주관적 판단에 기초하는지에 따라 달라진다. 이때 의사결정자는 대안적 해결책에 따른 미래의 결과를 확실히 알지는 못하지만 결과에 대한 확률을 계산할 수 있는 충분한 근거를 가지고 있어 그 중 가장 성공확률이 높은 대안을 선택한다. 도움을 받을 수 있는 자료는 과거의 기록이나 소비자의 특성 및 기호에 대한 통계자료 등이다.

위험의 상황에서 의사결정은 의사결정나무(decision tree)의 기법을 활용하여 이루어질 수 있다. 의사결정나무는 일련의 대안책(alternatives)을 연결하여 가지로 도식화하고, 갈림길에서 어떤 결정을 내렸을 때 어떤 결과가 올 것인지 예측할 수 있게 해준다.

의사결정나무의 예

어떤 도시락업체에서 기존 도시락 종류에 고가의 VIP 도시락 메뉴를 도입할 것인지에 대해 의사결정을 해야 한다. 경쟁업체가 고가 메뉴를 도입할 가능성은 60%라고 하며, 고가 메뉴를 도입하는 비용은 400만 원 정도 들 것으로 예상된다. 고가 메뉴의 도입에 대해 의사결정하는 방법은 다음과 같다.

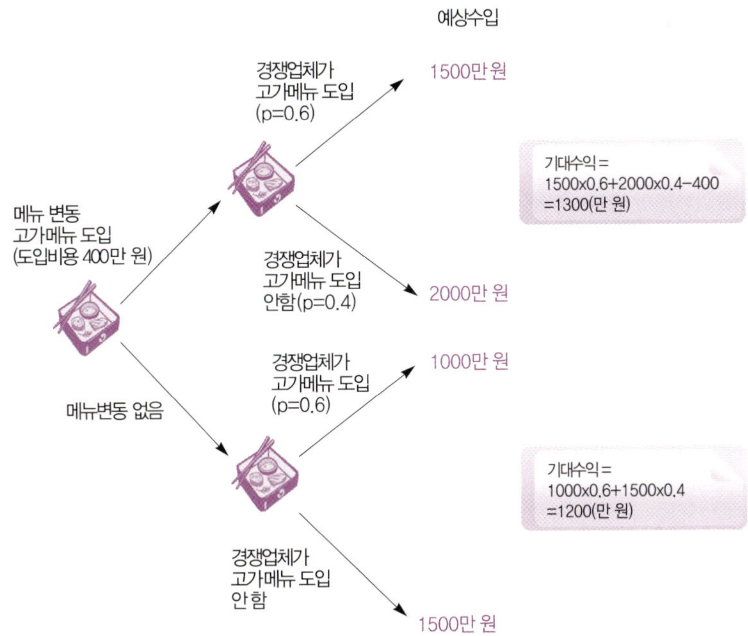

즉, 고가 메뉴의 경우 기대수익이 더 높으므로 도입하는 것으로 결정한다.

의사결정나무 방법의 장점은 연속된 의사결정을 도식적으로 표현할 수 있어 문제를 쉽게 이해할 수 있고, 각 의사결정 대안책의 기대값을 쉽게 계산할 수 있다는 점이다. 각 의사결정단계에서 위험요소를 잘 분석하여 조정하면 더 나은 의사결정을 할 수 있다.

(3) 불확실성하의 의사결정

불확실성(uncertainty)의 상황이란 문제의 성질과 대안적 해결책 및 대안의 결과에 대한 실제 정보를 거의 갖고 있지 못하거나 전혀 가지고 있지 않은 상황으로 각 대안적 해결책의 결과에 대한 확률을 예측하기 어렵고, 심지어 어떠한 결과가 일어날 것인지조차 모르는 경우이다. 따라서 의사결정자의 논리적 사고, 판단력, 경험, 독창력, 신뢰를 주는 정보수집력 등이 매우 중요하다.

불확실성 상황에서는 바람직한 의사결정을 통하여 원하는 성과를 기대하기 어렵지만 현대의 상황은 불확실성의 상황에 자주 놓인다. 따라서 의사결정자는 불확실성하에서도 추측으로 결정하는 것이 아니라 보완적인 정보를 수집하고 의사결정자의 주관적인 판단이나 예측을 통해 의사결정 결과에 대한 발생확률을 결정해 위험의 상황으로 전환, 합리적인 의사결정 기법을 통해 불확실한 문제를 체계적으로 다루도록 해야 한다.

(4) 상충 시 의사결정

상충(conflict)하는 상황은 다수의 의사결정자가 경쟁적인 관계에 있을 때 발생할 수 있으며 신제품 개발 전략, 시장 개발 전략, 광고 전략 등을 개발해야 하는 상황 등을 예로 들 수 있다.

4. 집단 의사결정

집단 의사결정(group decision making)은 여러 사람이 정보와 아이디어를 교류하고 집단적 상호작용을 통하여 의사결정을 내리는 것이다. 조직의 규모가 커지고 업무가 전문화됨에 따라 개인의사결정보다 그 중요성이 더 커지고 있다.

현대의 조직은 의사결정 범위가 더 넓어지고 복잡해지며 전문적인 분야를 포함해 여러 사람의 경험과 지식 및 판단력을 종합하여야 할 필요성이 점차 커지고 있다. 또한 집단 의사결정 방식은 조직구성원의 동기부여에 효과적이다.

집단 의사결정의 장점은 더 많은 정보와 지식을 근거로 보다 다양한 대안책을 만들어 낼 수 있고 이로 인해 더 좋은 의사결정을 할 수 있으며 의사결정 내용을 수행할 가능성도 높아진다는 점이다.

그러나 시간과 자원의 낭비가 있으며, 책임소재의 불명확함 및 충분한 토의와 합의의 어려움 등의 단점이 있다. 또한 조직의 이익보다 집단의 이익에 도움이 되는 것을 선택할 수 있고 경영층의 신속하고 결단력 있는 행동이 방해 받을 수도 있다.

표 7-5 집단 의사결정 방법과 특징

방법	특징
브레인스토밍 (brain storming)	• 6~12명의 집단이 10~60분 동안 한 주제에 대해 자유롭게 토론함. • 아이디어의 실천 가능성 여부와 무관하게 창의적인 아이디어를 많이 만들어 내는 것이 목표임. • 타인의 아이디어에 대해 비판 금지, 자유분방한 의견 제출, 질보다 양이 중요, 결합 및 개선을 추구 • 대안적 해결책의 개발, 새로운 아이디어 창출에 유용 • 광고, 제품 개발 및 경영상의 문제 해결에 좋음.
명목집단기법 (nominal groups technique)	• 회의에 참석한 사람들이 각자 제출한 의견에 대해 토론을 거쳐 최종안을 선택하는 기법 • 누구의 아이디어인지 모르게 토의하고, 가장 높은 점수의 아이디어 채택 • 모든 참석자의 의견을 동등하게 다루어 동조압력, 적대감, 갈등을 피할 수 있음.
델파이집단기법 (delphi groups technique)	• 설문지를 보내 익명의 의견을 수합한 후 분석결과를 다시 구성원에게 발송하여 새로운 해결책이나 제안을 받는 방법 • 다수결의 원칙에 의해 최종안을 선택하거나, 최종안에 합의할 때까지 반복하는 절차로 진행되기도 함. • 익명이라 부담은 적으나 설문지 작성, 회신, 자료 분석 정리에 시간이 많이 소요됨. • 애매한 문제의 해결이나 전문가의 의견을 수집할 수 있는 방법
포커스집단 (focus group)	• 10~20명의 중요 고객과 2시간 정도 문제점에 대해 토론하고 의견 제시. • 질적인 조사방법

Chapter 08

인적 자원관리

01 인적 자원관리의 개요

1. 인적 자원관리의 개념

(1) 인사관리의 개념

선발, 교육, 보상, 인사이동 등 구성원과 관련된 단순한 기능을 말한다.

(2) 인적 자원관리의 개념

조직을 시스템의 개념에서 파악하여 개인과 조직의 목표를 달성할 수 있도록 인적 자원의 확보, 개발, 유지 및 보상의 과정을 계획하고 조직, 지휘, 통제하는 과정이다.

① 확보 : 인력계획, 직무분석, 직무설계, 모집, 선발

② 개발 : 교육, 훈련, 조직문화 개발

③ 유지 : 인사고과, 인사이동, 징계, 안전관리

④ 보상 : 직무평가, 임금관리

2. 인적 자원관리의 정의

첫째, 인적 자원관리는 조직체의 인적 자원을 관리하는 경영의 한 부분 또는 하위과정(subprocess)이다. 따라서 인적 자원관리는 인적 자원의 계획과 확보로부터 시작해 이의 효율적인 활용과 유지 · 보존, 그리고 보상과 개발에 이르기까지 노사관계를 위시한 모든 기능과 활동을 포함한다.

인적 자원관리는 모든 경영분야의 공통적인 필수기능이다. 따라서 경영 그 자체가 인적 자원관리라는 점이 오래전부터 인정되었으며, 이와 같은 인식은 인적 자원관리가 현대조직의 성과요인이라는 결론에도 명백히 반영되고 있다.

둘째, 인적 자원관리는 모든 조직구성원을 대상으로 경영의 각 분야에서 성과달성을 위해 발휘되는 필수기능이므로 조직체의 최고경영층에서 하부의 일선관리자에 이르기까지 경영 각층에서 일하는 모든 일선관리자가 수행하는 기본적인 경영기능이다. 조직체의 인적 자원관리는 인적 자원 전문 스탭의 지원과 현장 일선관리자의 책임하에 수행된다.

셋째, 인적 자원관리는 조직체의 목적과 성과를 달성시키는 경영과정이다. 조직체의 목표달성과정에서 여타의 경영관리분야를 살펴보면 다음과 같다.

생산관리에서는 능률(efficiency)과 생산성(productivity)을 강조하고, 마케팅에서는 고객만족과 시장 확장을, 재무관리에서는 자금의 효율적인 조달과 활용을, 회계분야에서는 자산의 정확한 기록과 신속하고 정확한 경영정보처리 및 제공을 각각 강조한다. 이에 비해 인적 자원관리는 조직구성원의 만족감(satisfaction)과 능력개발(development)을 강조한다. 이것이 경영의 각 분야와 다른 인적 자원관리의 독특한 특징이라 할 수 있다.

인적 자원관리는 위에서 언급한 각 기능분야에서 추구하는 목표를 인정하고, 나아가서 이들 목표를 달성하는데 필요한 구성원들의 능력개발과 그들의 직무 만족을 강조한다.

이와 같이 인적 자원관리는 생산성과 만족감 그리고 능력개발 등 3대 효과를 동시에 추구하는 성과지향적이고 인간중심적인 경영관리기능이다.

표 8-1 중소기업 인적 자원관리 우수사례

	구분	주요 내용	해당업체	대표
1	종업원 만족도에 대한 평가시스템 운영	종업원 복지 및 사기진작을 위해 내부고객 만족에 대한 평가 및 반영을 통해 근무 만족도를 개선	대지금속	김혜삼
2	전 사원이 주인이 되는 기업	• 전사원 지주제를 통한 경영과정의 투명성 및 종업원들의 주인의식 제고 • 직급별 주식보유 한도제 시행(주식분산) • 「Vision 2005」설정을 통한 강한 동기부여	스마트 전자	조현복
3	'칭찬제도' 운영을 통한 사기진작	매월 전 임직원이 칭찬카드를 작성해 '칭찬사원'을 선정해 시상 공고	샤인 시스템	조성호
4	자기계발을 위한 유급휴가제 실시	• 직원의 70% 이상이 석박사 또는 기술사로 구성 • 자격취득 또는 자기계발을 위해 3개월간 유급휴가를 실시	승화 이엔씨	이승재
5	쾌적한 근무환경 조성	• 회사 내 미니골프장, 조경시설, 영화감상실, 운동시설, 고급식당 수준의 국내식당 및 호텔급 화장실, 장애인 편의부대시설 등 • 공조시설, 조명, 마감재 등 산뜻하고 청결한 작업공간 확보	(주)리노공업	이채윤
6	여가생활에 대한 적극 지원	• 7년 전부터 격주 토요휴무제를 실시 • 사내동아리 활동 지원, 60평 규모의 체력단련실 운영 등	(주)성림	이석환
7	투명경영을 통한 노사평화	• '82년 이래 한 차례의 노사분규 없이 경영 • 매분기 '노사협의회'를 통한 경영실적 공개 • '사원복지회'를 통한 자율적 복지제도 운영 • '내집갖기운동'을 통한 주택자금 무이자 대출	이원 솔루텍	최범영
8	지역인재의 육성지원을 위한 장학재단 운영	지역장학재단을 설립, 운영해 지역사회 인재육성 및 기업이윤을 지역사회에 환원	(주)재원산업	심장섭
9	성과형 임금제도 운영	연간 이익실적에 대비한 이익상여금 지급 (2001년도 이익상여금 550%를 전 사원에게 지급)	홍진크라운	홍완기
10	작업환경 개선 및 안전사고 예방	• 5행활동(정리, 정돈, 청소, 청결, 습관) 전개 • 위험예지활동 생활화 및 보호구 착용 철저 • 생산공정의 위험요소 개선 및 상해보험 가입	(주)정우흄관	김인순
11	우수인재 확보 및 양성에 대한 투자	• 상시채용 실시 및 1:1 집중교육 진행 • 부문별 개선사항에 대한 "혁신상" 포상 및 공로사원에 대한 "핵심인력상" 수여	세일하이텍	박광민
12	종업원에 대한 세심한 배려 및 각종 이벤트 마련	• 전직원에 김장김치 지원(1인당 50kg) • 직원 자녀 어학연수 지원 • 래프팅, 스키대회, 여름 수박파티 등 마련	이레전자 산업	정문식
13	능력위주 승진체계 운영	창립시부터 연봉제 시행 및 인사위원회를 통한 능력위주 선발 및 인사고과	유앤아이 화장품	설장호
14	감성적 인적 자원관리 운영	• "열심히 일한 자 떠나라"라는 모토로 직원 자유여행 지원(정기휴가 별도) • 직원 부모님 찾아뵙기, 직원 부모님 효도관광(연1회) 등을 전개해 가족 같은 기업 분위기 조성	그린텍 시스템	정인

3. 인적 자원관리의 주요 기능

(1) 조직구조 설계와 인적자원 계획

조직체의 장기전략과 계획을 중심으로 이에 필요한 조직체의 장기적 구성과 조직구조 설계(organizational design), 경영인력과 기술인력 등 조직체에서 요구되는 인력의 구체적인 수급계획 등 조직체의 장기적 인적 자원계획(human resource planning) 기능을 포함한다.

(2) 직무분석과 직무설계

조직구조를 구성하는 직무를 설계해 직무체계를 형성하고, 각 직무를 분석해 과업내용과 직무를 수행하는 구성원의 자격조건을 파악하는 기능을 포함한다.

(3) 인적 자원의 확보

조직체에서 요구되는 인적 자원을 확보하는 기능으로서, 필요인력의 모집(recruitment)과 선발(selection), 배치(placement) 등의 기능을 포함한다.

(4) 인적 자원의 활용과 보존

조직체의 성과달성을 위한 실제 인적 자원관리의 가장 큰 부분을 차지하는 일상적인 기능으로서 일선관리자의 리더십(leadership)과 인간관계(human relations), 인사고과(performance evaluation), 보상관리(compensation)와 후생복지, 인사이동, 직장의 안전 및 보건관리 등의 기능을 포함한다.

(5) 인적 자원의 개발과 조직개발

인적 자원의 능력개발을 위한 교육훈련과 경력계획, 부하육성과 인사상담, 조직의 효율성을 높이기 위한 조직진단과 경영혁신 조직개발 및 변화관리 등의 기능을 포함한다.

(6) 노사관리

노사관계와 관련된 모든 인적 자원관리 기능으로서 노사 간의 단체교섭(collective bargaining)과 교섭사항의 실천, 노사 간의 고충처리와 관리(grievance handling) 등을 포함한다.

4. 인적 자원관리 조직

인적 자원관리 기능이 발달한 선진국의 경우 이들 전문기능은 고용, 임금, 후생복지, 안전 · 건강, 교육훈련 등의 전통적 인적 자원관리 기능과 더불어 인력계획과 조직개발 등의 비교적 현대적 인적 자원관리 기능, 노사관리기능 등 세 분야로 분류되어 인적 자원관리 조직구조체계를 형성하고 있다. 우리나라에서의 인적 자원관리 책임자(Chief Human Resouece Officer : CHRO)의 위치는 대기업에서도 부장이나 과장 수준이어서 조직구조적 지위가 낮은 것이 일반적이다. 하지만 인적 자원의 중요성이 커짐에 따라서 인적 자원관리 책임자가 임원 수준으로 승격되는 경우가 점점 많아지고 있다.

5. 근로생활의 질

① 작업환경, 직무특성, 감독완화, 조직문화 공유 등이 복합적으로 작용한다. 조직문화와 조직구성원이 공유하는 철학, 가치, 믿음, 기대, 태도 등이다.

② 산업의 발전과 분업화로 인한 노동의욕 저하, 결근 · 퇴직의 증가, 작업 불량률의 증가를 해결하기 위한 방안으로 중요시하게 되었다.

③ 호손실험으로 관심을 갖게 되었다.

6. 인적 자원관리의 발전 단계

① 과학적 관리 : 시간과 동작연구를 통해 과학적으로 분석, 인간노동을 비인격화 했다(테일러).

② 인간관계적 관리 : 작업능률은 근로자의 심리적 요소나 비공식적 조직의 힘에 의해 좌우, 인간성을 존중, 비공식적인 조직의 중요성을 역설했다(호손).

③ 행동과학 : 인간행동에 관한 연구와 과학을 근거로 관리했다.

④ 민주적 관리시대 : 인간존중의 정신, 근로생활의 질을 향상시키려 노력했다.

⑤ 종합적 품질 관리시대 : 지속적인 개선, 고객과 종업원에게 초점을 맞춘 관리를 했다.

7. 한국 기업의 인적 자원관리 발전과정

(1) 체계화 · 합리화단계(1960~1987년)

우리나라 기업의 인적 자원관리는 기업 성장이 본격화된 1960년대부터 급속히 발전하기 시작했다. 인적 자원관리의 초기발전단계에서 대기업은 인사관리 전담부서를 신설해 선발, 인사고과, 보상, 교육훈련 등 인적 자원관리 전반에 걸친 공식방침과 절차를 설정하고 체계적이고 합리적인 인적 자원관리를 실천해 나갔다.

공채시스템을 도입하고 인사기록을 구축했으며, 기업확장으로 인력수급이 어려워지자 교육훈련을 강조하면서 자체 연수원을 설립하는 기업이 급증했다. 기업의 고도성장이 계속되면서 목표관리(MBO), 제안제도, 분임조(QC) 등의 경영기법들이 도입되었으며, 우수인력의 확보와 교육훈련을 통한 인력개발이 활발해졌다.

전체적으로 볼 때, 이 단계에서의 인적 자원관리는 근본적으로 기업성장의 수단으로서 '선성장 후분배' 의 원칙하에 직장생활의 질 향상보다 능률과 생산성이 우선적으로 강조되었다. 따라서 기업규모가 커지고 경영수준은 높아졌지만 노사관계는 발전하지 못했다. 결국 인적 자원관리는 규모성장에 힘입어 합리화되고 체계화되었지만 인간중심적이고 가치중심적인 인적 자원관리는 기업의 성장만큼 발전하지 못했다.

(2) 개방화 · 인간화단계(1987~1997년)

1987년의 6 · 29 선언을 계기로 오랫동안 침체되었던 노조결성과 노조활동이 활발해지기 시작해 노사관계가 활성화되고 근로조건이 급격히 개선되는 개방화 · 인간화 단계로 접어들었다. 이 단계에서 노사 간의 고통스러운 진통을 겪으면서 근로자들의 노동조건은 크게 개선되고 임금수준은 10년만에 세 배로 상승했으며 후생복지도 크게 개선되었다. 많은 기업에서 노조활동이 공식화되고 노조의 경영참여가 확대되면서 대등한 위치의 노사관계가 이루어지기 시작했다.

급격한 임금상승과 노사갈등으로 악화된 국제경쟁력을 강화하기 위해 우리나라 기업들은 경영혁신운동에 나서기 시작했다. 업무과정 리엔지니어링, 경쟁적 벤치마킹, 시간중심경영 등의 각종 현대적 혁신기법들이 도입되었다.

많은 대기업들도 세계적인 우수기업으로 발전하기 위해 품질, 고객만족, 기술중시 등 새로운 경영이념을 정립하고 인적 자원이 경쟁력이라는 인식하에 인간존중, 자율경영, 열린경영 등 새로운 가치를 강조하면서 이것을 점차적으로 새 인적 자원관리에 반영시키기 시작했다.

(3) 개혁단계(1997~현재)

1997년의 IMF 경제위기는 우리나라의 취약한 경쟁력을 그대로 드러냈고, 무한경쟁의 환경에서 살아남기 위해 보다 강도 높은 구조조정과 경영혁신을 추진해 경쟁력 있는 기업으로의 변신을 실제로 꾀하는 개혁단계로 들어갔다.

이 단계에서 기업들은 인적 자원관리에 있어서 종신고용과 연공서열 중심의 전통적인 인사관리에서 벗어나 성과와 능력 중심의 새 인적 자원관리로의 개혁을 실천해 획기적인 기업변신을 추진하기 시작했다.

많은 기업들이 오랫동안 계획해 오던 팀제, 무자료면접, 연봉제, 다면평가, 발탁인사제 등 새 인적 자원관리를 충실히 이해해 능력 중심의 인적 자원관리를 정착시켜 나가고 있다. 이들 새 인적 자원관리를 이미 부분적으로 도입한 기업들은 이를 보다 내실 있게 운영해 새 인적 자원관리시스템을 안정화해 나가고 있다. 새 인적 자원관리 시스템의 정착은 종신고용과 연공서열 등 전통적인 가치관에서 벗어나 능력중심의 새로운 가치를 공유하는 기업문화로의 의식개혁을 의미한다.

따라서 앞으로 인적 자원관리의 개혁을 추진하고 새 인적 자원관리시스템을 정착시켜 나가는 과정에서 전략적 개입과 변화촉진, 효율적인 변화관리 활동 등 인적 자원관리 기능이 크게 전문화 · 다양화되고 확대될 것이고 인적 자원관리의 수준과 조직체계에도 많은 발전이 있을 것으로 기대된다.

8. 인적 자원관리를 변화시키고 있는 환경변화와 중요 요인들

(1) 사회발전과 욕구수준의 상승

3D(difficult, dirty, dangerous) 업종의 기피현상, 민주화의 물결, 활성화된 노조활동 등으로 임금상승을 가져오면서 인적 자원의 중요도를 높이고, 점차 고급화 · 다양화 · 복잡화되는 구성원들의 욕구동기를 충족시키기 위한 인적 자원관리에 더 많은 노력을 기울이게 하는 요인이 되고 있다.

(2) 세계화와 경영선진화 및 경쟁력 강화 압력

개방화와 세계화(globalization)의 물결 속의 무한경쟁에서 살아남을 수 있는 경쟁력, 즉 기업경영은 인적 자원과 그들에 대한 관리수준에 달렸으며 기술과 품질 및 서비스와 속도 등 경쟁력의 주요 원천도 역시 인적 자원과 이의 효율적인 관리에 달렸다는 것을 깨닫게 되었다.

(3) 기술고도화와 정보화

각종 기술인력의 중요성과 효율적인 관리는 물론이고 기술을 중시하는 기업문화의 개발, 다변화 · 불확실성의 기업환경에 적절히 대응하고 신속한 정보와 지식경영으로 경쟁적 비교우위를 확보해 나가는 것이 바로 인적 자원관리에 달렸다는 것을 알게 되었다.

(4) 사회다원화와 이해관계자의 다양화

기업의 사회시민으로서의 책임이 확대되는 것을 의미한다. 인적 자원관리에 있어서도 구성원들에 대한 인간적인 존중, 노조와의 상호협력적 관계, 협력업체와의 공동체의식, 경쟁업체와의 기술협력 등 전략적 차원에서의 접근을 요구함으로써 현대기업의 인적 자원관리의 중요성을 증대시키고 있다.

(5) 인적 자원관리의 도전적 환경

전략적 인적 자원관리, 장벽 없는 무한계경영, 자원의 공유의식, 지식 · 학습문화, 스피드 경영문화, 변화적응 노력, 노사협력, 팀워크 · 커미트먼트 등이 무한경쟁시대에 대응하기 위해 개발해야 될 인적 자원관리 내용들이다.

(6) 경쟁력 강화를 위한 새 인적 자원관리

스위스의 국제경영개발연구소(IMD)의 조사결과에 의하면 2004년 우리나라의 경쟁력은 조사대상 60개국 중 35위로 아시아 국가 중 싱가포르(2위), 홍콩(6위), 대만(12위), 말레이시아(16위), 일본(23위), 중국(24위), 태국(29위), 인도(34위)에도 뒤처진 것으로 나타났다. 특히 인적 자원부분에서도 노사관계는 60개국 중 최하위였다. 또한 직장생활의 질과 가족생활의 질 간의 균형을 위한 인적 자원투자도 부족하며, 개혁구호는 넘쳐나지만 행동과 실천은 뒤따르지 않는다는 평가를 받았다.

IMD의 이와 같은 평가는 우리나라의 많은 기업에서 추진되고 있는 경영혁신과 변화가 기업의 경쟁력을 강화하려면 경쟁력의 주체인 인적 자원의 보다 전략적인 관리가 요구된다는 점을 시사한다.

9. 인적 자원의 확보 · 개발

(1) 인적 자원의 확보 과정

조직에 필요한 인적 자원의 종류와 필요한 인원을 조달하는 것을 말한다.

① 계획

- 미래에 필요한 인적 자원을 사전에 예측하여 채용예정인원을 산정한다.
- 채용예정인원 = 전체 노동량 / 한 사람의 노동 수행량
- 전략적인 계획 수립 → 인력의 수요와 공급의 예측 → 수요 · 공급의 균형 → 공정고용을 위한 법의 테두리 내에서 수행 계획을 실행한다.(공정고용을 위한 법에는 고용정책기본법, 고용보험법, 장애인고용촉진법, 직업재활법, 남녀고용평등법 등이 있다.)

② 모집

결원을 보충하기 위해 지원자를 확보하는 과정이다.

- 내부모집 : 조직 내부에서 적절한 사람을 추천하여 채용하는 것이다.
- 외부모집 : 연고모집과 일반공고모집이 있다.

- 연고모집 : 아는 사람을 통해서 인력을 채용하는 비공식적인 모집방법이다.
- 일반공고모집 : 신문 혹은 매스컴을 통한 광고, 직업소개소를 통한 모집, 교육기관을 이용한 모집이다. 실습제도 및 노동조합을 이용한 모집을 말한다.

③ 선발

직무수행에 필요한 자격요건과 응시자의 기술, 지식, 교육 정도를 비교 · 검토하여 의사결정을 한다.

- 지원 및 서류검토단계
- 이력 점검 및 신원조회단계
- 선발시험 및 면접단계
- 신체검사단계
- 고용결정단계
- 오리엔테이션 : 선발과정의 가장 마지막 단계이다. 교육과 개발과정의 첫 단계로 신입사원이 빠른 시간 내에 조직에 적응하고 효율적으로 업무를 수행할 수 있도록 사전에 정보를 미리 제공할 목적으로 수행하게 된다.

(2) 훈련

종업원에게 업무를 성공적으로 수행하는 데 필요한 기술적인 측면을 가르쳐주는 것으로 다음과 같은 단계가 있다.

① 직장 내 훈련

- 직장 내부에서 수행되는 교육으로 주로 직무와 연관된 지식과 기술을 직속상관으로부터 직접 배워 습득하는 훈련방법
- 직무순환, 인턴십, 도제식 훈련
- 장점 : 직무능력 향상에 큰 효과가 있으며 경제적이다. 감독자와 원활한 접촉이 가능하다.
- 단점 : 다수의 종업원을 대상으로 하는 수행은 불가능하며, 전문지식과 기능 인수에 어려움이 있다.

② 직장 외 훈련

- 직장 외부에서 일정기간 동안 교육에만 전념할 수 있는 훈련이다.
- 장점 : 다수의 종업원을 대상으로 수행할 수 있으며 전문가의 지도가 가능하다.
- 단점 : 직무수행에 지장이 있고, 비용이 많이 소요된다.

10. 직무분석과 직무평가

(1) 직무분석의 개념

① 직무분석

- 직무와 관련된 활동, 과업 혹은 의무 등 직무에 관한 정보를 통해 직무를 효과적으로 수행하기 위해서 종업원에게 요구되는 지식, 능력, 숙련 정도 및 책임 등과 같은 인적 요건과 직무의 성질 등을 알아내는 과정이다(그림 8-1).
- 직무기술서와 직무명세서 작성의 기초가 된다.
- 질문지법, 관찰법, 면담법 등이 있다.

그림 8-1 직무분석의 개념

② 직무기술서

- 특정 직무에 있어서 주요 책무, 작업환경조건, 업무수행에 사용되는 자원 혹은 기구 등에 관하여 조직적이고 사실적으로 정보를 제공하는 일정양식의 표로서 주로 일 중심으로 묘사한다.
- 대부분의 세 가지 영역(직무명, 직무구분, 직무내용)으로 구성된다.

직무기술서의 용도

조직의 변화와 개선에 유용한 정보가 얻어지고 활용됨

직무명세서를 개발하게 하고, 모집, 선발, 승진, 이동 및 직무평가에 매우 유용하게 활용됨

인력계획과 모집에 유용함

신규 종업원들에게 직무의 기초적 책임을 가르쳐 주고 지도하는 데 유용함

고과 및 고과 양식의 기초자료로 쓰임

직무를 평가하는 데 사용됨

그림 8-2 직무기술서의 용도

③ 직무명세서 : 직무를 성공적으로 수행하는 데 필요한 능력, 기술, 자질 등의 인적 요건을 명시한 것이다.

④ 직무설계 : 직무분석의 성과물 중 하나로 적재적소의 원칙에 입각하여 종업원이 수행해야 할 과업과 책임의 범위를 정하는 과정이다. 근로생활의 질적인 면에서 중요한 역할을 한다.

- 직무단순화 : 작업절차를 단순화하여 전문화 된 과업에 종업원을 배치한다.
- 직무확대 : 종업원이 수행하는 과업의 수적 증가, 직무의 다양성 증가 및 책임의 증가로 인해 품질이 향상된다.
- 직무순환 : 여러 가지 직무를 주기적으로 순환하는 것으로 종업원에게 다양한 경험과 기회를 제공한다.
- 직무충실화 : 과업의 수적 증가뿐만 아니라 직무에 대해서 갖는 통제범위(자율성)를 증가시켜 수평적인 업무의 추가와 더불어 수직적으로 책임을 부여한다.
- 직무특성 : 종업원의 직무만족과 조직의 효율성 증진을 유도하는 기술의 다양성, 업무의 정체성, 업무의 중요성, 자율성, 피드백의 다섯 가지 요소로 구성된다.

11. 비교우위 관점에서의 인적 자원관리 개념

(1) 인적 자원의 경쟁력

거시적인 관점에서 자원(resource)은 주로 천연자원을 중심으로 이해된다. 하지만 조직체에서는 자금과 토지, 건물, 기계, 설비, 자재 등 물질적 자원을 중심으로 자산 또는 재원의 개념으로 이해되고 있다. 기업체에서 자산은 경제적 부의 척도로서, 이를 증식시키고 보존하는 것이 경영의 중요한 목적으로 강조되고 있다. 따라서 조직구성원들을 자원개념에 포함시키는 것은 그들에 대한 관리에 있어서 중요한 의미를 시사한다. 이들에 대한 자원개념은 주로 자산(asset)과 투자(investment), 경쟁력(competitiveness) 관점에서 이해될 수 있다.

① 조직의 자산 관점

인적자원을 조직체의 부로 보는 것은 조직체의 자산가치를 높이기 위해 우수한 인력을 확보하고, 그들을 아끼고 잘 활용하며 항상 높은 가치를 유지하도록 노력하는 것을 의미한다.

② 가치증대를 위한 투자 관점

기계설비를 유지 · 보수하고 새로운 기술과 시설에 투자해 생산성을 높여나가는 것과 마찬가지로, 구성원들에게 만족스러운 대우를 제공하고 그들의 잠재능력을 개발해 일에 대한 동기와 커미트먼트(commitment) 수준을 높여 나가는 것이다. 그들의 능력개발은 조직체의 가치를 증대시키는 것을 의미한다.

③ 경쟁적 비교우위 관점

기업의 규모경제와 자금력, 기술력과 독점시장 등은 이제 세계화와 무한계화의 변화 속에서 무력화되어 가고 있다. 이와 같은 기업의 이점들이 실제로 경쟁적 비교우위의 효력을 발휘하도록 하는 것은 인적 자원이다. 따라서 인적 자원은 기업경쟁력의 가장 중요한 자원이다.

(2) 인적 자원의 전략적 관점

인적 자원이 자금이나 기계 · 설비 · 자재 등의 물질적 자원과 다른 점을 요약해 보면 다음과 같다.

① 인적 자원의 능동성

자금과 물질적 자원은 성과에 기여하는 정도에 있어서 이들 자원 자체의 양과 질에 지배됨으로써 수동적인 성격을 지니지만, 인적 자원은 그 성과가 인적 자원의 욕구와 동기, 태도와 행동, 만족감 여하에 따라 결정된다. 그리고 인적 자원의 행동동기와 만족감은 경영관리에 의해 조건화된다. 더욱이 급변하는 환경하의 현대조직체에서 인적 자원의 능동적 특징과 인적 자원관리의 중요성은 더욱 커지고 있다.

② 인적 자원의 개발 가능성

자금이나 물질적 자원은 양과 질에서 자체적으로 한계를 지니고 있고 이들 자원의 확장과 개발이 불가능하지만, 인적 자원은 자연적인 성장과 성숙은 물론이고 오랜 기간 동안에 걸쳐서 개발될 수 있는 많은 잠재능력과 자질을 보유하고 있다. 이 역시 환경변화와 이에 따른 조직변화가 심할수록 인적 자원관리가 차지하는 중요성은 더욱 커진다.

③ 전략적 성과요인

조직체의 성과는 조직체의 자원을 얼마나 잘 관리하느냐에 달려 있다. 그동안 우리나라의 기업들은 자금이나 물질적 자원의 확보와 보존 및 활용에 많은 신경을 썼지만, 우수한 인력의 확보나 구성원들의 교육훈련, 그들의 사기와 건강에 대해서 많은 노력을 기울이지 않았던 것이 현실이다.

그러나, 인간중심적이고 가치중심적인 경영이 우수기업들의 공통된 특징이라는 사실이 나타난 만큼 인적 자원이 그 관리 여하에 따라 조직체의 성과에 결정적인 영향을 주는 전략적 요소라는 사실을 더이상 지나칠 수 없을 것이다.

12. 경영전략과 인적 자원관리의 통합

(1) 경영전략과의 통합관계

인적 자원관리가 조직체 성과와 경쟁적 비교우위에 기여하려면 조직체의 전략형성과정에 인적 자원 요소들이 고려되어야 하고, 전략수행과정에서 조직체의 전략목적이 인적 자원관리에 직접 반영되어 인적 자원관리가 전력경영과 통합된 과정으로 전개되어야 한다.

그 과정에서 다양한 이해관계자들의 욕구를 충족시키고 인력과 기술, 노조와 인력시장 등 주어진 상황을 고려한 인적 자원관리의 기능과 활동이 알맞게 전개되어야 한다.

예를 들면, 품질전략을 추구하는 기업은 성과와 능력을 중심으로 구성원이 경영에 참여하는 인적 자원관리를 추구해야 한다.

치열한 경쟁 하에서 원가절감을 추구하는 기업체는 철저한 비용통제와 현장관리 중심의 인적 자원관리를 실시해야 한다. 그리고 인력시장에서 유능한 인력의 확보가 어려운 기업은 인적 자원관리에서 내부인력의 교육훈련과 우수한 인력의 유치를 특별히 강조해야 한다. 최고의 서비스를 목적으로 하는 컨설팅 회사는 무엇보다도 우수한 인력의 확보를 위한 선발과 그들의 능력개발을 특별히 강조해야 한다.

(2) 인적 자원관리 기능 간의 시너지 관계

인적 자원관리 기능들은 상호간에 밀접한 연결관계를 맺으며 조직체 성과에 많은 영향을 미친다. 아무리 우수한 인력을 선발했다 하더라도, 직무체계와 보상제도가 그들의 능력을 뒷받침하도록 설계되지 않으면 높은 성과를 기대할 수 없다. 반면 우수한 인력이 아니더라도 교육훈련과 현장지도가 잘 이루어져서 시너지 효과가 발생하면 그들의 능력개발과 더불어 높은 성과를 기대할 수 있다.

이와 같은 인적 자원관리 기능 간의 연계와 조화, 상호보완관계는 전략적 인적 자원관리를 실현시키고 높은 성과를 달성하는데 결정적인 역할을 한다.

(3) 전략적 인적 자원관리와 문화 간 시너지

전략적 인적 자원관리에서 문화 간의 시너지는 현지문화(local culture)에 적합한 신축적인 인적 자원관리 구조와 시스템 설계 및 경영행동을 의미한다. 그러나 문화 간의 시너지 효과를 달성하는 과정에서 문화적 수준에 따른 가치관의 차이, 불신감과 상동적 태도, 의사소통의 오류, 행동상의 오해 등으로 인하여 조직체 내에 갈등과 긴장이 야기된다.

사기와 팀워크도 저하되어 소위 '과정손실(process loss)' 이 많이 발생한다. 따라서 전략적 인적 자원관리에서 이와 같은 '과정손실' 을 극소화하는 것이 세계 기업의 중요한 과제로 떠오르고 있다.

문화적 시너지는 근본적으로 자국 문화에서 해방되어 다른 문화를 이해하고 이를 수용해 문화 간의 조화를 이루려고 노력하는 열린 마음과 태도를 요구한다. 따라서 자국 문화에만 집착해 다른 문화는 외면하고 이해하려 하지 않으며 나아가서는 의식적으로나 무의식적으로 다른 문화를 배타적으로 대하는 편협적(parochial)인 관점이나 자국 문화만이 제일이라는 민족중심적 또는 종족중심적 태도는 '과정손실' 만을 증대시키면서 문화적 시너지에 큰 장애요소로 작용한다.

13. 인적 자원 스탭의 역할

인적 자원관리는 모든 관리자들의 일반관리기능인 만큼, 그 책임은 근본적으로 성과에 대한 책임과 더불어 일선관리자들에게 있다. 그러나 조직체 성과의 주체는 인적 자원이고 인적 자원의 관리는 일선관리자와 인적 자원 스탭 간의 긴밀한 관계하에서 이루어지는 만큼, 인적 자원 스탭도 일선관리자와 함께 조직체 성과에 매우 중요한 책임을 진다.

(1) 인적 자원 스탭의 역할모형

① 전략적 동반자

인적 자원 스탭이 조직체의 경영전략 형성과정에 적극 참여하고 경영전략 수행과정에서 인적 자원관리를 경영전략과 연계시키는 활동을 의미한다.

② 변화담당자

인적 자원 스탭이 조직체의 변화와 혁신을 촉진시키고 조직구성원들의 변화 및 조직개발능력을 기르는 기능과 활동을 포함한다.

③ 구성원 옹호자

인적 자원 스탭이 조직구성원들의 욕구를 이해하고 그들의 개인적인 문제에 귀를 기울여 그들의 욕구충족과 문제해결에 노력함으로써 사기를 높이고 일에 대한 적극적인 태도를 조성하는 인간관계 활동을 포함한다.

④ 행정전문가

모집 · 선발, 인사고과, 보상, 교육훈련 등 인적 자원관리에 필요한 모든 시스템과 제도 및 절차를 설계하고 이를 합리적이고 능률적으로 운영하는 기능들을 포함한다. 따라서 행정전문가의 기능은 일선관리자와 구성원을 위한 일상적인 각종 인적 자원관리 및 서비스를 통해 발휘된다.

이들 지원 및 서비스의 질을 높이고 비용을 줄이며 운영체계를 개선해 나가는 것이 행정전문가로서의 인적 자원 스탭의 역할이다.

(2) 전략적 인적 자원관리의 진화단계와 인적 자원 스탭 역할

우리나라 기업에서는 특히 노사관계와 관련해 노조가 결성되는 경우 조직규모와 관계없이 노사관계 담당자를 기용해야 하므로 소규모 단계에서도 인적 자원 스탭이 활용되기 시작한다.

조직체 성장에 따른 인적 자원관리 기능의 확대와 그 단계의 진화과정을 종합해 볼 때, 인적 자원관리 초기인 인사기록 단계와 완충 단계에서는 인적 자원 스탭의 역할이 주로 행정전문가와 구성원 옹호자의 역할에 집중된다. 통제 단계에서는 아직도 행정전문가의 역할이 큰 비중을 차지하면서 전략적 동반자와 변화담당자 역할이 주로 일방적 통합유형과 제한된 범위 내에서 이루어진다. 상담 단계에서 점차 쌍방적 통합과 완전통합 방향으로 전진하면서 인적 자원 스탭의 전략적 인적 자원관리 활동이 활발해진다.

우리나라 조직에서 특히 대기업의 경우에 인적 자원 스탭은 이들 네 가지 역할을 모두 수행하지만, 대체로 행정전문가의 역할이 대부분의 활동 비중을 차지하고 있는 것이 사실이다.

그러나 세계화와 무한경쟁의 환경 속에서 인적 자원경쟁력의 인식이 점점 높아지면서 전략적 인적 자원관리의 중요성이 강조되고 있다.

특히 구조조정과 경영혁신과정에서 인적 자원관리의 혁신이 본격화되어 가고 있다. 따라서 우리나라 조직체에서의 전략적 인적 자원관리는 인적자원스탭이 전략적 동반자와 변화담당자의 역할을 얼마나 잘 수행하느냐에 달렸다.

(3) 전략적 동반자 역할

전략적 인적 자원관리의 가장 필수적인 기능으로서 경영이념의 정립, 조직진단과 경영조직 설계, 전략과 인적 자원관리 간의 연계 등이 중요 기능들이다.

기업에서 조직진단은 기업체의 전략을 달성하기 위한 실제행동으로 옮기는 데 가장 우선시되는 필수적인 과정이다. 조직진단은 근본적으로 경영조직과 경영활동이 경영전략과 잘 연계되어 있는지를 체계적으로 분석·평가하고, 경영조직의 강점과 약점을 파악해 효율적인 전략목적 달성에 필요한 경영조직과 경영과정을 설계하는 것을 의미한다.

따라서 조직진단은 조직감사라고 할 수 있다. 즉, 기업에서 재무감사를 통해 자금과 자산의 관리과정을 체계적으로 분석해 문제를 진단하고 재무관리과정의 개선책을 모색하는 것처럼, 조직진단도 조직경영시스템과 과정을 체계적으로 분석해 보다 효율적인 전략목적 달성을 위한 경영조직과 경영과정의 개선을 모색한다. 그러므로 조직진단은 경영조직 및 경영과정의 개선으로 이어지고 여기에 인적 자원 스탭이 변화담당자로서 변화를 주도한다.

(4) 변화담당자 역할

현대조직에서 경영혁신, 조직변신, 조직활성화 등은 이제 어느 부문조직의 일시적인 변화가 아니라 조직 전체에 걸쳐서 끊임없이 계속되는 개혁이다.

여기에 인적 자원 스탭은 변화의 주도자로서, 설계자로서, 촉진자로서, 전시자로서 변화를 계획하고 추진함으로써 전략적 인적 자원관리를 실현시키고 전략목적을 달성시키는 데 결정적인 역할을 한다.

14. 일선관리자와 인적 자원 스탭의 권한관계

인적 자원관리기능을 수행하는 과정에서 일선관리자와 인적 자원 스탭 간의 영향관계는 그들 상호간에 복잡한 권한관계를 형성한다. 일선관리자가 경우에 따라서는 자기 분야의 가시적인 단기적 성과에 집착하는 반면에 인적 자원 스탭은 전체 조직관점과 보다 장기적인 관점에서 전문기능을 발휘한다.

상호간의 이해와 협조보다는 갈등요소가 작용하는 경우가 많다. 그리고 각기 기대하는 인적 자원관리 기능의 중요도와 우선순위가 서로 다른 것도 갈등요소가 된다.

일선관리자들은 흔히 안전, 건강관리, 인사상담, 고충처리 등 행정적 서비스와 구성원 옹호자 역할에 우선순위를 두는 데 비해 인적 자원 스탭 자신은 전략경영과 관련된 전략적 동반자 역할과 경영혁신과 관련된 변화담당자 역할에 우선순위를 두는 경향이 있다. 이와 같은 역할기대의 차이는 상호간의 관계를 복잡하게 만드는 중요요인이 된다.

조직체의 전략결정은 최고경영층에서 이루어지고 전략결정의 수행은 실무 각층에서 이루어진다. 그러나 성과달성의 주체는 인적 자원인 만큼 성과달성은 인적 자원 스탭이 전략경영과정에 얼마나 참여하고 기여하느냐에 달려 있다. 따라서 일선관리자와 인적 자원 스탭의 관계는 전통적인 라인-스탭의 권한관계를 초월해 전략목적 및 성과달성의 차원에서 상호간에 최대의 참여가 이루어지는 것이 가장 바람직하다고 할 수 있다.

(1) 일선관리자와 인적 자원 스탭 간의 책임분담

① 인적 자원관리 정보시스템

인적 자원 정보시스템은 인적 자원관리에 관련된 자료 처리와 정보산출, 저장, 정보자료전달에 필요한 인력, 정보처리 및 통신기술, 컴퓨터를 포함한 각종 하드웨어 기기, 제도와 절차를 모두 포함한다. 따라서 정보기술이 인적 자원관리에 적용되는 수준에 따라서 인적 자원 정보의 가치창출 정도가 정해지며, 인적 자원 스탭이 축적된 정보자료를 일선관리자를 지원하는 데 얼마나 잘 활용하고 이를 사용해 얼마나 좋은 성과를 달성하느냐에 따라 인적 자원 정보시스템의 궁극적인 가치와 기여도가 결정된다.

인적 자원 정보시스템은 일반적인 급여관리로부터 시작해 인적 자원에 관한 모든 사항을 인사기록 파일에 입력시킨다. 그리고 실적파일과 직무 파일, 모집파일과 연구조사파일 등 인적 자원관리에 관한 각종 정보자료파일을 개발해 인적 자원관리 데이터베이스를 구축하면서 정보기술의 활용수준을 높인다. 또한 인적 자원관리 정보지원의 범위를 점차적으로 일상 행정업무로부터 전략적 동반자의 업무방향으로 확대시켜 나간다.

② 인적 자원 의사결정 지원시스템

인적 자원 정보시스템의 의사결정지원은 인적 자원관리의 일상적 · 전략적 의사결정에 대한 정보지원, 조직진단을 위한 정보지원 및 분석, 인적 자원관리에 관한 연구조사 등 세 가지를 포함한다.

인적 자원 정보시스템은 급여와 인사기록 등의 비교적 간단한 자료처리로부터 시작해 직무 · 기술목록과 적임자 목록 등 인사행정상의 의사결정 지원, 장기적인 조직 및 인력계획을 위한 전략 시뮬레이션 방향으로 발전해 나간다. 그 과정에서 고용관리, 급여 · 임금관리, 복지후생관리, 인력평가 및 개발, 승진 · 전직관리, 직무 · 기술목록, 경력계획, 인력계획, 장기인력/조직계획 등 모든 분야에 다양한 소프트웨어가 개발되고 인적 자원관리 데이터베이스가 구축되어 효율적인 인적 자원관리를 위한 정보지원이 확대되어 나간다.

15. 인적 자원관리 부문의 향후 과제

외환위기 이후 우리 경제는 호황과 침체라는 극단의 상황을 오갔다. 2004년에는 V자형의 빠른 회복세를 보이기도 했다. 하지만 사업간 또는 기업간 양극화는 더욱 심화되고 있으며, 결국 기업실적의 양극화와 격차 차별화가 더욱 심해져 기업들의 빈익빈부익부 현상이 이어질 것으로 예상된다.

이런 상황을 고려해 볼 때 리더 기업들의 제도 도입이 타기업에 미치는 영향이 커질 것으로 보인다. 찰스 핸디가 지적한 '앞으로 우리 기업들이 직면한 새로운 과제' 들을 보면서 HR부문의 변화 트렌드를 유추해 보고자 한다.

첫째, 기업규모를 키워가면서 소기업적 · 개인적 분위기를 어떻게 유지할 것인가의 문제이다.

이율배반적인 것처럼 보이기도 하지만 HR측면에서 살펴보면 앞으로의 기업형태는 나이키와 같이 생산은 계약서에 아웃소싱하고 사업전략 · 연구개발만 전념하는 가상기업(Virtual Company) 유형이 많아질 것이다. 조직모형도 피라미드 모형에서 핵심영역만 조직 내부에서 다루는 항공망모형으로 이동할 것이다.

항공망모형은 중심축과 집합점을 연결시키는 거미줄 같은 그물로 형성된 조직으로서 '네트워크조직' 이라고도 부른다. 이럴 경우 앞으로의 인력규모를 어느 수준으로 가져갈 것인가가 최대의 관심사로 대두될 것이다.

둘째, 요즘 HR부문에서 화두가 되고 있는 단어 중 하나가 '창조성' 이다.

창조성이라는 것은 상상력과 호기심으로 이루어지므로 성과와 직접적으로 연결짓기가 쉽지 않다. 그래서 창조성이라는 잠재적 핵심역량을 지금까지의 효율성과 어떻게 연계시킬 것인지가 기업들의 큰 관심거리이다. 결국 인사의 방향은 창조적 소수(Creativity Minority)와 핵심인재 등을 집중 확보, 육성하는 소수정예주의가 더욱 확산될 것이다.

또한 이들 창조적 소수와 핵심인력들을 연계시키기 위한 네트워킹적 관리기법을 찾아나서는 기업들이 많이 등장할 것이다.

셋째, 성과를 지속적으로 추구하면서 사회적으로 용인될 수 있는 경영이 요구된다.

요즘은 성과를 강조하는 흐름이 유달리 강하다. 그래서 성과시스템을 구축하고 개선하는 작업들이 일상과제로 대두되면서 성과창출을 위한 인적자원관리기법이 중점과제로 대두될 것으로 보인다.

이를 위해서는 기업 이익금의 일부를 직원과 이익단체, 가난한 사람에게 되돌려주는 것만으로는 충분하지 않다. 얼마나 회사를 정직하게 운영하고, 서로 다른 이익단체의 요구를 얼마나 '균형 있게' 들어주느냐가 보다 중요하다.

즉 일반 국민들은 회사들이 얼마나 '많은 돈' 을 버는지에 관심을 두기보다 '어떻게 그 돈을 버느냐' 에 집중한다는 의미이다.

넷째, 창조적 아이디어를 가진 개인을 조직에서 어떻게 붙들어둘 것인가의 문제이다.

창조적 아이디어를 가진 핵심인력이 기업조직의 큰 자산으로 인식되면서 이들 핵심인력의 유출을 막기 위한 방법이 동원될 것이란 점이다. 일반 직원은 연봉이라는 틀 아래에서 1년간의 시간에 비례한 임금을 받지만, 창조적 핵심인재들은 자신의 지식과 노하우를 통제하기 위해 제공된 일에 대해 수수료를 받기를 원한다는 것이다.

그래서 창조적 핵심인재들은 기업조직을 벗어나기 위해 노력하고, 일반 인재들은 기업조직에 붙어 있으려고 노력하는, 즉 기업으로서는 바람직하지 못한 현상이 생기게 된다. 또한 비정규직 직종의 경우 단순업무를 대신해 주는 단순반복적 업무를 하는 비정규직의 비중도 늘어나겠지만 전문적 지식을 필요로 하는 전문비정규직, 즉 프리랜서의 계층이 확산되리라는 점이다. 여기서 이야기하는 프리랜서는 앞으로 기업들이 확보하려고 노력하는 창조적 아이디어를 가진 핵심인재를 뜻한다.

02 인적 자원관리의 필요성 및 중요성

1. HRM의 개념적 이해

(1) HRM이란 무엇인가?

HRM(Human Resource Management)은 HR(인적 자원)을 Management(관리)하는 것을 의미한다.

HR, 즉 '사람' 은 보는 관점에 따라 여러 가지로 해석될 수 있지만, 경제학이나 기업경영에서는 사람을 '경제적 가치를 생산하는 생산요소(input, production factor)' 로 본다.

따라서 HR은 가치창출에 기여(contribute)함과 동시에, 바로 그러한 이유로 창출된 가치를 분배(distribute)하는 과정에 참여할 자격이 주어지게 된다.

이때의 가치가 바로 부가가치이며, HR에 대한 분배의 몫이 임금, 또다른 생산요소인 자본의 분배 몫은 이윤이 된다.

한편, Management는 '관리(방식)'을 의미한다. 이것은 하나의 '룰(rule)'이자 '제도(institution)'이다. 일단 한번 정해지면 시시각각으로 변하지 않으며 매우 안정적으로 유지된다. 그렇다고 영구불변하는 것도 아니며, 상황(환경)이 바뀌면 다시 조정될 수 있다.

이러한 개념은 경제학의 '균형(equilibrium)'으로 생각할 수 있다. 따라서 균형점이 어디라는 것을 배우는 것은 별 의미가 없으며, 어떠한 원리에 의해 균형점이 결정되고, 어떠한 환경변화에 의해 새로운 균형점으로 이동하는가에 대한 결정원리를 이해하는 것이 중요하다. 즉, 연공급과 연봉제가 각각 무엇이라는 것은 의미가 없으며, 어떠한 경우에 각각의 대안을 선택하는가에 대한 연구가 필요하다.

(2) HRM이 왜 점점 더 중요해지는가?

경제적으로 중요하다는 것은 그 대상이 '희소한 자원'이라는 것을 의미한다. 따라서 21세기의 메가트렌드(mega-trend)라고 할 수 있는 '세계화'와 '지식경제화'라는 맥락에서 HRM의 대상인 인적 자원(HR)이 왜 보다 희소한 자원이 되는가에 초점을 맞추어야 한다.

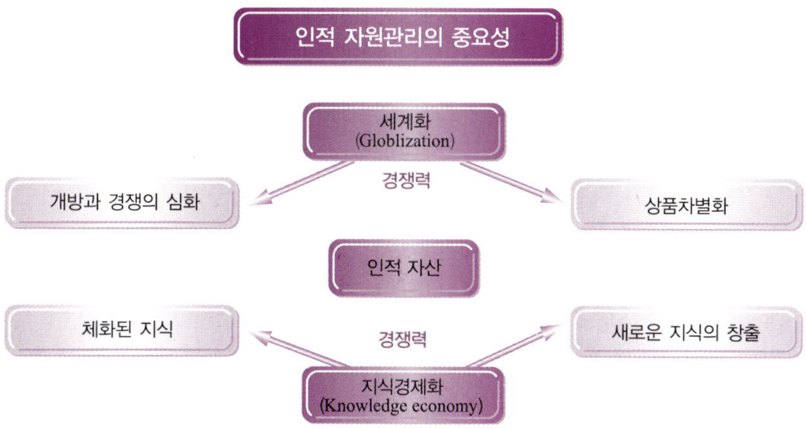

그림 8-3 인적 자원관리의 중요성

① 세계화 (Globalization)

세계화는 '세계가 하나로 된다(globality)' 는 뜻이다. 이는 그동안 '세계를 하나로 만들지 못하고 분할해 놓았던 무언가의 장벽' 이 없어진다는 것을 의미한다. 그 장벽은 바로 '국경' 이다. 세계화시대를 보더리스 경제(borderless economy)라고 표현하는 것도 이러한 이유에서이다.

먼저 생산요소 간, 국경 간 이동이 보다 자유로워질 경우 '상대적으로 이동이 자유롭지 못한 요소' 가 상대적으로 희소한 생산요소가 될 수밖에 없고, 이들의 경제적 가치(중요성)가 보다 높아지게 된다.

이동이 자유롭지 못한 생산요소는 토지를 비롯한 사회간접자본(SOC), 인적 자원(HR) 등이 될 것이다. 이들을 생산 · 관리하는 주체는 정부(국가)이다. 정부의 경쟁력이 곧 국가경쟁력의 기초라는 사실이 충분히 이해 가능하다. 반면 상대적으로 이동이 용이한 자본의 경우, 전세계에서 투자수익성이 가장 높은 곳을 찾아다닐 것이다. 그리고 자본의 투자수익은 파트너(partner)인 또다른 생산요소의 품질(quality)에 의존할 것이다.

따라서 우수한 인적 자원(HR)을 보유 · 유지 · 개발할 수 있는, 즉 뛰어난 HRM을 지니고 있는 기업(국가)은 풍부한 자본을 보다 저렴한 비용으로 조달할 수 있을 것이고, 이것이 경쟁력 확보의 관건이 될 것이다.

한편, 상품시장의 세계통합적 관점에서 보면 이는 무엇보다도 시장규모의 확대를 의미한다. 다양한 차별화전략을 추구할 수 있는 '규모의 경제' 가 확보될 수 있음을 말해주는 것이다. 그것은 시장규모가 작았던 예전보다 더 저렴한 비용으로 차별화를 추구할 수 있기 때문이다.

하지만, 상품차별화는 결국 '기업내 투자(input)' , 특히 타기업이 모방하기 힘든 투자에 의해 좌우되는데 그 중 모방이 가장 어려운 투자는 바로 기업이 보유하고 있는 인적 자원(혹은 지식과 기술)이 될 것이다.

또한, 차별화 우위를 가능하게 하는 온라인 · 오프라인 네트워크에서 전자는 모방 가능하지만, 후자는 모방하기가 극히 어렵다. 오프라인 네트워크의 핵심은 바로 휴먼 네트워크(human network)인 것이다.

② 지식 경제화(Knowledge economy)

지식은 정보(혹은 자료)와는 전혀 다른 의미로 사용된다. '정보'가 '재료'라면 지식은 이를 이용하여 '특정 목적에 맞게' 가공하여 만들어 낸 '작품'을 말한다. 따라서 정보는 보편적인(general) 특성을 갖지만 지식은 구체적인(specific) 특성을 가진다.

지식을 '특정 상황에 대한 특정 사람의 해석'이라고 정의해 볼 때, 지식은 첫째, 사람에 체화되어 있다. '해석'이므로 기계나 PC가 창출할 수도, 그 안에 담아 놓을 수도 없다.

둘째, 지식은 현장에 있다. '특정 상황'에 대한 해석이므로 그 상황, 즉 현장을 경험해야만 알 수 있다.

셋째, 지식은 서로 융합해 전혀 새로운 지식을 창출한다. 소위 시너지 효과를 말한다.

따라서 (i) 가장 정확한 지식을 갖고 있는 현장의 사람들로 하여금 직접 의사결정을 하게 만드는 '분권화', (ii) 이에 따른 통제방식의 변화인 '사전행동계획통제'에서 '사후성과측정통제'로의 전환, (iii) 후자를 위해 필수적으로 요구되는 평가목표설정 및 사후평가측정의 중요성, (iv) 시너지 효과를 기대하기 위한 공동(협력)작업의 방식 도입, (v) 이를 장려하기 위한 집단성과급 도입 및 이로 인해 새롭게 나타나는 무임승차(free-rider) 문제의 해결 등이 중요한 인사조직의 과제로 떠오르고 있는 것이다.

2. HRM의 결정요인

HRM은 일종의 경영이다. 이는 외부적 환경요인이 변함에 따라 언제든지 변화(다른 옵션의 선택)될 수 있는 것이므로, 그러한 변화를 가져오게 하는 외부적 환경요인 중 어떠한 것에 주목해야 하는지 공부할 필요가 있다.

(1) 노사관계

HRM의 경우 타 생산요소에 관한 관리방식인 재무관리, 구매관리 등과는 다른 점이 있는데, 그것은 다름 아닌 관리의 대상이 인권을 갖는 인격체라는 사실이다.

따라서 HR에 대한 보호를 위한 사회의 법 · 제도 · 관행이 존재하게 되고, 이는 기업가의 관점에서 가장 합리적인 옵션이라고 하더라도 바로 선택될 수 없는 것이며, 관리의 대상인 HR의 동의를 구하거나 사회의 일반적인 규제의 제한하에서만 선택할 수 있는 것이다.

이러한 제약이 바로 노사관계의 이슈가 된다. 노사관계는 크게 '집단적 노사관계'와 '개별적 노사관계'로 구분할 수 있다. 전자는 노동조합의 결성을 전제로 '집단적 교섭'에 의해 근로계약의 내용(이것이 바로 HRM의 내용)이 결정된다. 후자는 (노조 결성 유무와는 상관없이) 근로계약을 맺고 있는 근로자들 '어느 누구'의 (개별적) 근로조건에 대한 규제가 존재함을 의미한다.

(2) 집단적 노사관계

첫째, 노동조합이 결성된 사업장에서는 단체교섭을 통해 자신(조합원)의 근로조건을 사용자와 공동으로(합의해) 결정할 수 있고, 사용자는 이를 거부할 수 없다. 거부할 경우에는 부당노동행위로 처벌받을 수 있기 때문이다.

둘째, 이때 교섭대상이 되는 '근로조건 관련 사항'이라는 것은 임금수준, 임금결제도, 휴가, 고용관련 사항, 기타 근로복지사항 등 HRM의 대상이 되지 않는 것이 거의 없다.

셋째, 이러한 과정의 결과로 나타나는 합의안, 즉 단체협약(collective agreement)은 법적 구속력을 갖게 된다.

결국 노조가 결성된 사업장에서는 노조의 동의 (노조가 바라던 바는 아니라는 의미에서 적극적 동의는 아니라 하더라도) 하에 HRM의 내용이 결정될 수밖에 없다. 노조의 교섭요구를 피할 수도 없고 교섭(합의)의 결과를 안 지킬 수도 없다. 쌍방의 인센티브가 모두 충족되어야 함을 의미하는 것이다.

(3) 개별적 노사관계

첫째, 노조가 결성되지 않은 사업장의 근로자의 경우 집단적으로 근로계약을 체결할 수 있는 권리가 부여되지 않으므로 개별적 근로계약의 내용으로 근로조건이 결정된다.

둘째, 이 경우 근로자의 교섭력이 상대적으로 취약해 결정된(서로 합의한) 근로계약상의 근로조건이 사회적 관점에서 볼 때 지나치게 낮은 수준에 머물 가능성이 있다. 현실적으로 그렇다는 말이 아니라 사회구성원(국민)들이 그럴 가능성이 크다고 인정한다면 그렇다는 뜻이다.

셋째, 법으로 근로자의 '최저근로조건'을 규정해 놓게 되어 있다.

넷째, 이럴 경우 어떠한 (자유)근로계약도 이 수준보다 낮아서는 안 된다. 계약 자체가 상위 법률에 위반되므로 무효가 된다는 의미이다.

3. 노동시장 (Labor market)

(1) 노동공급

① 규모

> **Check Point**
>
> 총인구 ⊃ 민간생산가능인구 = 경제활동인구(취업자 + 실업자) + 비경제활동인구
>
> (민간)생산가능인구 = 15세 이상의 인구 (군인 +재소자 제외)

15세 미만은 육체적으로 근로능력이 부족하다고 본다. 또한 14세까지(중학교졸) 는 '일' 보다는 교육을 받아야 한다는 의미를 담고 있다.

15세 이상의 생산가능인구는 '현재 일하고 있는자(취업자)'와 '현재 일하고 있지 않은 자(비취업자)'로 구분가능하다. 후자의 경우에는 '일할 의사가 있으나 일을 하지 못하는 자(실업자)'와 '일할 의사가 없기 때문에 일자리를 갖고 있지 않은 자(비경제활동인구)'로 나뉠 수 있다.

이때, 취업자와 실업자는 일자리가 있고 없고를 떠나 '일할 의사가 있다는 점'에서 노동공급으로 보아야 한다. 그리고 이를 통계적으로는 경제활동인구라 한다. 따라서 '일할 의사가 없기 때문에 일자리를 갖고 있지 않은 자'는 경제활동인구가 아니라는 점에서 비경제활동인구라 한다.

② 구조

결국 15세 이상 인구에서 비경제활동인구를 제한 인구가 노동공급이다. 노동공급의 구조는 비경제활동인구의 사유, 즉 통학 · 가사 · 고령 · 질병 및 장애 등의 요인 변화를 고려해 전망이 가능하다.

예컨대, 고학력화가 될수록 청년노동공급이 줄어들 것, 여성의 가사부담이 줄어들면서 여성의 노동공급이 늘어날 것, 의료기술의 발달로 건강한 고령자들에 의해 노동공급 구조가 고령화될 것 등등은 쉽게 예측 가능한 것이다.

③ 실망노동자 효과 (Discouraged worker effect)

경기불황으로 인해 일자리를 찾아보지만 일자리를 구하지 못하는 사람 중에 (즉 실업자 중에) 일부는 아예 일자리 찾기를 포기하는 경우가 있다.

이러한 사람들은 — 실망노동자라 함 — 현재 직업탐색(job search)을 하지 않는다는 점에서 비경제활동인구로 분류되고 노동공급 추계에서 제외될 것이다.

그러나 이들은 일시적으로 직업탐색을 포기했을 뿐, 경제여건이 좋아질 경우 언제든지 다시 노동시장에 나와 직업을 찾을 것이므로 '잠재적 실업자' 이다. 결론적으로 말해, 통상적으로 불경기에 발표되는 실업자 통계는 실망노동자가 제외되어 있으므로 과소평가될 수 있다.

④ 베이비붐 세대

연령계층별로 (세대별로) 노동공급 규모가 다소 크게 차이가 날 수 있다. 이러한 세대를 베이비붐 세대라 한다. 이 세대는 교육시장이나 노동시장에서 상당한 영향을 미칠 수 있으며, 노동시장 분석 시 이러한 점들이 충분히 고려되어야 한다.

(2) 노동수요

노동(HR)은 하나의 생산요소(input)이다. 따라서 노동수요는 산출물(output) 수요의 파생수요(derived demand)이다.

① 규모 : 고용탄력성

노동수요는 파생수요라는 사실에 착안해 볼 때, 노동수요의 규모에서 가장 중요한 개념은 '고용탄력성(employment elasticity)' 이 되어야 할 것이다.

여기서 탄력성이라 함은 원인이 되는 산출물 수요 증가율에 대응한 (파생)결과로서의 생산요소인 HR의 수요증가율을 비율로 수치화한 것이다.

고용탄력성(e)의 크기는 '1보다 큰가? 작은가?' 가 가장 중요한 기준이다. 즉 'e <1' 의 조건이 충족되어야만 '노동생산성이 증가한다(즉 기술진보가 일어난다)' 가 성립된다.

또한 연차적으로 고용탄력성이 점차 작아진다면 그것은 노동생산성이 가속적으로 증가함을 의미하는 것이다.

② 구조 : 소프트화

업종별, 직종별, 학력별, 성별, 기업규모별, 종사상지위별로 노동수요의 구조 변화를 분석할 수 있다. 이 중에서 가장 주목할 만한 사실은 '소프트화(化)' 이다.

소프트화란 제조업보다는 서비스업의 취업자 구성비가, 제조업 내에서 생산직보다는 비생산직 취업자의 구성비가 상대적으로 커지는 추세를 말한다.

③ 소프트화의 원인

소득 상승으로 인한 소비의 탈(脫)물품화로 제조업 산출물보다는 서비스 산출물에 대한 소비가 늘고, 이러한 산출물 수요의 변화는 노동수요의 구조 변화를 가져온다. 따라서 노동수요는 파생수요임을 다시 상기한다.

제조업 내에서도 제조공정(manufacturing)인 mainstream보다 upstream의 R&D, 디자인이나 downstream의 유통, 물류 등의 '부가가치 창출 비중'이 더 커지게 된다. 이는 비용우위보다 차별화우위가 상대적으로 더 중요해지는 부분에서 더욱 그러하다. 때문에 (노동수요는 파생수요이므로) 부가가치 창출력이 큰 부문인 상류공정(upstream)과 하류공정(downstream)에서의 노동수요가 더 늘어나고 이는 비생산직 수요의 증가를 의미하게 된다.

4. 상품시장 (Product market)

(1) 독점 vs 경쟁

① 독점적 (상품)시장구조를 갖고 있는 기업은 경쟁기업에 비해 상대적으로 고비용 지불능력(large rent)이 있어 고임금(high wage), 강성 노동조합(strong labor union)으로 인해 보수적 HRM이 될 가능성이 있다. 경쟁기업은 그 반대이다.

② 독점기업의 인적 자원은 상대적으로 특정기업화 될 가능성이 있다. 따라서 내부노동시장 구조를 갖게 되고, 이로 인해 장기고용, 해고회피, 연공급, 높은 정규직 비중 등의 HRM 특성을 보일 수 있다.

(2) 진입장벽 구축을 위한 시그널링(Signalling)

① 잠재경쟁기업의 상품시장 진입을 막기 위해 기존 기업은 다양한 시장 신호(market signal)를 보낼 것이다. 여기에는 낮은 상품가격(제한가격책정전략)뿐만 아니라, 높은 임금수준도 포함될 수 있다.
이른바 double signalling, 즉 HRM도 이러한 기업의 경쟁전략에 연계되어 영향을 받을 수 있다는 점이 중요하다.

5. 주인–대리인 문제 (Principal-Agent Problem)

(1) 주인–대리인 문제의 본질

① 정의

주인(principal)이 직접 일을 할 수(do-it-yourself) 없을 경우 대리인(agent)에게 위임할(맡길) 수밖에 없는데, 이 경우 대리인이 주인과 다른 개인적 목표를 가지고 주인의 뜻(의사)대로 일을 수행하지 않는 문제를 말한다. 이러한 이유로 발생하는 비용을 대리인 비용(agency cost)이라 한다.

② 문제발생의 근본적 원인

대리인이 다른 목표를 갖게 되는 이유가 바로 문제발생의 이유인데, 근본적 원인은 i) 대리인의 일에 대한 정보의 비대칭성(asymmetry of information)이 존재하고, ii) 그러한 정보의 비대칭성을 이용하여 대리인이 주인의 뜻에 반하는 행동을 하는 것이 대리인에게 더 유리할 경우(사리사욕에 기초한 기회주의가 존재할 경우)가 있기 때문이다.

즉 i)과 ii)가 동시에 존재할 경우 주인–대리인 문제가 나타날 수 있다는 것이다.

③ 문제해결 방법

주인–대리인 문제의 해결방법은 i)과 ii)의 문제 중 어느 것 하나라도 없애주는 것이다.

이때, i)의 문제를 해결하는 방법은 결국 감시・고찰이다. 하지만 그것 자체로 또 다른 비용(monitoring cost, 감독비용)이 발생된다.

만약 이 비용이 지나치게 클 경우 이 방법을 선택하기 어렵다는 문제가 발생한다. 심지어 대리인 비용보다 더 큰 비용이 발생할 수도 있다. 특히 이를 위해 감독자(monitor)를 고용할 경우, 이 사람 또한 대리인이기 때문에 감독자와 주인 간에 또 다른 주인-대리인 문제가 나타날 가능성이 있다. 소위 "누가 감독자를 감시할 것인가?" 라는 문제이다.

한편, ii)의 문제를 해결하는 방법은 주인의 의사에 반하지 않게 행동하는 것이 주인을 속이는 것보다 더 유리하도록 만들어 주는 것으로서, 이것이 가능하도록 계약을 체결해 해결하는 것이다. 이 계약을 권장계약방식(incentive contract)이라고 한다. 택시기사의 사납금 제도나 대학교수의 정년보장제도가 이에 해당된다.

(2) 주인이 상이함에 따른 기업경영전략의 차이와 HRM의 차이

① 여기서는 주인-대리인 문제가 (위에서 제시한 방법으로) 해결된다고 보고, 기업의 주인이 상이함에 따라 대리인인 경영자의 경영전략이 달라지고 이에 따라 HRM의 방향이 차이가 나는 경우를 (전통적인) 미국과 일본 기업의 HRM전략에 비추어 설명하고자 한다.

② 주주자본주의(shareholderism)에 충실한 미국 기업에서는 기업의 주인인 주주들의 이해관계에 충실한 기업경영이 이루어진다. 따라서, 주인인 주주들의 목표인 단기간의 주가상승을 위해 대리인인 최고경영자는 단기간의 이윤극대화를 위한 획기적인 비용절감 전략을 선택하게 되고, 이는 다운사이징 선택으로 이어진다.

③ 반면 종업원이 사실상의 주인인 일본 기업의 경우에는, 종신고용을 위해 매출극대화의 전략을 선택하고 이를 위해 (종신고용을 유지하기 위한) 임금유연성 추구의 전략이 선택된다.

(3) 기업지배구조

① 오너(Owner)경영과 전문경영

능력이 있는 사람이 열심히 할 수 있으면 그것이 가장 바람직하다. 전자는 정보의 문제이고 후자는 인센티브의 문제인데, 양자를 다 갖고 있는 사람이 하면 문제가 없겠지만 현실적으로 이것이 충족되기는 쉽지 않다.

오너경영은 인센티브에서 문제가 없으나 정보에서 문제가 있을 수 있고, 반면에 전문경영은 정보에서 문제가 없으나 인센티브에서 문제가 발생할 수 있다.

② 각각의 문제해결 방법

전문경영에서는 인센티브 계약 체결로 문제해결이 가능하다. '주인이 인센티브를 갖게 되는 원인, 그것을 대리인에게도 주면 될 것 아닌가?' 가 문제의 핵심이다. 대리인인 전문경영인에게도 잔여수익청구권(residual claims)을 부여하는 방향으로 계약을 체결하는 것이다.

오너경영의 경우에는 정보 부족이 문제가 된다. 여기에는 사실상 뾰족한 해결 방법이 없다. 다만 창업자의 경우 이미 '시장에서 검증 받았기 때문에' 능력상의 문제는 크지 않다고 가정할 수 있다. 그러나 경영권이 세습될 경우(즉 시장에서 검증된 것이 아니므로)에 문제가 될 수 있다. 즉 오너경영 그 자체가 문제가 있는 것이 아니라 경영권의 세습이 더 큰 문제라는 의미이다.

③ 오너경영에서의 또 다른 대리인 비용

오너경영의 경우에도 인센티브에서 문제가 생길 수 있다는 주장이 제기될 수 있다. 즉, 오너경영의 경우 인센티브에 문제가 없을 것이라는 사실의 전제는 '오너의 인센티브=대주주로서의 인센티브' 라는 단순공식에 의존한다.

실제로 오너(대주주)가 경영권을 갖게 될 경우, 대주주로서의 이해관계 이외의 인센티브가 발생할 수 있고, 이 경우 대주주 경영자는 전체주주의 이해관계(인센티브)에 반하는 경영행태를 보일 수 있다. 내부자거래를 통해 경영자가 리베이트를 받는 경우가 한 예이다.

이는 결국 '대주주도 전체주주의 대리인인데, 대주주(대리인) 개인의 목표가 전체주주(주인)의 목표와 달라지면서 나타나는 또 다른 대리인 비용' 이라는 의미가 된다.

④ 우수인재 확보를 위한 '인재 전쟁(Talent War)'

과거는 1만 명이 1명을 먹여살리던 시대였지만 지금은 1명이 1만 명을 먹여살리는 지식경제시대에 있다. 우수인재의 확보 및 양성은 중소기업도 피해 갈 수 없는 경영과제이다.

이러한 문제의식에서 중소기업청은 인적 자원관리가 우수한 중소기업을 발굴하고 벤치마킹 대상으로 제시하기 위해 23개의 중소기업 사례를 담은 『중소기업 인적 자원관리 우수사례집』을 발간했다.

우수사례집 내용을 보면 중소기업이 대기업에 비해 복리후생이 열악하다는 일반적인 사회인식과는 달리, 종업원에게 다양한 복리혜택을 제공하고 있었다. 종업원에게 사택 및 기숙사 제공, 생활안정을 위한 주택, 자동차, 학자금 지원, 휴양시설 지원, 체력단련 설비 및 비용 지원, 상해보험 가입 등 대기업 못지않게 직원복지에 투자하고 있었다.

한편, 성과위주의 인사고과 및 연봉제 실시, 지속적인 자기계발 기회 지원, 기업 비전제시 등 사내에서 우수인재가 양성 · 유지될 수 있는 인적 자원관리(HRM)체계를 운영하고 있었다.

인적 자원관리가 우수한 중소기업들은 경영성과, 노사관계 등에서도 탁월한 것으로 나타나 인적 자원관리 투자가 경쟁력 강화에도 크게 기여한 것으로 평가된다.

중소기업청은 인적자원관리에 대한 중소기업의 관심과 투자가 확대되도록 유도하기 위해 현재 진행 중인 '중소기업 인적 자원관리 실태조사', '중소기업형 핵심인재 양성전략' 연구를 토대로 중소기업에게 인적 자원관리 매뉴얼을 제공하고 지원시책에 반영해 나갈 계획이다.

03 인적 자원의 교육 및 훈련

1. 교육훈련의 의의

교육은 특정 직무의 수행과 관련되지 않은 일반지식과 교양을 습득하는 것을 의미하고, 훈련은 특정 직무의 수행과 관련된 지식 및 기술을 숙달시키는 것을 의미한다.

① 교육훈련의 중요성이 현대에 강조되는 이유

인력의 부족현상과 노동조합에 의한 고용안정의 압력, 사회일반의 규제, 기업 환경의 극심한 변동 등이 이유이다.

② 교육훈련의 목적

사고율 감소, 의사소통방식의 개선, 사기앙양, 승진에의 자극, 품질개선, 불평 감소, 감독자의 부담 감소, 작업방법의 개선, 낭비와 손실의 감소, 결근 및 이동률 감소, 습득기간의 단축 등을 목적으로 한다

③ 교육훈련의 필요성

신입사원 오리엔테이션, 경제적 동태성, 직무가 요구하는 능력(담당자의 능력) 등을 배양하기 위해서이다.

④ 교육훈련의 실시를 위한 계획에 포함되는 요건

교육훈련의 대상자 및 내용, 담당자, 교육훈련의 시기, 기간, 방법 및 장소가 포함된다.

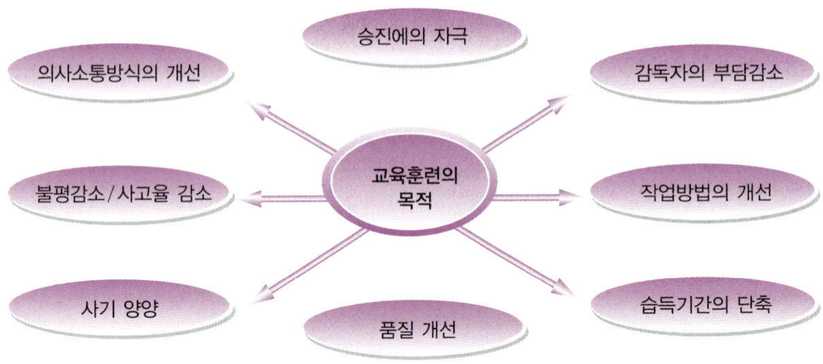

그림 8-4 교육훈련의 목적

2. 교육훈련의 분류

(1) 대상에 의한 분류

① 신입자 교육훈련 : 신입사원 대상

입직훈련, 기초훈련, 실무훈련의 3단계로 실시한다.

입직훈련은 일반적인 규칙과 내용에 대한 개괄적 교육, 실제 현장 안내 등이다. 기초훈련은 보통 집단적으로 실시한다.

회사의 연혁, 방침, 조직편성, 임금제도, 직무수행방법, 기타 기초적 지식과 기술을 습득하는 것이다. 실무교육은 담당할 직무를 중심으로 이루어진다.

② **현직자 교육훈련 : 현직자 대상**

일선 종업원 훈련, 감독자 훈련, 관리자 훈련, 경영자 훈련 등으로 현직자의 자질과 작업능률을 향상시키며 동시에 직무수행능력을 양성한다.

(2) 장소에 의한 분류

교육받는 장소를 중심으로 분류한 방법이다.

① **직장훈련** (OJT · on-the-job-training)

직장 내부에서 이루어지는 직무와 관련된 지식과 기술을 습득시키는 훈련방법이다. 감독자에 의해서 개별적으로 실시한다.

[장점]

- 각 개인에 맞춘 적당한 지도가 가능하다.
- 직장에 맞는 교육이 가능하다.
- 감독자와의 원활한 접촉이 가능하다.
- 훈련과 생산이 직결되기 때문에 경제적이다.
- 다른 장소로의 이동이 필요 없다.

[단점]

- 지도자나 환경이 훈련에 반드시 적합할 수 없다.
- 작업 수행에 지장이 있다.
- 원재료의 낭비가 있다.
- 이 방법은 지도자의 능력에 크게 좌우된다.

② **직장 외 훈련**(off JT · off-the-job-traning)

직장 밖에서 교육에만 전념하는 훈련방법으로, 보통 집단적으로 실시한다.

[장점]

- 다수의 종업원을 대상으로 통일적이며 조직적인 교육이 가능하다.
- 종업원은 직무로부터 해방되기 때문에 교육에 전념이 가능하다.
- 전문가의 지도가 가능하다.
- 참가자는 상호 경쟁의식을 갖게 되며, 상호 지식과 경험을 교환할 수 있기 때문에 교육효과가 높다.

[단점]

- 직무수행에 지장이 있다.
- 비용이 많이 든다.
- 중소기업에서는 실시하기가 어렵다.

(3) 내용에 의한 분류

교육훈련의 내용을 중심으로 분류하는 방법으로, 상호관련하에서 또는 동시적으로 실시하며, 효과적이다.

① 기능교육 : 기업측에서 실시한다.

② 노동교육 : 노동조합측에서 주관한다.

③ 교양교육 : 대학이나 전문 공공기관에서 위촉한다.

3. 교육훈련의 방법

(1) 일반적 방법

① **강의식 방법** (Lecture method)

일반적인 교육방법으로 가장 많이 이용한다.

- **장점** : 단시간 내에 많은 사람을 교육하는 것이 가능하다.
- **단점** : 수강자의 참여의식이 약하고, 문제해결 능력을 기르기 힘들며, 수강자의 이해 정도를 파악하기 어렵다.

② **통신식 방법** (Correspondence method)

강의록이나 인쇄물 · 통신강좌를 통하여 훈련하는 방법이다. 강사진이 부족하고 피교육자가 광범위한 지역에 산재해 있을 때, 일단 훈련받은 종업원에 대해 보충적인 교육을 실시할 경우에 이용한다.

- **장점** : 경비가 절약된다.
- **단점** : 교육자와 피교육자와의 접촉이 적고 수동적이다.

③ 회의식 방법 (Conference method)

일정한 장소에서 특정한 주제에 관해 각각의 지식, 경험, 견해를 교환하고 문제점 등에 대해 토론하는 방식으로, 자유식과 정형식이 있다.

회의식 방법이 효과를 거두기 위해 고려해야 할 점은 참가자의 지식수준이 비슷해야 한다는 것이다. 참가자의 수는 보통 10~15명 정도가 적당하다. 유능한 사회자, 관리층이 가능한 한 동등한 자격으로 참석해야 한다.

- **장점** : 여러 사람의 지식과 정보수집 및 상호 협조심 조장이 가능하다.
- **단점** : 참가자들이 주제에 대한 예비지식이 있을 때만 실용성이 있다. 회의진행을 잘못하면 초점을 잃는다.

④ 시청각교육 방법(Audio-visual method)

사진이나 동영상 같은 시청각자료를 이용해 교육훈련하는 방식이다.

- **장점** : 강의식 방법으로는 이해하기 어려운 경우에 특히 효과적이고, 흥미가 높다.
- **단점** : 경비가 많이 들고, 오락화되기 쉽다.

⑤ 사례연구방법(Case study method)

특정 주제에 관한 사례를 작성해 배부하고 이에 관해 토론하는 방식이다. 관리자와 경영자의 교육훈련에 많이 사용한다. 이론과 실제를 연결해 문제해결을 시도하도록 한다. 판단력과 분석력을 기르며 어떤 상황에도 대처할 수 있는 자질을 갖출 수 있다.

- **장점** : 참가자의 분석능력과 문제해결능력을 발전시킨다. 고위층 훈련에 유용하다.
- **단점** : 시간이 많이 걸리며, 소수집단에서만 실효성이 있다.

⑥ 역할연기방법(Role playing)

참가자 중에서 연기에 소질있는 사람을 선정해 실제로 연출시켜 교육훈련의 효과를 높이는 방법이다.

• 장점 : 감독자의 인간관계 훈련에 특히 효과적이다. 흥미와 실감을 주고 문제점을 정확히 노출시킬 수 있다.
• 단점 : 사전준비가 필요하고, 시간과 경비가 많이 든다.

(2) 특수방법

① 잡 인스트럭션 트레이닝(Job instruction training)

제2차 세계대전 중 미국의 전시노동력위원회에서 미숙련공을 훈련시킬 지도자의 교육용으로 고안한 방식이며 4단계로 구성된다.

• 1단계 : 피훈련자의 준비단계
• 2단계 : 작업 방법에 대한 설정
• 3단계 : 일의 실제수행
• 4단계 : 사후 검토

② 트레이닝 위딘 인더스트리(Training within industry)

• 생산부문의 일선감독자의 훈련을 위해 고안되었다.
• 제2차 세계대전 중 미국의 전시노동력위원회에서 고안했다.
• 교육, 심리, 사회분야의 전문가들이 공동 연구하여 고안한 대표적인 사내 훈련방식이다.
• 감독자의 필요조건 : 작업에 관한 지식을 갖고 있어야 한다. 직책에 관한 지식을 갖고 있어야 한다. 작업지시의 기능을 수행하며 직접 일을 지켜보며 작업개선의 기능을 수행한다.

③ 매니지먼트 트레이닝 플랜(Management training plan)

• 관리자의 훈련 계획이다.
• 미 공군에서 중급관리자의 관리기술지도를 위한 훈련 방식이다.

④ 브레인스토밍(Brain Storming)

• 두뇌충격법으로 아이디어 개발을 위한 기술개발 훈련이다.
• 소집단 내에서 일정시간 동안 자유롭게 어떤 과제에 대한 목표를 제출케 하고 이를 종합 검토함으로써 독창적인 목표를 얻어내는 기법이다.

Check Point

✣ 교육훈련의 효과를 판단하는 방법

• 피훈련자의 일하는 상태와 태도 등을 관찰한다.
• 시험을 실시한다.
• 훈련 후에 피훈련자와의 면접을 한다.
• 훈련 전과 후의 작업실적을 비교한다.

• 종업원의 사고력, 창조성 개발에 이용되며 신제품 작업방법, 관리방법 개선에 이용한다.

04 인사관리와 인사고과

1. 인사관리

기업(조직)의 능동적 구성요소인 인적 자원으로서의 종업원의 잠재능력을 최대한으로 발휘하게 하여 그들 스스로가 최대한의 성과를 달성하도록 하며, 만족감을 얻게 하려는 일련의 체계적인 관리활동이다.

2. 인사고과의 정의와 목적

(1) 정의

근로자의 이동이나 승진 등의 재배치를 위해 근로자의 능력, 성적, 적성, 태도 등을 조직체 유용성의 관점에서 평가해 상대적 가치를 결정하는 것이다.

(2) 목적

임금관리의 기초자료, 승진, 배치, 해고 등 인사이동의 기초자료, 종업원 간의 능력비교 및 능력발굴, 교육훈련을 위한 자료 등을 얻는 것이다.

3. 인사고과방법

(1) 대조법(Checklists, 체크리스트법)

① 직무상의 몇 가지 주요한 표준행동 점검표에 따라서 수행여부를 체크한다.

② 평가요인이 실제의 직무와 밀접해 평가가 쉽고, 현혹효과가 적으나 종업원의 특성 및 공헌 정도를 계량화하기 불가능하다.

(2) 평가척도법(Graphic rating scales)

① 직무수행에 필요한 종업원의 능력과 자질 및 특성을 정해진 3점 척도, 5점 척도, 7점 척도로 평가한다.

② 중심화의 오류가 가능하다.

(3) 서열법(Ranking method)

① 종업원의 수행력에 대해 순위를 정하는 방법이다.

② 평가가 용이하고 저비용으로 가능하지만 대상이 많아지면 분석이 어렵다.

(4) 서술법(Descriptive essays)

① 업무성과나 행동특성의 장점, 단점, 능력 등을 서술해 자세한 정보를 제공한다.

② 객관성이 부족하고 비교가 어렵다.

(5) 주요사건기술법(Critical incident technique)

① 주요 사건을 파악 · 분석해 기록하는 방법이다.

② 시간과 노력이 많이 소요되고 평가기준이 일방적이다.

(6) 행동기준평가법(Behaviorally anchored rating scales, BARS)

① 평정척도법과 주요사건기술법을 혼용한 방법이다.

② 피고과자를 참여시키는 방법으로 많은 시간과 노력이 소요된다.

(7) 목표관리법(Management by objective, MBO)

관리자와 종업원이 함께 목표를 설정하고 정기적으로 목표의 달성 정도를 측정한다.

4. 인사고과의 오류

(1) 상동적 태도(Stereotyping, 편견)

성별, 연령, 혈연, 지연, 경제, 정치, 종교 등의 요소에 의해 만들어진 선입관을 가지고 평가하는 것이다.

(2) 현혹효과(Halo effect)

한 분야에 있어서 특정인의 호의적 혹은 비호의적인 인상이 다른 분야의 평가에 있어서 영향을 주는 경향이 있다.

(3) 논리적 오차(Logical error)

고과자가 논리적으로 상관관계가 있다고 생각하는 특성 사이에 나타나는 오류이다.

(4) 관대화 경향(Tendency of leniency)

평가대상자의 실제 수행력보다 더 높게 평가하는 것이다.

(5) 중심화 경향(Central tendency errors)

평가자는 일반적으로 점수를 중간수준으로 평가한다.

5. 인사이동

종업원의 수행력 평가결과와 직무설계에 의해 관리된다.

(1) 전직 : 동일 혹은 유사한 직무수준의 다른 직무로 이동시킨다.

(2) 승진 : 조직도상에서 현 직위보다 높은 수준의 직위로 이동하는 것이다.

(3) 좌천 : 기술, 책임, 직위, 봉급 등의 측면에서 하위 단계로의 이동이다. 징계로 인한 경우가 있다.

(4) 이직 : 자발적 이직(사직 혹은 휴직)과 비자발적 이직(해고와 레이오프)이 있다.

6. 인적 자원의 보상관리

조직이 종업원에게 일의 대가로 지불하는 경제적인 보수로 월급, 시간급, 혜택(보너스) 등을 말한다.

(1) 보상관리의 자료

Check Point

✣ 임금결정에 영향을 주는 요소

- 외적 요소 : 종업원 수급, 노동시장조건, 지리적 위치, 생활비용, 노동조합, 정부의 입법 등.
- 내적 요인 : 기업 내 경영상태, 단체교섭, 직무평가 결과, 인센티브제도 등.

① 직무평가

- 목적 : 일관성 있는 임금관리(직무급)를 위한 것이다.
- 직무의 중요성, 위험성, 책임성, 난이성을 평가해 직무의 상대적인 가치를 결정한다.
- 직무기술서와 직무명세서를 기초로 수행한다.

② 직무평가의 방법

- 서열법(Ranking method)

서열화하는 가장 오래되고 간편한 방법으로 간단하지만 등급을 매기기 위한 일정한 기준이 없어 판단자의 기준에 따라 서열이 달라질 수 있다는 문제점이 있다. 비계량적이다.

- 분류법(Classification method)

사전에 직무의 등급기준표 혹은 등급분류표를 작성하고 직무를 판정해 해당등급에 포함시키는 방법이다. 비계량적이다.

- 점수법(Point rating method)

직무를 각 평가요소별로 분류해 중요성에 따라 점수를 부여한다. 계량적이다.

- 요소비교법(Factor comparison method)

직무를 평가요소별로 분류하고 점수 대신 임금비율로 기준직무(key job)를 평가한 후 타 직무를 기준직무에 비교하여 임률을 결정한다. 계량적이다.

(2) 임금체계

① 연공급체계 : 근무한 기간을 중심으로 변화하는 임금체계이다.

② 직능급체계 : 직무수행능력에 따라 임금의 차이를 두는 것이다.

③ 직무급체계 : 직무의 중요성과 난이도 등에 따라 직무의 가치를 평가한다. 동일직무에 동일임금을 지불한다.

④ 시간급제(고정급) : 종업원이 노동에 종사한 시간에 따라 임금을 산출한다.

⑤ 성과급제 : 종업원의 작업성과에 따라 임금을 산출한다.

(3) 복리후생과 안전 · 건강관리

① 복리후생

- 법정 복리후생 : 의료보험, 연금보험, 산재보험, 고용보험 등이 있다.
- 비법정 복리후생 : 자녀 교육비, 경조비, 주택자금 보조, 휴양시설 이용, 사내 보육시설 등이 있다.

② 안전 · 건강관리

- 적성검사와 신체검사를 통해 적격자를 채용한다.
- 정기적인 교육훈련(안전교육)을 실시한다.
- 능력에 맞는 배치를 한다.
- 열악한 작업환경과 업무과중으로 인한 직업병을 예방한다.
- 산업안전보건법을 준수한다.

05 노사관계의 의의

노사관계는 고용관계와 연관된 모든 제도 및 사회적·경제적 환경의 모든 측면을 포함하는 포괄적 용어이다. 기업경영에 있어서 종업원을 대상으로 개개인의 노동력을 효율적인 관리·활용이 중요하다. 이에 못지않게 급변하는 경영환경 속에서 기업의 경쟁력을 강화시키는 데 중요하게 작용하는 요인 중 하나인 노사관계가 갈등과 대립이 아닌 상호협력관계로 발전되기 위해서는 그 중요성에 대한 올바른 인식이 필요하다.

따라서 노사관계에 관한 과학적 연구가 필요하며, 이를 통해 노사안정과 산업평화를 유지함으로써 기업의 발전은 물론이고 근로자의 생활의 질이 개선될 수 있도록 해야 한다.

1. 노사관계의 기본 성격

노사관계란 노동자인 종업원(employee)과 사용자(employer)인 기업주 · 경영자의 관계를 의미하며 현대 산업사회의 조직과 그 단체교섭의 관계를 총칭한다.

노사 간의 관계는 동반자적 협력 관계인 동시에 임금 등 노동조건 결정과정에서는 상호입장이 상반되는 대립관계이다. 이것을 노사관계의 이중성 또는 양면성이라고 부른다.

노사 간의 공통목적을 효과적으로 달성하기 위해서는 상호협력체계 확립, 노사 간 대립적 요소의 합리적 제거, 서로의 진취적인 관계 형성을 이뤄야 한다.

노사 간의 상반되는 입장차를 극복하고 기업과 근로자의 발전을 도모하기 위해서는 서로의 입장에 대한 정확한 이해가 필요하다.

(1) 개별적 관계와 집단적 관계

노사관계는 개별적인 고용계약에 바탕을 둔 종업원 개인과 사용자의 관계, 그리고 집단적인 고용계약에 바탕을 두고 있는 노동조합과 사용자와의 관계를 말한다. 개별적 노사관계를 규율하는 것은 취업규칙과 근로계약이며 집단적 노사관계는 단체협약이다.

(2) 협력적 관계와 대립적 관계

사용자는 저임금을 주고 이익을 극대화하는 데 관심이 있고, 노동자는 고임금을 받고자 하기 때문에 서로 대립적인 관계일 수밖에 없다. 그러나 공존을 위해 서로 양보하고 협력해야 하므로 노사관계는 협력적 관계이면서 대립적 관계이다.

(3) 경제관계와 사회관계

노사관계는 임금 등의 경제 문제 협상과 근로자의 사회적 지위를 결정하는 신분이나 경영권 참여 등의 협상을 하므로 경제관계이며 사회관계이다.

(4) 종속관계와 대등관계

노동자는 고용계약에 따라 사용자의 지휘명령에 순종해야 한다. 그러나 집단적으로 고용조건 결정과 운영에 대해서는 사용자 측과 대등한 위치에서 교섭하고 경영문제에서도 민주적으로 참여할 수 있다. 따라서 노사관계는 종속적인 관계인 동시에 대등관계를 지닌다.

2. 노사관계의 발전과정

노사 간의 관계는 자본주의적 생산양식이 존재하면서부터 사용자와 임금노동자의 관계가 시작되었으며, 그 이후 다음과 같은 4단계로 발전되어 왔다(오종석, 2000).

(1) 전제적 노사관계(Autocratic labor relationship)

전제적 노사관계는 18세기 중엽 영국의 산업혁명시대부터 19세기 중엽까지의 노사관계 유형이다. 자본가는 소유자이며 동시에 경영자였고, 산업의 형태도 소규모 경공업이 주를 이루었다. 당시의 노동력은 과잉 상황이었고 노동자 대부분은 부녀자와 연소자였다. 노동조합도 결성되어 있지 않았다. 기업을 소유주가 직접 경영했고, 경영자의 절대 명령과 근로자의 절대 복종이라는 예속적 관계가 유지되었다.

(2) 온정적 노사관계(Benevolent labor relationship)

온정적 노사관계는 19세기 중엽부터 제1차 세계대전까지 볼 수 있었던 노사관계의 유형으로 전제적 노사관계가 개선·발전된 형태의 노사관계이다. 19세기 중엽부터 공장제 기계공업이 발달해 기업 규모가 확대되고 노동력 수요도 증대되기 시작했다. 이에 따라 근로자의 협조가 필요해진 경영자는 주택, 의료, 후생시설 등을 제공하면서 가부장적 온정주의로 관계가 변화되었다.

(3) 근대적 노사관계

근대적 노사관계는 제1차 세계대전 이후부터 제2차 세계대전까지 나타났던 유형으로 과학적 관리법에 의한 합리주의 출현에 의해 발전한 노사관계이다. 이 시기에는 미국을 중심으로 기업의 규모가 확장되었고 이는 노사 간의 대등한 인격관계를 전제로 한 산업민주주의를 촉진시켰으며 노사관계의 근대화를 가져오게 되었다.

(4) 민주적 노사관계

현대적 노사관계는 제2차 세계대전 이후부터 지금까지 발전해 온 노사관계를 일컫는다. 제2차 세계대전 이후 급속한 경제 발전이 이루어졌으며 자본과 경영이 분리되어 전문경영자에 의한 경영체계로 변화했다. 노동조합의 세력도 보다 확장되고 조직화되면서 노사관계가 사회적·국가적 문제로 발전되었다. 이에 따라 산업민주주의의 이념이 더욱 확대되어 노사간의 관계도 단체교섭이나 노사협의회를 통한 새로운 진전을 가져왔으며 협력관계를 바탕으로 한 민주적 노사관계로 변화되었다.

현재 우리나라의 노사관계는 자본주의가 고도로 발전함에 따라 산업별 노동조합이 발전하고 전문경영자가 책임자로서 전면에 등장하는 민주적 노사관계의 단계를 지나고 있다. 또한 노동조합과 전문경영자가 대등한 입장에서 임금, 작업조건 등을 결정하는 수준까지 도달했다.

06 노동조합

1. 노동조합의 의의

우리나라의 노동조합 및 노동관계조정법 제2조제4항에 의하면 '노동조합이라 함은 근로자가 주체가 되어 자주적으로 단결하여 근로조건의 유지 · 개선 그 밖에 근로자의 경제적 · 사회적 지위 향상의 도모를 목적으로 조직하는 단체 또는 그 연합단체를 말한다.' 라고 규정되어 있다.

노동조합은 노사관계의 기본 당사자이며 노동운동의 주체이다. 사용자와 근로자 사이에서 사용자는 경제적 힘을 가지고 있고 근로자는 단독으로서는 빈약하므로 거래력·교섭력을 강화하기 위해 노동조합을 조직하였다. 그러므로 노동조합은 임금노동자를 주체로 하며, 노동자의 특정 목적 달성을 위해 조직된 임시적 조직이 아니라 경제적·사회적 지위의 향상을 기하는 영속적인 조직인 것이다.

2. 노동조합의 발전과정

노동조합은 1720년 영국의 양복제조 기능공들의 자율적 모임에서 비롯되었다. 당시 노동자는 단체행동을 금하는 단결금지법에 기초한 탄압에도 불구하고 지속적으로 모임을 확대해 1824~1825년의 단결금지법 철폐로 합법성을 쟁취하였다. 1871년에 이르러서야 노동조합법이 제정되었다. 1875년에는 노사관계법을 제정해 단결권을 법적으로 보장하기에 이르렀다.

미국은 1790년에 직업별 조합이 만들어졌으나 활동이 금지되었다. 1824년에 노동자 단결권이 보장되었고, 1889년대 아메리카노동총연맹의 출현으로 노동조합이 본격적으로 활동을 시작했다. 1953년 산업부흥법(NIRC, National Industrial Recovery Act)과 와그너법의 제정으로 노동조합의 합법성이 인정을 받게 되었다.

한국의 노동조합은 1898년 함경남도 성진에서 48명의 부두노동자들이 조직한 성진 부두노동조합에서 출발해 정치적·경제적 환경의 변화에 따라 변화해 왔다. 1953년 노조의 육성을 위한 노동조합법이 법제화되면서 제 모습을 갖추기 시작했다.

1960년에는 노동 3법인 노동조합법, 노동쟁의 조정법, 노동위원회법이 개정되고 노사협의제가 도입되었다. 그러나 1987년 민주화선언 전까지는 노조의 활동이나 노동쟁의에 많은 어려움이 있었다. 우리나라 노동조합은 아직 선진국처럼 협력적 관계가 확고하지 못하고 여전히 과도기적 특성을 지니고 있다. 하지만 점차 선진국형의 노사협력관계를 구축해 가면서 발전하고 있다.

3. 노동조합의 형태

(1) 직업별 노동조합(Craft union)

직업별 노동조합은 같은 직종에 종사하는 근로자들이 기업과 산업을 초월해 횡적으로 합한 단결체로서 역사적으로 가장 오래된 노동조합 형태이다. 각 직능별 또는 직종별로 숙련 근로자들이 횡적으로 조합을 조직해 자신의 권익이나 입장을 스스로 옹호하기 위해 출발한 것이다. 이 형태의 조합은 대체로 숙련공의 기능에 의존했던 시기의 생산에 고용관계에 있어서 독점적 지위 확보와 노동력의 공급제한을 주요 활동의 지침으로 하여 오랫동안 지배적인 조합형태로 존속해 왔다.

(2) 산업별 노동조합(Industrial union)

산업별 노동조합은 직종에 관계없이 같은 산업에 종사하는 노동자가 결성하는 노동조합으로 현대 노동조합의 대표적인 조직형태이다. 이 조합은 단결력이 커서 고용주에 대한 교섭력이 가장 강한 장점이 있는 반면 여러 직종을 포함함으로써 노동자 간의 이해관계를 모두 조정하기는 곤란하다는 단점이 있다.

(3) 일반 노동조합(General union)

일반 노동조합은 직종이나 산업에 관계없이 모든 노동자에 의해 조직되는 단일노동조합이다. 직종 및 산업을 초월해 구성되는 조합으로서 하나 또는 몇 개의 산업에 걸쳐 흩어져 있는 일반 근로자들을 폭넓게 규합하는 노동조합의 형태를 말한다.

흔히 동일 공장 내의 근로자만으로는 수적으로 열세해 단결력을 형성하기 어려운 경우에 동일한 지역 내 각종 중소기업 노동자들이 중심이 되어 결성된다. 특히 중소기업이 많은 나라에서는 이러한 형태의 조합이 나타난다.

노조의 형태	조합원 가입 자격
일반 노동조합 (general union)	모든 노동자
직종별 노동조합 (craft union)	동일 직종 내
산업별 노동조합 (industrial union)	동일 산업 내
기업별 노동조합 (company union)	동일 기업 내

그림 8-5 노조의 형태와 조합원의 범위

〈자료 : 임창희, 2003, 신인적자원관리, 명경사〉

(4) 기업별 노동조합(Company union)

기업별 노동조합은 동일 기업에 종사하는 노동자에 의해 결성되며, 노동조합의 단위가 각 기업별로 결성된다. 우리나라 노동조합의 주를 이루고 있는 형태이며 개별 기업을 존립 기반으로 하기 때문에 노동시장에 대한 지배력이나 조직으로서의 역량이 취약하다.

(5) 단일조직과 연합체 조직

단일조직은 근로자가 개인 가입의 형식을 취하는 조합으로서 지부, 분회 등의 하부기구를 갖는다. 통상 이것을 단일조합이라고도 한다.

연합체 조직은 노동조합이 단체로서의 자격을 가지고 구성원이 되는 조직형태를 말한다. 연합체 조직에는 개인 가입이 인정되지 않으며, 그 구성원이 되는 조합을 통상 단위조합이라 한다.

4. 노동조합의 기능

노동조합의 활동은 경제적 · 사회적 변화에 따라 다양화되고 있으나 노동조합이 목표를 달성하기 위해 수행하는 기능은 크게 경제적 기능, 정치적 기능, 공제적 기능으로 구분된다.

(1) 경제적 기능

노동조합의 경제적 기능은 가장 기본적인 기능이다. 대표적인 것은 단체교섭과 경영참가기능으로 단체교섭이나 경영참가를 통해서 근로자의 생활수준의 향상을 도모하는 것이다. 근로자의 임금인상이나 근로조건의 개선을 위해 단체교섭이나 쟁의행위를 발휘함으로써 근로자의 경제적 이익과 권리를 유지 · 개선하는 기능이다.

① 단체교섭

노동조합이 조합원을 대표해 조합원 전체의 노동력을 가능한 좋은 조건으로 판매하기 위해 사용자와 교섭을 행한다. 그 결과 임금 및 작업조건, 근로시간 및 근로조건 등에 관한 단체협약이 체결된다.

우리나라 노동조합 및 노동관계조정법 제31조에 의하면 단체협약은 서면으로 작성해 당사자 쌍방이 서명 날인하고 이를 단체협약 체결일로부터 15일 이내에 행정관청에 신고하도록 하고 있다.

② 경영참가제도

근로자 또는 노동조합이 기업경영과 관련해 제기되는 의사결정과정에 참여해 영향력을 행사하는 과정을 말한다. 주주의 고유권한인 경영권에 근로자가 참여하는 것에 대해 반발이 있기도 하지만 근로자가 경영에 참가함으로써 노사 간의 경직성을 해소하고 상호이해와 협조로써 생산성 향상에 기여할 수 있으며, 종업원의 근로의욕과 직무만족도가 커질 수 있다는 장점이 있다. 경영참가의 유형은 표 8-2와 같다.

표 8-2 경영참가의 유형

종류	내용
이윤참가제도 (이윤배분제도)	기업 이윤의 분배에 있어서 예정된 기준에 따라 이윤분배의 일부에 종업원을 참여시키는 제도
성과배분제도	종업원에게 생산성 향상에 따르는 성과를 향상 기여도에 비례해서 배분하는 제도
종업원지주제도 (자본참가제도)	종업원이 회사의 주주가 되도록 하는 등 회사의 자본소유에 종업원이 참가하는 제도
기타	경영의 운영에 관한 의사결정에 참가하거나 노사협의제도를 통한 노사공동 의사결정 등

근로자의 경영참가는 단순히 노사관계의 변혁만을 초래하는 것이 아니라 정치, 경제, 사회의 모든 제도에 영향을 주게 되므로 많은 논쟁이 있다. 주된 문제점은 다음과 같다.

- 경영권의 침해 문제 : 경영을 경영자의 직권에 속한다는 경영자 측의 생각 때문에 근로자의 경영참가는 일종의 월권이며 경영권에 대한 침해라고 보는 것
- 조합의 약체화 문제 : 노동조합의 목적은 분배투쟁에 있다고 보기 때문에 노동자가 사용자와의 잦은 접촉으로 노동조합의 단결력, 단체 교섭력을 약화시키지 않을까 하는 우려

- 경영에 참가하는 근로자 대표가 근로자 측의 권익 증진을 위해서 활동할 수 있는 조직 내 풍토의 지속적 유지 문제

(2) 정치적 기능

경제적 기능이 사용자의 교섭을 통해 발휘되는 데 비해 정치적 기능은 그 상대가 주로 국가나 사회단체이다. 노사간의 교섭과 분쟁을 유리한 방향으로 해결하기 위한 법률의 제정과 제도 개선을 위해 정치적 기능이 필요하다.

노동관계법을 비롯한 모든 법령의 제정, 물가정책, 사회보험제도, 복지정책 등 정부의 경제사회 정책에 관한 노동조합의 정치적 발언과 주장은 노동자의 생활향상을 위해 필요한 활동 분야이다.

(3) 공제적 기능

공제적 기능은 조합원 상호간에 수행되는 일종의 대내적 기능이다. 조합원이 질병, 재해, 노령, 사망, 실업 등 일시적 또는 영구적으로 노동능력을 상실하는 경우에 대비해 조합이 기금을 설치하고 그것으로 상호공제하는 활동이 주를 이루었으나, 오늘날에는 노동조합이 조합원을 위해 병원과 진료소 및 요양소 건립 · 운영, 주택공급사업, 오락시설 및 급식시설 운영, 장학제도, 퇴직위로금, 연금지급, 노동금고 운영 등 다양한 활동을 하고 있다.

5. 노동조합의 가입방법

노동조합이 조합원 수를 확보하고 자본을 조달해 조직을 강화하며 조합의 안정을 유지하려는 제도이다. 기본적 가입 형태인 오픈 숍(open shop), 유니온 숍(union shop), 클로즈드 숍(closed shop)의 세 가지 가입 방법과 에이전시 숍(agency shop), 프레퍼렌셜 숍(preferential shop), 메인트넌스 숍(maintenance shop) 등의 변형적 가입제도가 있다.

(1) 오픈 숍

오픈 숍은 사용자의 경우 조합원이든 비조합원이든 차별을 두지 않고 채용할 수 있지만, 노동조합의 가입여부는 전적으로 노동자의 의사에 따르는 제도이다. 사용자에게 유리한 제도이다.

우리나라의 노동법에서는 근로자가 노동조합에 가입하거나 탈퇴하는 것을 고용조건으로 하는 행위를 부당 노동행위로 규정함으로써 오픈 숍 제도를 채택하고 있다.

(2) 유니온 숍

유니온 숍은 클로즈드 숍과 오픈 숍의 중간 형태로써 사용자는 비조합원을 채용할 수 있지만, 일단 고용된 노동자는 고용 후 일정기간 내에 노동조합에 가입해야 하는 제도이다. 만일 조합에서 제명되거나 본인이 가입을 거부하면 해고를 당하게 된다.

유니온 숍 제도는 노동조합의 간접적인 유지·확대를 꾀하려는 제도로서 일본에서 채택하고 있다.

(3) 클로즈드 숍

클로즈드 숍은 노동조합의 조합원만이 사용자에게 고용될 수 있는 제도로 조합원의 자격이 고용의 전제조건이다. 이 제도 하에서는 종업원의 채용, 해고 등은 모두 노동조합의 통제를 받게 되어 있어 노동조합은 강력한 교섭력을 갖게 된다. 미국에서는 산업별 노조의 발달과 함께 클로즈드 숍 제도를 채택하고 있어 노동조합이 노동시장을 강력하게 장악하고 있다.

(4) 에이전시 숍

에이전시 숍은 대리기관 숍 제도라고도 하며 조합원이 아니더라도 모든 종업원에게 단체교섭의 당사자인 노동조합이 조합회비를 징수하는 제도이다.

(5) 프레퍼렌셜 숍

프레퍼렌셜 숍은 우선 숍 제도라고도 하며 채용에 있어서 노동조합원에게 우선 순위를 주는 제도이다.

(6) 메인트넌스 숍

메인트넌스 숍은 조합원 유지 숍 제도라고도 하며 이 제도는 일단 조합원이 되면 일정기간 동안 조합원으로서 머물러 있어야 한다는 제도이다.

Check Point

✣ 근로자의 노동조합 가입 이유

- 경제적 안정성 추구
- 공정한 인간적 대우
- 집단에의 소속감
- 리더십 발휘 기회의 제공
- 동료의 압박
- 자율성과 독립성 제고
- 직장환경에 대한 의사 표현

✣ 근로자의 노동조합 가입 반대 이유

- 노동조합의 불필요성
- 사무직이나 전문직 종사자들이 자신의 신분을 경영층과 동일시하는 경향
- 노동조합의 이념과 목적, 방법에 동의하지 않음
- 노동조합에 대한 불신감

6. 우리나라의 노동관계법

우리나라의 노동관계법은 근로기준법과 노동조합 및 노동관계조정법, 그리고 근로자 참여 및 협력증진에 관한 법 등이 있다.

(1) 근로기준법

이 법은 헌법 제32조제3항의 "근로조건의 기준은 인간의 존엄성을 보장하도록 법률로 정한다."라는 규정에 의해 제정된 근로자의 근로조건에 관한 통일적 보호법전이다. 이 법은 근로조건의 기준을 정함으로써 근로자의 기본적 생활을 보장·향상시키며 균형 있는 국민경제의 발전을 기함을 목적으로 하고 있다. 한편 이 법에서 정하는 근로조건은 최저기준이므로 근로관계 당사자는 이 기준을 이유로 근로조건을 저하시킬 수 없다.

근로기준법은 총칙, 근로계약, 임금, 근로시간과 휴식, 여성과 소년, 안전과 보건, 기능습득, 재해보상, 취업규칙, 기숙사, 근로감독관, 벌칙 등 12장과 부칙으로 이루어져 있으며, 근로시간과 휴가에 대한 내용은 다음과 같다.

제 50 조(근로시간) ① 1주간의 근로시간은 휴게시간을 제외하고 40시간을 초과할 수 없다.

② 1일의 근로시간은 휴게시간을 제외하고 8시간을 초과할 수 없다.

제 54 조(휴게) ①사용자는 근로시간이 4시간인 경우에는 30분 이상, 8시간인 경우에는 1시간 이상의 휴게시간을 근로시간 도중에 주어야 한다.

제 55 조(휴일) 사용자는 근로자에게 1주일에 평균 1회 이상의 유급휴일을 주어야 한다.

제 60 조(연차유급휴가) ① 사용자는 1년간 8할 이상 출근한 근로자에게 15일의 유급휴가를 주어야 한다.

② 사용자는 계속하여 근로한 기간이 1년 미만인 근로자에게 1개월 개근 시 1일의 유급휴가를 주어야 한다.

③ 사용자는 근로자의 최초 1년간의 근로에 대하여 유급휴가를 주는 경우에는 제 2항에 따른 휴가를 포함하여 15일로 하고, 근로자가 제 2항에 따른 휴가를 이미 사용한 경우에는 그 사용한 휴가일수를 15일에서 뺀다.

④ 사용자는 3년 이상 계속하여 근로한 근로자에게는 제 1항에 따른 휴가에 최초 1년을 초과하는 계속 근로 연수에 매 2년에 대하여 1일을 가산한 유급휴가를 주어야 한다. 이 경우 가산휴가를 포함한 총 휴가일수는 25일을 한도로 한다.

⑤ 제 1항으로부터 제 4항까지의 규정에 따른 휴가는 1년간 사용하지 아니하면 소멸된다. 다만 사용자의 귀책사유로 사용하지 못한 경우에는 그러하지 아니하다.

(2) 노동조합 및 노동관계조정법

이 법은 헌법에 의한 근로자의 단결권과 단체교섭권 및 단체행동권을 보장해 근로조건의 유지·개선과 근로자의 경제적·사회적 지위의 향상을 도모하고, 노동관계를 공정하게 조정해 노동쟁의를 예방·해결함으로써 산업평화 유지와 국민경제의 발전에 이바지함을 목적으로 한다. 이 법은 총칙, 노동조합, 단체교섭 및 단체협약, 쟁의 행위, 노동쟁의의 조정, 부당노동행위, 보칙, 벌칙 등과 부칙으로 구성되어 있다.

(3) 근로자 참여 및 협력증진에 관한 법률

이 법은 근로자와 사용자 쌍방이 참여와 협력을 통해 노사공동의 이익을 증진함으로써 산업평화를 도모하고 국민경제 발전에 이바지함을 목적으로 하고 있다. 주요 내용은 협의회의 구성, 협의회의 운영, 협의회의 임무, 고충처리 등으로 구성되어 있다.

07 단체교섭제도

1. 단체교섭의 정의

단체교섭은 근로자들의 대표(노조 대표)가 이들의 요구사항에 대해 사용자와 단체적 협약을 체결하고 이에 따른 사안을 협의하는 과정을 의미한다. 노동조합 및 노동관계조정법 제1조에서 근로자의 단체교섭권은 단결권, 단체행동권과 함께 근로자의 기본권으로 보장되어 있다(노동 3권).

Check Point

단체교섭에 영향을 미치는 요인

① 외부환경 영향요인
- 노동관련 법률
- 사회 정치적 변화
- 경제적 요인
- 타회사의 교섭결과

② 내부환경요인
- 기업의 근로조건
- 노사관계 정책
- 기업문화
- 노조의 특성
- 협상능력

따라서 사용자들은 단체교섭에 응할 의무가 있으며 정당한 이유없이 단체교섭을 거부하거나 태만히 하는 것은 부당 노동행위로 간주한다.

단체교섭의 사항은 일명 협약사항이라고도 불리는데 대부분이 임금과 근로조건에 관한 내용이다. 그 밖에 기업의 관리 및 운영에 관한 사항, 기타 근로자의 대우에 관한 사항을 포함하고 있다. 당사자 간의 객관적인 타결점이 나올 수 있는 모든 사항들이 단체교섭의 대상이 될 수 있으며 대표적인 단체교섭사항은 다음과 같다.

(1) 경제적 문제 : 기본급, 직원수당, 생활보조금, 특별급여, 연금, 공휴일제도, 유급 등의 개선

(2) 직장의 안정성 : 고용의 안정화, 일시해고, 승진, 전직 및 해고 시 혜택 등

(3) 작업조건 : 휴식시간, 작업 시간표, 안전, 건강보호 등

(4) 노동자의 권리문제 : 노동자가 사용자에게 요구하는 사항으로 노동자에 대한 강요 금지, 노조원에 대한 자유보장 및 생산결과에 대한 공정한 배분 등

(5) 경영자 측의 권리보장 : 경영자 측에서 노동자에게 요구하는 사항으로 직장에 대한 노동자의 헌신성 및 생산성 보장, 회사 기밀의 보장권 확보 및 경영권의 보장 등

2. 단체교섭의 유형

Check Point

단체협약의 기능
- 근로조건 개선 기능
- 평화적 기능
- 경영안정 기능

단체교섭은 노사의 힘과 노동환경을 배경으로 하는 거래와 협상의 관계이다. 단체교섭의 방법이나 형태는 노동운동의 성격과 노동조합의 조직 형태에 따라 달라진다.

(1) 기업별 교섭 : 특정한 기업 또는 사업장 단위로 조직된 노동조합 대표와 사용자 대표 사이에 이루어지는 단체교섭방식이다.

(2) 공동교섭 : 노동조합이 기업별로 조직되어 있는 경우에 상부단체인 산업별 노동조합이 하부단체인 기업별 노조나 기업 단위의 노조지부와 공동으로 개별 사용자와 교섭하는 방식이다.

(3) 통일교섭 : 전국 또는 지역 단위의 산업별 · 직업별 노동조합대표와 이에 대응하는 사용자 단체대표 사이에 이루어지는 단체교섭방식이다.

단체교섭은 기업경영에서 근로조건을 통일적이고 일률적으로 개선하는 기능과 근로자의 불만을 조정하고 경영에 건전한 자극을 주는 기능, 또한 노사관계를 대등한 관계로 발전시킴과 동시에 협동적인 관계로 이끄는 데 공헌하는 기능을 한다.

3. 단체협약제도

단체협약(collective agreement, labor contract)은 노동조합과 사용자가 단체교섭을 통해 근로조건에 관한 사항에 대해 의견일치를 보고 서면으로 쌍방에 날인한 것을 말한다. 법률에 저촉되지 않는 한 규칙이나 개별 근로계약에 우선하여 적용되며 그 유효성은 2년을 초과할 수 없다. 서면으로 작성해야 하고, 노사 쌍방이 서명 · 날인해 사실을 증거로 남겨야 하며, 협약 체결 15일 이내에 행정관청에 신고해야 한다.

08 노동쟁의행위와 조정제도

1. 노동쟁의의 개념

노동조합 및 노동관계조정법 제2조제5항에 의하면 노동쟁의는 노동조합과 사용자 또는 사용단체 간에 임금, 근로시간, 복지, 해고, 그 밖의 대우 등 근로조건 결정에 관한 주장의 불일치로 인해 발생한 분쟁상태를 말한다.

단체교섭이 노동문제를 평화적으로 해결하기 위한 노력이라면, 노동쟁의(labor dispute)는 여러 가지 근로조건의 결정에 관한 주장의 불일치로 인해 단체교섭에서 단체협약을 체결하지 못하고 깨진 경우에 발생한다.

이러한 노동조합 또는 사용자가 자신의 주장을 관철시키기 위해 행하는 행위 및 이에 대항하는 행위를 쟁의행위라고 한다.

따라서 현행법에서 교섭대상인 임금·근로시간·후생·해고·그 밖의 대우 등 근로조건에 관련된 사항이 아닌 인사권과 경영권의 부분적 쟁취를 목적으로 하는 실력행사는 쟁의행위로 인정하지 않는다.

쟁의행위의 수단은 파업과 태업 그리고 직장폐쇄와 같이 업무의 정상적인 운영을 저해하는 행위로 국한되어 있으며, 정당한 절차에 따른 쟁의행위는 그 법적 책임을 면할 수 있다.

2. 노동쟁의의 절차

노동쟁의는 노동쟁의를 신고하여 적법 판결을 받아야 비로소 적법적인 절차를 밟게 된다. 노동쟁의의 신고 후 노사 간 냉각기간을 갖게 되고 냉각기간이 지나면 쟁의행위에 대한 의결로 노동쟁의의 형태가 결정된다. 이러한 쟁의기간 중에 사용자는 원칙적으로 근로자를 채용 또는 대체할 수 없으며 쟁의행위에 참가하여 근로를 제공하지 않은 근로자도 임금지급을 요구할 수 없다.

(1) 쟁의행위

쟁의행위는 헌법 제31조의 취지에 따라 노동조합에 의해 근로조건의 유지 · 개선을 목적으로 업무의 정상적 운영을 저해하지 않는 방법으로 행해지는 경우에 한해 정당한 행위로 평가된다. 노동쟁의는 원래 관계당사자 간의 의견차이로 발생되는 것이므로 자주적으로 해결하는 것이 바람직한 일이지만, 이들 당사자의 자주적 해결에 일임할 경우 쟁의행위가 자주 일어나고, 오래 지속되는 경향이 있어 국가에서는 노동쟁의의 조정을 위해 관계법을 제정하는 동시에 특별기관을 설치하고 쟁의의 평화적 해결을 기도하고 있다.

쟁의행위는 조합원의 직접 · 비밀 · 무기명 투표에 의한 조합원 과반수의 찬성으로 결정해야만 한다. 노동조합의 정당한 쟁의 행위에 대한 형사상 · 민사상의 면책은 정당한 범위 내에서만 인정되므로 정당성이 중요하다.

① 쟁의 신고

노동쟁의가 발생했을 때는 쟁의 당사자 가운데 어느 한쪽이 즉각 관할 관청과 노동위원회에 신고하고 이를 상대 측에 서면으로 통고해야 한다.

② 냉각기간

적법 판정을 받게 된 경우라고 하더라도 노동위원회에 조정 신청이 있는 날로부터 일반 사업에 있어서는 10일, 공익사업에 있어서는 15일이 경과하지 아니하면 노동쟁의를 할 수 없다.

③ 쟁의 행위의 결의

쟁의 행위는 조합원이 직접 무기명 투표를 해 과반수의 찬성으로 결정한다. 쟁의 행위는 관계 당사자뿐만 아니라 제3자와 사회일반에 미치는 영향이 크므로 일부 조합원의 자의적 횡포가 되어서는 안 되기 때문이다. 노동쟁의의 유형은 표 8-3과 같다.

표 8-3 노동쟁의 유형

구분	유형	특징
근로자측	파업(strike)	근로자들이 집단적으로 근로를 거부하는 것
	태업(sabotage)	근로자들이 담합해 의도적으로 작업능률을 저하시키는 것
	보이콧(boycott)	사용자에게 압력을 가할 목적으로 그와 거래관계가 있는 제3자의 근로계약 체결을 거절할 것을 요구하는 쟁의행위
	피케팅(picketing)	노조 대표가 표지를 들고 노동쟁의 진행을 알리면서 다른 노동자들도 참가해 작업장에 들어가지 말 것을 독촉하는 쟁의 행위
	준법 투쟁	법률을 지키면서 사용자에게 손해를 주는 쟁의행위 단체휴가, 정시퇴근, 서행 등
사용자측	직장폐쇄 (lock-out)	사용자 측의 쟁의 행위로 근로자 집단에 대해 생산수단을 차단함으로써 경제적 타격을 주는 쟁의 행위

3. 노동쟁의의 조정

쟁의행위는 사업주 측에 생산정지라는 타격을 주게 되고, 근로자에게는 임금지불정지가 내려져 양방이 모두 큰 손해를 보게 된다. 따라서 쟁의행위가 발생하거나 노사 간의 분쟁을 자주적으로 해결하기가 불가능할 때에는 국가가 이에 개입해 분쟁을 해결해야 할 필요가 생긴다.

노동쟁의 조정제도의 의의는 노사 당사자의 자율적 해결을 존중하는 한편, 노사분쟁이 노사 쌍방에 큰 손실을 입히지 않도록 공정한 위치에 있는 제3자가 그 합리적인 해결을 도모하기 위해 노력하는 데에 본래의 의의가 있다. 조정은 관계 당사자 쌍방 또는 일방의 요청에 의하거나 노동위원회 직권으로써 행한다.

이는 노동위원회의 위원이나 특별조정위원 중에서 위원장이 지명한 사용자 대표, 근로자 대표, 공익 대표 각 1인 등 모두 3인이 조정위원회를 구성하고 조정안을 작성해, 당사자에게 제시해 그 수락을 권고하는 방안으로 다음과 같은 단계를 거쳐 진행된다.

(1) 알선

알선은 조정 절차 중 가장 간단한 방법으로 노동위원회 위원장이 지명하는 알선원이 관계 당사자 간의 쟁점을 명백하게 하고 타협 조정을 시도해 당사자의 자주적 해결책을 촉진함으로써 화해를 시도하는 조정방법이다.

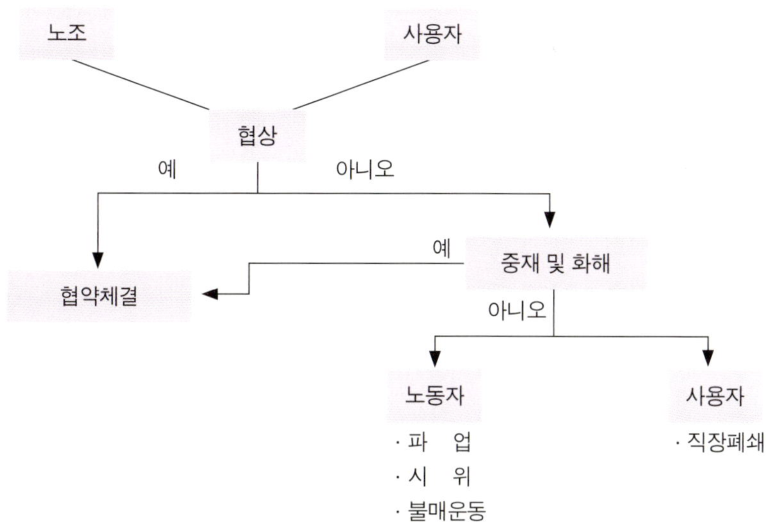

(자료 : 이경희, 1988. 현대 인적자원관리, 민영사)

그림 8-6 노동쟁의 발생과정

(2) 조정

노동법상의 조정은 노동쟁의 당사자 사이에 개입해 쌍방의 주장을 듣고 이를 기초로 하여 작성한 조정안을 쌍방에 제시하고 이의 수락을 권고해 노동쟁의의 해결을 도모하는 방식이다.

노사 쌍방 또는 일방이 그들을 위해서 쟁의 사건을 결정해 주도록 제3자를 개입시킴으로써 문제를 해결하려는 방법으로 노동위원회의 위원이나 특별조정위원 중에서 위원장이 지명한 사용자 대표, 노동자 대표, 공익 대표 각 1인 등 모두 3인으로 조정위원회를 구성하며 관계 당사자의 쌍방 또는 일방의 요청에 의하거나 노동위원회의 직권으로서 행한다. 조정 내용은 단체협약과 동일한 효력을 나타낸다.

알선보다는 적극적이며 중재와는 달라서 관계 당사자의 임의 수락을 전제로 한다는 점에서 노사의 자주적 해결 정신에 적합하여 유효 적절한 조정 방법이라고 말할 수 있다.

조정에는 임의조정과 강제조정이 있다. 조정안이 쌍방에 의해 수락되면 당해 노동쟁의는 해결되는데, 조정안이 받아들여진 후 의견의 불일치가 발생할 경우 조정위원회를 7일 이내에 구성하게 되며 이 기간 동안에 노동쟁의는 중단된다.

(3) 중재

중앙노동위원회는 다음의 경우에 중재를 한다.

① 관계당사자 쌍방이 합의해 함께 중재신청을 한 경우
② 관계당사자의 일방이 단체협약에 의해 중재를 신청한 경우
③ 공익사업에 있어서 행정관청의 요구에 의하거나, 노동위원회의 직권으로 중재에 회부한다는 결정을 한 경우

이러한 경우 중앙노동위원회의 위원장은 공익을 대표하는 위원과 공익을 대표하는 특별조정위원 중에서 관계당사자가 합의에 의해 선정한 3인으로 중재위원회를 구성한다.

중재재정은 효력 발생 기일을 명시한 서면을 작성해 행한다. 당사자는 그 재정에 반드시 따라야 한다. 중재재정의 효력은 단체협약과 동일하며, 재심의 신청 또는 행정소송의 제기 중에 그 효력이 정지되지 아니한다. 그러므로 노동위원회로서는 가장 강력한 쟁의조정의 방법이 되는 것이다.

(4) 긴급조정

긴급조정제도는 쟁의 당사자의 의사에 관계없이 쟁의가 공익사업에 관한 것이나 특별히 국민경제나 국민생활에 영향을 줄 경우 쟁의행위를 정지시켜 중앙노동위원회에 의하여 강제적으로 쟁의의 조정을 행하는 제도이다. 이때 고용노동부 장관은 중앙노동위원회의 의견을 들어야 한다. 긴급 조정이 발동되면 그 공표일로부터 최소 20일이 지나지 않으면 쟁의행위를 재개할 수 없으며, 중앙노동위원회는 지체없이 이에 관한 조정을 개시하여야 한다.

조정 성립의 가망이 없을 때는 공포일로부터 10일 이내에 중재회부에 대한 여부를 결정해야 한다. 그리고 중재회부가 결정되면 곧 중재를 행하도록 되어 있다.

09 고충처리

고충처리(grievance procedure)는 근로자의 근로조건 또는 단체협약, 취업 규칙의 해석과 적용에서 발생하는 개인적인 불만을 해결하는 것을 의미한다. 기업에 따라 고충처리위원회(노사협의회 제24조)를 두어 문제를 자주적으로 해결하기도 한다. 근로자나 노동자의 경우 일반적으로 보수, 감독, 해고, 안전에 관한 고충이 많다. 사용자 측의 고충으로는 개별 근로자의 규율과 일에 관한 불평, 단체교섭에 관한 계약위반과 약속 불이행 등이 지적된다.

노사간의 고충처리는 고충자가 정식 문서를 작성해 제출함으로써 공식적으로 제기된다. 문서에는 고충자의 성명과 고충 발생 시기, 장소, 내용 고충자가 생각하는 처리방향을 기재하도록 되어 있다.

불만은 어떠한 욕구가 충족되지 않은 심적 상태이며, 이것이 구두나 서면으로 관계자에게 정식으로 표현된 상태를 불평이라고 한다. 이러한 불평이 해결을 찾지 못하고 정식 문서화된 상태를 고충이라고 한다.

고충처리는 우선 종업원들과 가장 가까이 있는 일선 감독자에 의해 검토될 수 있으며 여기서 해결되지 못할 경우 부서 관리자나 회사 내 고충처리 기관에서 이를 담당하게 된다. 회사 내에서 고충처리가 원만하지 않을 경우 외부 중재인에 의해 최종 결정을 받도록 하고 있다. 그러나 대부분의 고충은 하위 단계에서 해결되고 극소수만이 중재 단계까지 진행되는데 사실상 일선관리층에서 고충을 가능한 신속히 처리하는 것이 가장 바람직하다.

기업 내 고충처리 체계가 확립되지 못하면 생산성 저하, 결근율 증가, 파업, 이직과 같은 비생산적인 방법으로 불만이 표출된다. 따라서, 고충처리 과정은 작업장 내 불평등한 감정에 대한 의사소통으로서 제안제도와 함께 중요한 상향식 의사소통의 하나로 간주되기도 한다.

Chapter 9

재무관리와 원가관리

01 재무관리

1. 재무관리의 의의

재무관리(financial management)란 기업의 자본조달과 그 운영에 관한 관리이다. 재무관리는 필요한 자본액의 결정, 결정된 자본액의 조달, 그 자본의 효율적인 활용 등에 관한 내용이다. 좀더 구체적으로 설명하면 현금 · 자본에 대한 권리, 신용 및 자금을 기업에 조달하고 활용에 관한 관리이며, 저축 · 소비 · 차용 및 투자 등이 이에 속한다. 재무관리에 대한 보다 정확한 정의를 내리기 위해서는 먼저 자본과 자본에 대한 권리를 구분해야 한다.

(1) 자산

기업이 목적을 달성하기 위해 경영활동을 계속하는 과정에서 필요한 현금, 재화, 각종의 권리를 일괄하여 자산이라 한다.

① 고정자산

경영활동 중 장기간에 걸쳐 사용되는 자산부분으로서 원칙적으로 판매를 목적으로 하지 않는 재산이다.

- 유형고정자산 : 토지 건물, 기계, 설비 등
- 무형자산 : 영업권, 특허권, 장기투자의 공사채, 자회사에 대한 지분 등

② 유동자산

경영활동에 따라 언제나 회전하며 장기간 기업 내부에 체류하지 않는 자산.

- 재고자산 : 원재료, 재공품, 제품, 저장품, 소모품 등으로 판매용 자산이란 의미에서 판매자산이라고도 한다.
- 당좌자산 : 현금, 예금 등의 지불수단. 현금에 가까운 외상매출금 및 받을 어음 등이며 각종 자산에 대한 지급수단으로 사용되는 특수한 성질을 가지므로 지급자산이라고도 한다.

③ 그 밖의 자산

경영활동에 직접적인 관계가 없는 예비적 또는 부수적 성질을 가진 자산. 예를 들면 장래의 설비확장을 위해 예비적으로 보유하고 있는 각종 기계나 설비 등의 미가동 자산, 또는 일시적인 융자목적으로 구입해 보관하고 있는 주식이나 사채 등이 여기에 해당된다.

(2) 자본

자산을 준비하여 보유하기 위해 필요한 밑천을 어떻게 조달하였고, 또 화폐적 가치로 표시되는 자산이 누구의 소유에 귀속되는가의 관계를 나타내는 것으로 자본의 구성은 그림 9-1과 같다. 즉, 자산은 가치의 기능형태이며 자본은 가치의 소유형태이다. 그러므로 자산의 총액과 자본의 총액은 언제나 일치되는 관계이며 이러한 자본의 조달과 운용에 관한 업무를 재무라 하고 이 활동에 대한 관리를 재무관리라 한다.

기업의 경영활동에 필요한 자본은 대개의 경우 화폐의 형태로 조달된다.

- 자본
  - 자기자본
    - 원시자본 : 출자금, 증자금
    - 부가자본 : 준비금, 적립금, 미처분 이익금
  - 타인자본 (차입자본)
    - 장기차입자본 : 사채, 장기 차입금
    - 단기차입자본 : 외상매입금, 지급어음, 당좌차월

그림 9-1 자본의 구성

이같이 조달된 자본은 실제의 경영활동에 사용하기 위해 각종 경제적 재화로 전환된다(상품, 점포, 집기, 비품, 기계, 건물, 원재료, 그 밖의 설비 등).

기업자본은 첫째, 기업자본의 조달 측면인 자본의 출자자 또는 채권자 측에서 고찰하는 것, 둘째, 기업자본이 경영활동에 실제로 운용되는 경우에 그 구체적 재화가 어떻게 변화하고 있는가의 측면에 관한 고찰의 두 가지 측면에서 살펴봐야 한다.

이 중에서 자본 제공자에 대한 소속관계 또는 조달원천으로부터 본 경우의 기업자본을 명목자본 또는 자본이라 하고 기업의 경영활동에 대한 각종 구체적 재화의 기능관계로부터 본 경우의 기업자본을 실체자본 또는 자산이라고 한다.

① 자기자본

출자자에 의해 출자된 기업 고유의 자본. 고유자본, 출자자본, 기업자 자본이라고도 함.

- **원시자본** : 회사 창설시에 기업자가 직접 출자한 것과 그 후에 증자의 방법으로 추가적으로 출자한 것이다.
- **부가자본** : 경영활동의 성과로서 기업이 이익을 내부에 축적한 것이다.

② 타인자본

기업자 이외의 은행이나 기타 채권자로부터 차입한 자본으로서, 일정 기간 후에 반환해야 할 성질의 것이다. 기업자 이외의 외부에서 차입된 것이므로 기업고유의 자본이 아니라 채무이다. 따라서 이를 차입자본 또는 채권자 자본이라고 한다.

- **장기차입자본** : 1년 이상의 기간 동안 차입자본. 사채, 장기차입금
- **단기차입자본** : 1년 이하의 차입기간 차입자본. 외상매입금, 지급어음, 당좌차월 등

2. 재무관리의 원칙

(1) 자본유지의 원칙

회사는 법정자본금액에 상당하는 재산을 언제나 보유해 자본의 내용을 충실하게 해야 한다는 원칙이다.

(2) 계속기업의 원칙

기업이 생산활동을 수행함에 있어서 1회에 한정하는 것이 아니라 국민경제의 수요를 충당하고 동시에 지속적인 발전에 이바지하기 위해 계속적으로 수행되어야 한다는 원칙이다.

(3) 수익성과 안전성의 원칙

한편에서는 기업의 수익성을 확보하고, 다른 한편에서는 타인자본에 대한 상환에 있어서 안전성을 유지해야 한다는 원칙이다.

수익성(profitability)이란 자본수익률(ratio or net profit to capital)을 말한다. 기업에 손실이 생기면 자기자본이 감소하는 반면, 부채(debt)가 늘어나 재무상태의 불균형을 가져와서 재무유동성이 악화된다. 따라서 필요로 하는 최소한의 이익은 반드시 회복되어야 한다.

안전성(stability)이란 자본구성을 적절히 하여 재무안전성을 확보해야 한다는 원칙을 말한다. 즉, 총 자본안전율은 총 자본 중에서 자기자본 또는 자기자본과 장기차입 자본의 합계인 장기자본이 차지하는 비율을 말한다. 그 비율이 높으면 높을수록 안정성이 높아진다.

부채비율 또는 차입자본 안정률은 차입자본의 자기자본에 대한 비율이다.

(4) 유동성의 원칙

재무관리상 재무유동성을 유지해 기업의 지불능력을 확보해야 한다는 원칙이다. 이 비율은 일반적으로 기업이 갖는 지불능력을 표시하는 것이며 이것이 클수록 기업의 지불능력도 크며, 동시에 재무유동성이 유지되고 있다고 판단되는 것이다.

$$\text{유동비율}(\%) = \frac{\text{유동자산}}{\text{유동부채(단기차입자본)}} \times 100$$

이것은 유동자산 중 특히 현금, 예금, 외상매출금 등의 당좌자산의 유동부채에 대한 비율이다. 이 비율은 100% 이하로 내리지 않는 것이 표준으로 되어 있으며, 이것이 크면 클수록 기업의 유동성은 큰 것으로 측정된다.

이와 같은 유동성의 유지는 재무관리상 대단히 중요한 과제이며, 지불능력을 확보할 수 있도록 재무계획 수립이 요구된다. 동시에 그것으로 기업자본의 수익성을 저해해서는 안 된다.

$$\text{당좌비율}(\%) = \frac{\text{당좌비율}}{\text{유동부채}} \times 100$$

자금의 흐름이 복잡한 기업에서는 언제나 필요한 지출을 할 만큼 지급능력을 보유할 필요가 있다. 영업면도 전체의 수지를 균형 있게 유지하고 이익을 올려 지급능력을 유지하는 것이 기업활동을 계속하는 조건이다. 이러한 지급능력을 유지하는 자금관리를 유동성 관리라고 한다.

3. 자본의 조달

기업이 창설되어 지속적인 성장을 하기 위해서는 이에 소요되는 자금을 계속 조달해야 한다. 따라서 어느 곳에서 자금을 조달할 것인가 하는 자금조달 원천과 각 조달원천으로부터 얼마만큼의 자금을 조달할 것인가 하는 최적자본배합(optimal mix of financing)을 결정해야 한다. 자본의 조달원천은 매우 다양하다. 자본 사용기간의 길고 짧음에 따라 구분해 표시하면 그림 9-2와 같다. 기업이 조달하는 자본은 만기가 1년 이하인 단기자본과 1년 이상인 장기자본으로 구분된다.

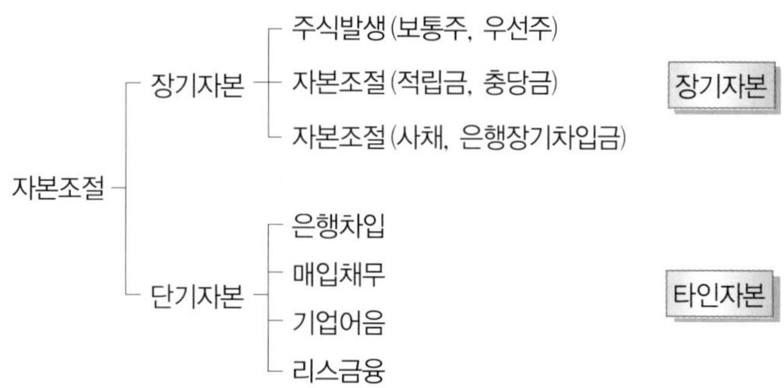

그림 9-2 자본조달의 방법

외식기업의 투자 및 자금조달에 대한 의사결정은 매우 밀접한 관계를 가지고 있다. 외식기업이 투자를 할 때 소요되는 자금을 어떠한 방법으로 조달하는가에 따라 자본비용(cost of capital)이 결정되고 이것이 바로 투자안을 평가하는 가장 중요한 기준이 되기 때문이다. 다시 말해서 성공한 투자가 되기 위해서는 자본비용을 상회하는 수익률이 보장되어야 한다.

자본비용은 외식기업의 전반적인 재무적 의사결정 과정에서 다음과 같은 중요한 역할을 담당한다.

첫째, 자본비용은 투자에 소요되는 자금을 조달하는 방법과 자본구조를 결정하는 중요한 기준이 된다. 외식기업이 투자에 필요한 자금을 공급할 때 부채 혹은 자기자본 등을 이용할 것인가 아니면 부채와 자기자본을 동시에 이용할 것인가의 문제는 외식기업 전체의 자본비용에 미치는 영향에 따라 그 결과가 달라진다. 때문에 외식기업의 목표가 기업가치의 극대화라면 자본비용을 극소화할 수 있는 자금조달방법을 선택해야 한다.

둘째, 자본비용은 외식기업의 투자여부를 결정하는 데 중요한 지표가 된다. 기업이 투자안을 결정할 때 그로부터 획득할 수 있는 기대수익률이 자본비용보다 높을 경우 기업가치가 증가해 투자안이 선택되는 것이다.

이러한 의미에서 자본비용은 외식기업이 투자안으로부터 얻을 수 있는 최소한의 요구수익률이 되는 것이다.

셋째, 자본비용은 배당금 결정이나 리스금융의 이용 여부, 사채차환(bond refunding) 등의 기타 재무적 의사결정 시에 중요한 변수로 활용된다. 예를 들면 외식기업은 외부자본 조달비용이 높아질 경우 종전에 비해 배당금 지급을 줄이는 한편 이익을 가능한 많이 유보하려 한다. 리스임차료가 자본비용보다 낮을 경우 외식기업은 설비 등의 구입을 위한 자금을 차입해 조달하는 대신 리스를 사용하는 것이 바람직하다.

넷째, 전반적인 경제 측면에서 자본비용은 각 기업의 투자수준을 결정하고 자원을 배분하는 역할을 한다. 자본비용이 낮을 경우에는 과다투자가 발생할 가능성이 높아지는 반면 자본비용이 높은 경우에는 투자가 위축될 수 있다. 이와 같이 자본비용에 따라 기업의 투자수준이 결정되므로 적절한 자원분배를 위해서는 적정 자본비용 설정이 매우 중요하다.

4. 재무제표의 작성

재무제표(financial statement)란 외부 정보 이용자에게 기업실체에 관한 재무적 정보를 전달하는 핵심적 보고서를 말한다. 기업의 이해관계자들이 합리적인 경제적 의사결정(economic decision)을 하는 데 필요하고 유용한 경영성과 및 재무상태를 정리한 표로서 회계보고서 또는 결산 보고서라고 부른다. 재무제표는 대차대조표, 손익계산서, 이익잉여금처분계산서(혹은 결손금처리계산서), 현금 흐름도, 주기와 주석 등을 들 수 있다. 재무제표와 기업활동 간의 관계를 나타내면 그림 9-3과 같다.

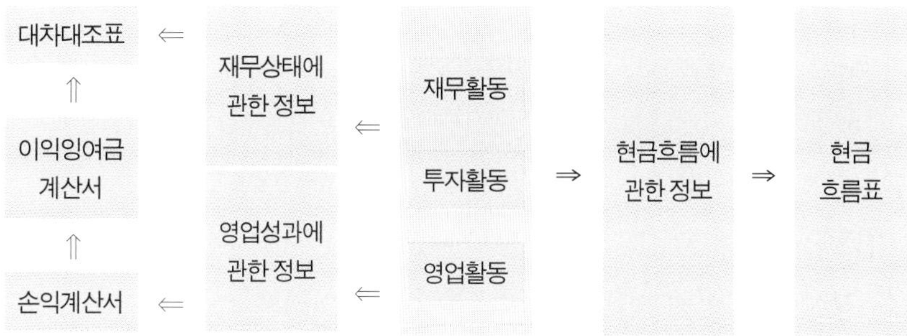

그림 9-3 재무제표와 기업활동 간의 관계

(1) 대차대조표

대차대조표(balance sheet : B/S)는 특정 시점의 재무상태를 나타내는 재무제표로서 기업이 소유하고 있는 경제적 자원(자산), 그 경제적 자원에 대한 의무(부채) 및 소유주 지분(자본)에 관한 정보를 제공한다. 재무제표는 자산 · 부채 · 자본의 세 요소로 구성된다.

대차대조표의 왼쪽(차변)에는 자산, 오른쪽(대변)에는 부채와 자본을 기록하는데 자산의 합과 부채 및 자본의 합이 일치해야 한다. 자산은 과거의 거래에 의한 결과로 현재 기업 실체와 미래의 경제적 이익을 창출할 것으로 기대되는 자원을 말하며 유동자산과 고정자산으로 분류된다. 유동자산이란 단기간(보통 1년)에 현금화가 가능한 현금, 외상, 매출, 재고 등이며 고정자산은 단기간 내에 현금화가 불가능한 토지, 건물, 기계, 기구 등이 포함된다.

부채란 과거의 거래나 사건의 결과로서 유동부채와 고정부채로 나눈다. 유동부채는 단기간에 상환해야 하는 외상매입금, 미지급 급여, 미지급 이자 등이며 고정부채는 사채, 장기 차입금 등이 있다.

자본은 자산에서 부채를 차감하고 남은 금액을 말한다. 소유주 지분이라고 부르기도 한다. 자본에는 창업 시 납입한 자본금과 증자에 의한 자본금, 당기순이익 등이 포함된다. 대차대조표의 예는 표 9-1과 같다.

표 9-1 대차대조표

OO고등학교 급식소 2014. 3. 31. (단위 : 천 원)

1. 자산		2. 부채	
현금	1,050,000	대출 이자	70,000
재고	1,000,000	미지급 급여	4,000,000
외상 매출	2,500,000	미지급 이자	20,000
토지	3,500,000	차입금	100,000
건물	1,400,000		
기계장치	200,000	3. 자본	
		자본금	5,380,000
		당기순이익	80,000
합계	9,650,000	합계	9,650,000

(2) 손익계산서

손익계산서(income statement : I/S, profit and loss statement : P/L)란 일정기간 기업의 경영성과에 대한 정보를 보고하는 재무제표이다.

손익계산서는 수익(revenue), 비용(expenses), 이익 혹은 손실(profit or loss)의 세 가지 요소로 구성되어 있다.

수익에는 매출액, 영업외 수익(이자 수익, 임대료 수익 등), 특별 이익 등이 있다. 비용에는 매출 원가, 판매비, 일반 관리비, 영업외 비용, 특별 손실, 세금 등이 있으며 판매 및 마케팅 활동에 소요된 판매비와 일반 관리비는 영업비용이라고 한다.

주요 영업활동에 직접 관련되지 않은 부수적인 비용, 즉 지급이나 매출 할인 등은 영업외 비용이다. 자산처분손실이나 재해손실 등은 특별손실이다.

수익이 비용보다 클 경우는 이익이 발생한 것이며, 수익보다 비용이 클 경우에는 손실이 발생한 것이다. 그러므로 다음과 같은 식으로 나타낼 수 있다.

이익 = 수익 − 비용

손익계산서의 예는 표 9-2와 같다.

표 9-2 손익계산서의 예

(2013년 1월 1일~2013년 12월 31일 ○○주식회사) (단위 : 천 원)

Ⅰ. 매출액			300,000
Ⅱ. 생산원가	1. 재료비	60,000	
	2. 인건비	100,000	
	3. 경비	7,000	−167,000
Ⅲ. 매출이익			133,000
Ⅳ. 영업비용	1. 판매비	10,000	
	2. 관리비	5000	−15,000
Ⅴ. 영업이익			118,000
Ⅵ. 영업외 비용	지급이자, 매출 할인	20,000	−20,000
Ⅶ. 당기순이익			98,000

(3) 현금흐름표

현금흐름표(statement of cash flows)는 일정기간 외식기업의 영업 · 투자 · 재무활동으로 인한 현금유출액과 유입액을 보여주는 재무보고서이다. 현금은 외식기업을 운영함에 있어 매우 중요한 역할을 하므로 현금의 유출입 경로에 관한 정보는 모든 정보이용자의 주된 관심사이다.

손익계산서상의 이익은 현금처럼 보일 수도 있으나 그렇지 못한 경우도 있어 손익계산서나 대차대조표는 현금 자체의 변동 내용을 자세히 나타내지 못하는 반면, 현금흐름표는 현금 흐름상황을 잘 보여주기 때문에 기업의 도산 징후 예측에 보다 나은 정보를 제공하고 있다.

현금 흐름표의 분석을 통해 해당 외식기업의 채무지급능력이 개선되고 있는지, 영업활동을 통해서 영업비용, 부채상환, 이자지급 등 지급 의무를 수행할 수 있는 충분한 현금 흐름이 지속적으로 창출되고 있는지 등을 알 수 있다.

표 9-3 외식기업의 현금흐름표

제OO기 2013년 1월 1일부터 2013년 12월 31일 까지 (단위 : 원)

자산	금액	
1. 영업활동으로 인한 현금 흐름		25,941,701,476
(1) 당기순이익	18,062,351,524	
(2) 현금의 유출이 없는 비용 등의 가산	10,398,148,697	
(3) 현금의 유입이 없는 수익 등의 차감	(−)3,608,668,117	
(4) 영업활동으로 인한 자산부채의 변동	1,089,869,372	
2. 투자활동으로 인한 자산 부채의 변동		(−)41,845,579,858
(1) 투자활동으로 인한 현금 유입액	23,656,769,194	
(2) 투자활동으로 인한 현금 유출액	(−)65,502,349,052	
3. 재무활동으로 인한 현금 흐름		3,160,900,000
(1) 재무활동으로 인한 현금 유입액	16,488,900,000	
(2) 재무활동으로 인한 현금 유출액	(−)13,328,000,000	
4. 현금의 증가(감소)		(−)12,742,978,382
5. 기초의 현금		38,245,762,169
6. 기말의 현금		25,502,783,787

OO주식회사 제공

5. 재무제표의 분석

재무재표분석(financial statement analysis)이란 기업의 과거 경영성과와 현재 재무상태를 평가하고 미래 수익 잠재력과 관련 위험을 예측하기 위해 기업이 작성 · 공표하는 재무제표를 기초로 여러 가지 회계적 분석을 수행하는 것을 말한다. 재무제표에 나타나는 항목들은 그 자체로서는 별다른 의미가 없다. 보다 중요한 것은 다른 항목들과의 상관관계나 현재 상태와 과거의 상태를 비교했을 때 그 기간별 변동 방향 및 크기이다.

재무제표 분석기법 중 일반적으로 사용되는 것으로는 추세분석(수평적 분석), 수직적 분석, 재무비율분석이 있다.

(1) 추세분석(Trend analysis)

추세분석은 두 개 이상의 연속된 회계기간에 대해 재무제표 항목들의 변환율을 비교하는 기법으로 수평적 분석이라고도 한다. 추세분석은 특정 연도를 기준으로 정하고 기준 연도 이후의 해당 재무제표항목을 기준 연도의 항목에 대한 비율로 표시한다. 추세분석은 장기간에 걸친 기업의 기본적인 변화를 살펴볼 수 있다.

(2) 수직적 분석(Vertical analysis)

수직적 분석이란 재무제표를 구성하고 있는 각 재무제표항목의 상대적인 크기를 백분율로 표시해 분석하는 것을 말한다. 수직적 분석은 재무제표 각 구성요소들이 차지하는 상대적 중요성을 비교하는 데 유용하다.

(3) 재무비율분석(Financial ratio analysis)

재무제표의 분석방법 중 가장 많이 활용되고 있는 방법이 재무비율분석이다. 재무비율 분석은 재무제표의 구성항목 중 상관성이 있는 것을 결합해 비율로 산출하는 것이다. 구체적인 재무비율분석에는 유동성, 수익성, 안정성, 효율성 비율 등이 있다.

① **유동성 비율**(Liquidity ratio) : 기업의 단기채무에 대한 지급능력을 측정하는 것으로 기업의 단기채무에 대한 지급능력을 나타낸다. 유동성 비율에는 유동비율과 당좌비율 등이 있다.
유동비율(current ratio)이란 유동자산을 유동부채로 나눈 것으로서 단기채무를 충당할 수 있는 유동자산이 얼마나 되는가를 나타내는 비율을 말하며, 당좌비율(quick ratio)은 유동자산에서 재고자산과 같은 유동성이 낮은 항목을 제외하고 유동성이 매우 높은 당좌자산으로만 단기채무 지급능력을 평가한다.

② **수익성 비율**(Profitability ratio) : 기업의 일정 기간 수익성을 측정하는 것으로 그 기간 동안 기업의 경영성과를 나타낸다. 수익성 비율에는 매출이익률(profit to net sales ratio), 자본이익률(return on assets ratio), 주가수익률(Price-Earmings Ratio : PER) 등이 포함된다.

③ **안정성 비율**(Safety ratio) : 기업의 장기적인 지급능력과 채무구조의 건전성 여부를 판단하게 된다. 기업이 어느 정도 타인 자본에 의존하고 있으며, 조달된 자본이 기업이 자산에 얼마나 적절히 배분되고 있는가를 나타내는 비율로서 레버리지(leverage ratio)라고도 한다. 안정성 비율에는 부채비율(debt to equity ratio), 자기자본비율(net worth to total assets), 고정장기적합률(fixed assets to net worth and fixed libilities) 등이 있다.

④ **효율성 비율**(Efficiency ratio) : 기업의 자산을 얼마나 효율적으로 사용했는가를 측정하는 것으로 기업이 얼마나 능률적으로 자산을 활용하였는가에 대한 정보를 제공해 준다. 이는 매출액에 대한 주요 자산의 회전율로 나타내는 것이 일반적이다. 여기에는 매출채권회전율(receivable turnover), 재고자산활동성 비율(activity ratio), 재고자산회전율(inventory turmover)과 유형자산회전율(plant assets turmover) 등이 포함되며 활동성 비율(activity ratio)이라고도 한다.

6. 손익분기점 분석

(1) 손익분기점 분석의 정의

손익분기점이란 간단히 말해 총 수익과 총 비용이 같아서 영업에 따른 이익이나 손실도 발생하지 않는 말 그대로 제로인 상태를 말한다.

예를 들어 외식사업 중 레스토랑에서는 손익분기점을 맞추기 위해서 고객 한 사람이라도 더 끌어들여 음식을 판매하려고 노력을 하고 있는 것이다. 이때 음식을 하나라도 더 판매해 손익분기점을 넘기게 되면 이익이 발생하는 것이고 반대로 손익분기점보다 낮게 되면 손실, 즉 이익이 발생하지 않는 것은 물론, 영업에 따른 손실이 발생하게 된다.

손익분기점을 일명 CVP 분석이라고도 일컫는다. 이때 C는 비용(Cost), V는 조업도(Volume), P는 이익(profit)을 의미한다. 손익분기점을 산출해 내는 것은 어느 기업이나 필요한 것이며, 이는 그 기업에 대한 채산성과 깊은 관계가 있다.

특히 영업에 따른 이익과 손실을 한눈에 바로 파악할 수 있으므로 기업에서는 상당히 중요하게 여긴다. 손익분기점 분석은 목표이익에 대한 매출액을 산정하는 데 유용하며, 손익분기점 분석표라고도 한다. 그래프로 그려보면 그림 9-4와 같다.

손익분기점 분석을 하기 위해서는 우선 공식에서 제시하는 각종 비용에 대한 지식을 알고 있어야 한다. 이는 손익분기점 분석에서 필수적인 항목이다. 비용의 증감에 따라 손익분기점 분석이 달라지므로 공식에 따른 비용, 즉 변동비와 고정비에 대해서 알고 있어야 한다.

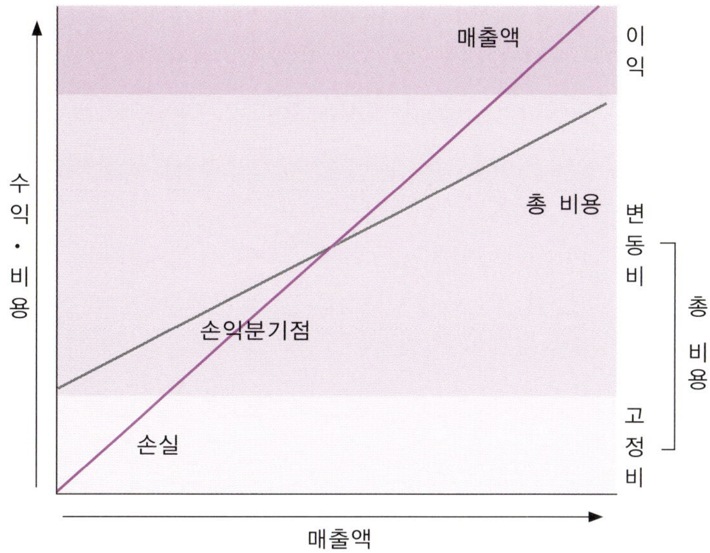

그림 9-4 손익분기점 분석표

① 변동비

변동비라고 하는 것은 영업이 잘 되어 고객이 많이 오면 올수록 보다 많이 발생하는 비용이다. 일반 제조업에서는 매출에 정비례해 증감하기도 하고, 매출에 반비례해 감소하기도 하는 비용이다. 일반적으로 제조업체에서의 변동비항목이라고 하면 상품을 만드는 데 소요되는 재료비, 외주가공비, 소모품비, 연료비 등을 들 수가 있다.

상품의 매출원가 변동비에는 매입이 대표적이라고 할 수 있으며, 판매비 · 일반관리비 · 운임 · 포장비 · 판매수수료 등이 바로 변동비의 항목에 포함되는 비용이다. 외식사업에서도 일반 제조업과 마찬가지로 변동비라고 하면 재료비나 소모품비 및 음식을 만드는 데 소요되는 연료비 등을 변동비라고 할 수 있다.

변동비율(variable cost ratio)은 매출액에 대한 변동비의 비율로서, 매출액 중에서 몇 %가 변동비인가를 나타낸다.

② 고정비

고정비는 매출에 관계없이 언제나 일정하게 발생되는 비용을 말한다. 따라서 고정비에 대한 비용이 과다해지면 기업에서는 고정비를 줄임으로써 손익분기점을 맞추기 위해서 온갖 노력을 다한다. 제조업의 제조원가 고정비에는 기계 사용에 따른 기계 마모의 감가상각비, 고정적으로 지출되는 보험료, 건물임대 등에 따라 발생되는 임대료 등이 포함된다. 레스토랑에서는 종업원에 대한 급료, 임대료, 주방설비기구의 감가상각비용 등이 고정비 항목에 포함되는 비용이다.

③ 변동비와 고정비의 중간항목

비용항목 중 일부 항목은 고정비도 되지만 변동비항목으로도 포함되는 비용이 있다. 가령 영업에 따라서 발생되는 비용항목 중에서 전화비의 경우 일정한 기간 동안에는 고객의 매출과 관계없이 일정한 기본요금을 지불하는데, 고객이 많이 오거나 제조업인 경우에 거래처에서 문의 전화나 그 밖에 거래처를 상대로 전화를 많이 사용하게 되면 이에 따라서 발생되는 비용이 커질 수가 있다. 이때는 바로 변동비 항목에 포함될 수도 있고, 일정하게 기본요금만 지불하게 되면 고정비항목에 포함될 수도 있다.

④ 공헌이익률

공헌이익률이란 매출액에서 변동비를 제외한 것을 말한다. 일명 공헌이익이라고도 한다. 제조업에서 상품을 만들어 소비자에게 물품을 판매할 때마다 늘어나는 이익이다. 따라서 일반 제조업체에서는 공헌이익률을 높이기 위해서 다양한 노력을 하게 된다.

단위당 공헌이익(unit contribution margin)은 단위당 판매가격에서 단위당 변동비를 차감한 금액을 말하는데, 이는 판매한 제품 1단위가 고정비를 회수하고 이익을 획득하는 데 얼마나 공헌하는가를 나타내는 금액이다.

(2) 손익분기점 산출공식

손익분기점 계산을 위해서는 몇 가지 공식이 필요하다. 이는 손익분기점표의 숫자를 가지고 공식에 따라 계산이 이루어져야 하기 때문이다.

- 공헌이익 = 매출액 − 변동비
- 단위당 공헌이익 = 단위당 판매금액 − 단위당 변동비
- 변동비율 = $\frac{\text{변동비}}{\text{매출액}} = \frac{\text{단위당 변동비}}{\text{단위당 판매가격}}$

- $\text{공헌이익률} = \dfrac{\text{공헌이익}}{\text{매출액}} = \dfrac{\text{단위당 공헌이익}}{\text{단위당 판매가격}}$

- 공헌이익 + 변동비율 = 1

- $\text{손익분기점 매출액} = \dfrac{\text{고정비}}{\text{공헌이익률}} = \dfrac{\text{고정비}}{1-\text{변동비율}}$

- 영업이익 = 공헌이익 − 고정비

위의 공식을 이용해 일정기간의 예상 매출액을 *S*, 이에 따른 변동비를 *V*, 고정비를 *F*로 표시한다. 공식에 의하면 손익분기점은 매출액에서 변동비를 뺀 것, 즉 고정비가 되는 매출액을 일컫는다. 손익분기점에 도달하기 위한 매출액을 X라고 한다면 X는 다음의 식으로 구할 수 있다.

- $X = \dfrac{\text{고정비}(F)}{\text{변동비}(V)} = \dfrac{\text{고정비}}{1-\text{변동비율}} = \dfrac{\text{고정비}}{\text{한계이익률}}$

- $\text{변동비율} = \dfrac{\text{변동비}(V)}{\text{매출액}(S)}$

위의 공식을 손익분기점 공식이라고 한다. 여기에서 분모는 매출액 단위당 한계이익을 나타내고 한계이익률이라고 한다. 한계이익률에서 고정비 총액을 나누게 되면 고정비 총액이 총 한계이익과 같아지는 매출액인데, 이를 통해 손익분기점을 구할 수 있다.

- $\text{손익분기점} = \dfrac{\text{고정비}(F)}{1 - \dfrac{\text{변동비}(V)}{\text{매출액}(S)}}$

예제 1

A고등학교 급식에서 메뉴별 단위당(1식) 판매가격이 2,000원이고 변동비율이 60%인 식사를 급식하고 있다. 연간 고정비가 2,000,000원일 경우에 손익분기점 판매량을 구하시오.

[풀이]

- 단위당 공헌마진 = 단위당 판매가 − 단위당 변동비
- 단위당 변동비율 = $\dfrac{\text{단위당 변동비}}{\text{단위당 판매가격}}$ 이므로,
- 단위당 변동비 = 단위당 변동비율 × 단위당 판매가격이므로

  = 0.6 × 2,000원 = 1,200원

$$\therefore \text{손익분기점 판매량} = \frac{\text{고정비}}{\text{단위당 공헌마진}}$$

$$= \frac{\text{고정비}}{\text{단위당 판매가} - \text{단위당 변동비}}$$

$$= \frac{2{,}000{,}000}{2{,}000 - 1{,}200} = 2{,}500$$

∴ 손익분기점 판매량 = 2,500식

예제 2

B고등학교는 변동비율이 60%인 식사를 급식하고 있다. 연간 고정비가 2,000,000원일 경우에 손익분기점 매출액을 구하시오.

- 손익분기점 매출액 = $\dfrac{\text{고정비}}{1-\text{변동비율}} = \dfrac{2{,}000{,}000}{1-0.6} = 5{,}000{,}000$

∴ 손익분기점 매출액 = 5,000,000원

예제 3

C고등학교 급식의 2006년도 손익계산서의 비용 내역을 살펴보면 총 매출액이 180,000,000원이고 비용으로 고정비 93,200,000원, 변동비 140,400,000원을 지출했다. 단위당 공헌이익이 700원일 경우에 손익분기점의 매출량과 매출액을 구하시오.

• $\text{손익분기점 매출액} = \dfrac{\text{고정비}}{1-\text{변동비율}}$

$$= \frac{93{,}200{,}000}{1 - \dfrac{140{,}400{,}000}{180{,}000{,}000}} = 423{,}636{,}363\text{원}$$

• $\text{손익분기점 매출량} = \dfrac{\text{고정비}}{\text{단위당 공헌이익}} = \dfrac{93{,}200{,}000}{700} = 133{,}143\ \text{식}$

(3) 손익분기점의 활용

이상의 손익분기점 분석을 통한 가격 책정(Break-even pricing)은 급식소에서도 매우 유용하다. 가격을 결정하고 가격이 비용을 능가하는 수준의 판매량을 검토하게 되는데, 이것은 예상판매량이 현실성이 있는 것인지 평가할 수 있게 하므로 아주 유용한 정보라 할 수 있다. 대부분의 급식소에서 손익분기점 분석은 비용에 근거한 마케팅 의사결정에 도움을 주고 있다.

7. 예산관리

(1) 예산의 정의

예산(budget)이란 기업의 공식적인 행동계획을 화폐단위로 표시한 것을 말한다. 예산을 수립할 때에는 과거 급식운영기록을 근거로 급식수의 변동, 식품비와 인건비의 변화, 메뉴의 변화, 운영절차의 변화 등을 감안해 새로운 예산액의 규모를 정해야 하며 경제지수나 정부의 정책변화도 고려할 필요가 있다.

예산의 기능은 다양하다. 기업의 구성원들에게는 미래의 목표와 목표 달성을 위한 운영과정과 단계를 계획할 수 있도록 해주며, 관리자에게는 예산과 실제 성과를 비교해 목표를 어느 정도 달성하였는지를 평가함으로써 효율적인 관리활동을 수행하도록 해준다. 또한 예산은 여러 부서 간의 관계를 고려해서 편성해야 하므로 예산편성과정에서 부서 간의 의사전달과 조정의 역할을 하게 된다. 예산은 기업 전체를 대상으로 편성할 수도 있고, 특정 부문이나 사업부 또는 특정 프로젝트를 대상으로 편성할 수도 있다.

(2) 예산편성의 절차

① 판매예산 수립

판매예산(sales budget)이란 예산 기간의 판매량(급식량)과 (급식)매출액을 나타내는 예산을 말한다. 판매예산은 예산편성의 출발점이기 때문에 다른 모든 예산은 판매예산에 따라 결정된다. 판매예측 시 고려해야 할 변수는 과거의 판매실적, 전반적인 경제상황, 계절적 요인, 시장점유율, 판매가격정책, 광고 및 판매촉진정책, 장기적 판매추세 등이 있다.

② 제조예산의 편성

판매예산이 수립되면 이에 기초해 제조예산을 편성한다. 제조예산(production budget)은 예상판매량을 충족시키기 위한 급식제공량을 나타내는 예산으로서 생산량예산이라고도 한다.

③ 제조원가예산과 원재료 구입예산의 편성

제조예산이 편성되면 이를 기초로 제조원가예산과 원재료 구입예산을 작성한다. 예산기간 동안 목표급식 제공량을 제조하기 위해 예상되는 직접재료비, 직접노무비, 변동제조간접비, 고정제조간접비의 예산을 결정한다.

④ 판매관리비 예산의 편성

판매관리비 예산(selling and administrative expense budget)은 예산기간에 발생하리라 예상되는 판매비와 관리비를 나타내는 예산이다.

⑤ 예산손익계산서 작성

예산손익계산서(budgeted income statement)는 예산기간 동안에 예상되는 매출액, 매출원가, 판매관리비, 순이익을 나타내는 표이다. 예산손익계산서는 판매예산, 매출원가예산, 판매관리비 예산 등에 기초해 작성된다.

⑥ 현금예산의 편성

현금예산(cash budget)은 예산기간 동안에 예상되는 현금의 유입액과 유출액을 나타내는 예산으로서 단기계획에서 가장 중요한 예산이다. 일반적으로 기업은 손실이 발생해도 운영될 수 있지만 현금이 없으면 운영될 수 없다. 따라서 현금예산은 가능한 한 단기간 별로 작성하는 것이 바람직하다. 즉, 연간 예산보다는 분기별 또는 월별 예산수립이 유리하다는 뜻이다.

⑦ 예산대차대조표

예산대차대조표(budgeted balance sheet)는 예산기간 말의 기업에 대한 재무상태를 나타내는 표이다. 예산대차대조표는 예산기간 초의 재무상태에 예산기간 동안의 영업활동에 의한 증감사항을 반영해 작성된다.

(3) 예산의 평가

예산은 현재의 시점에서 미래를 예측한 것이다. 예산제도를 효율적으로 운영하기 위해서는 예산기간 종료 시점에서 예산제도가 효율적으로 운영되었는가를 평가하는 절차가 필요하다.

결산(closing)이란 기업의 한 회계기간의 손익을 산정하고 또 기말의 재정상태를 명확하게 하는 회계적 절차이다. 예산과 결산의 차이에 대한 원인을 분석해 다음 예산 편성 시에 반영해야 한다. 표 9–4는 위탁급식의 1개월 예산과 실적을 평가한 운영보고서의 예이다.

표 9-4 위탁급식 운영보고서의 예

항목	내용	예산	비율(%)	결산	비율(%)
목표 매출액	목표 매출액	359,450,000	100.00	359,550,000	100.00
재료비	원 · 부재료	191,013,000	53.14	191,415,460	53.24
인건비	임직원 급여	64,700,000	18.00	64,750,000	18.01
	임직원 상여	3,582,000	100.00	3,725,000	1.04
	외주가공비	7,018,000	1.95	7,025,000	1.95
	소계	75,300,000	20.95	75,500,000	21.00
경비	가스, 수도, 전력	17,505,000	4.87	17,502,500	4.87
	광고비	35,000,000	9.74	37,000,000	10.29
	운송비	5,200,000	1.44	5,000,000	1.39
	포장비	2,000,000	0.56	2,000,000	0.55
	감가상각비	5,000,000	1.39	5,000,000	1.39
	건물임대료	14,374,000	4.00	11,992,840	3.34
	소계	79,079,000	22.00	78,495,340	21.83
매출 이익	영업이익	14,058,000	3.91	14,139,200	3.93
	영업외 비용	2,103,500	0.59	2,103,500	0.58
	영업외 수익	630,000	0.18	653,500	0.18
	소계	1,473,500	0.41	1,450,000	0.40
특별 손익	특별재해손실	1,087,680	0.30	788,940	0.22
	특별이익	225,000	0.06	225,000	0.06
	소계	862,680	0.24	563,940	0.16
당기순이익	당기순이익	11,721,820	3.26	12,125,260	3.37

* 각 항목의 비율은 매출액 대비 비율임.

02 원가관리

원가관리는 재무활동의 목표를 세우고 계획과 실제 결과를 비교해 각 부문의 효율을 평가하는 통제기능이다. 단체급식에서 원가관리는 원가표준을 정하고 실제로 발생한 원가를 표준과 비교해 차이를 분석함으로써 급식 운영의 효율성을 높이는 데 목적이 있다.

1. 원가의 정의

원가란 제품이나 서비스를 제공하는 자가 그 제품이나 서비스를 소비자에게 제공하기 위해 투자한 모든 비용을 화폐가치로 환산한 것이다. 급식 원가는 음식을 만들고 급식하기까지 소요되는 제반비용들, 즉 식재료비, 인건비, 수도비, 전력비, 통신비, 기타 잡비 등이 모두 포함된다. 원가는 재료비(material cost), 인건비(labor), 경비(expense)로 구성되는데 이것을 원가의 3요소라고 한다.

식재료의 구입으로부터 음식 제공에 이르기까지 비용 흐름의 단계마다 효율적인 원가관리, 손익관리, 통제가 이루어져야 한다. 최근에 급식시스템의 전산화가 이루어지면서 제반 원가관리업무가 신속하고 정확하게 이루어지고 있으며 이것이 급식경영의 합리화로 이어지고 있다.

원가는 다음과 같은 특성을 갖고 있다.

① 원가는 경제가치의 희생으로서 경영활동에 수반해 발생하는 희생가치이다.
② 원가는 일정의 급부와 관련해 파악된 경제가치이다.
③ 원가는 경영목적과 관련이 있는 것이다.
④ 원가는 정상적으로 발생한 것이다.

현대사회에서 외식산업이 비약적인 발전을 이루어 대기업화되면서 수입과 지출에 대한 체계적이고 과학적인 통계와 관리의 필요성이 높아졌다. 다시 말해서 외식기업도 일반 기업과 같이 경제원칙에 따른 각종 생산수단을 동원해 경제적 가치인 재화(음식)나 용역(서비스)을 창출하고, 이것을 고객에게 공급하는 과정에서 이윤을 얻으며 외식산업의 성장발전을 도모하고 있다. 이와 같이 재화나 용역을 창출하기 위해 소비되는 경제적 가치가 원가인 것이다.

2. 원가의 분류와 구성

(1) 원가의 분류

원가는 경영의 여러 기준에 따라 분류할 수 있다.

① 제품생산 관련성에 의한 분류

완성된 제품과 관련해 사용된 비용이 확실한 것은 직접비라고 하며, 간접적으로 소비된 비용은 간접비라고 한다. 특정 제품에 사용된 것이 분명해 그 제품의 원가로 직접 계산 가능한 비용을 직접비라고 하는 것이다. 직접재료비(주재료비), 직접인건비(임금), 직접 경비(외주 가공비)가 여기에 속한다.

여러 제품에 공통으로 또는 간접적으로 소비되는 비용은 간접비이다. 간접비에는 간접재료비(보조재료비), 간접인건비(급료, 수당), 간접경비(감가상각비, 보험료, 수선비, 전력비, 가스비, 수도비)가 있다.

② 비용과 생산량 관계에 의한 분류

생산량과 비용의 관계에 따라 고정비, 변동비, 반변동비로 분류할 수 있다.

- 변동비 : 변동비(variable costs)는 조업도의 변동에 따라 비용이 비례적으로 변화하는 원가이다. 즉, 생산량의 증감에 따라 발생하는 비용으로서 직접재료비, 직접노무비, 매출액의 일정 비율에 따라 지급되는 판매수수료 등이 이에 해당된다.
- 고정비 : 고정비(fixed costs)는 조업도의 변동에 관계없이 총액이 일정한 원가이다. 즉, 생산량의 증감에 관계없이 고정적으로 발생하는 비용을 말한다. 예를 들어, 지급 임차료, 감가상각비, 보험료, 재산세 등이 이에 해당된다. 여기서 주의할 점은 제조원가 중 직접재료비와 직접노무비는 모두 변동비이지만, 제조간접비는 많은 항목으로 구성되어 있으므로 그 원가 발생에 따라 변동비와 고정비로 구분된다는 것이다.

이와 마찬가지로 판매비와 관리비도 그 원가 발생에 따라서 변동비와 고정비로 구분된다.

- 준변동비 : 준변동비(semi-variable costs)는 변동비와 고정비의 두 요소를 모두 가지고 있는 원가를 말한다. 흔히 혼합원가(mixed costs)라고도 한다. 예를 들면, 전력비가 이에 해당한다. 전력비의 일부는 기본요금이며 조업도가 증가함에 따라 전력비도 비례적으로 증가하기 때문이다.

• 준고정비 : 준고정비(semi-fixed costs)는 일정한 범위의 조업도 내에서는 일정하지만 그 범위를 벗어나면 총액이 달라지는 원가를 말한다. 예를 들면, 생산관리자의 급여를 들 수 있다. 이는 생산투입요소가 불가분성(indivisibilites)을 갖기 때문에 발생한다.

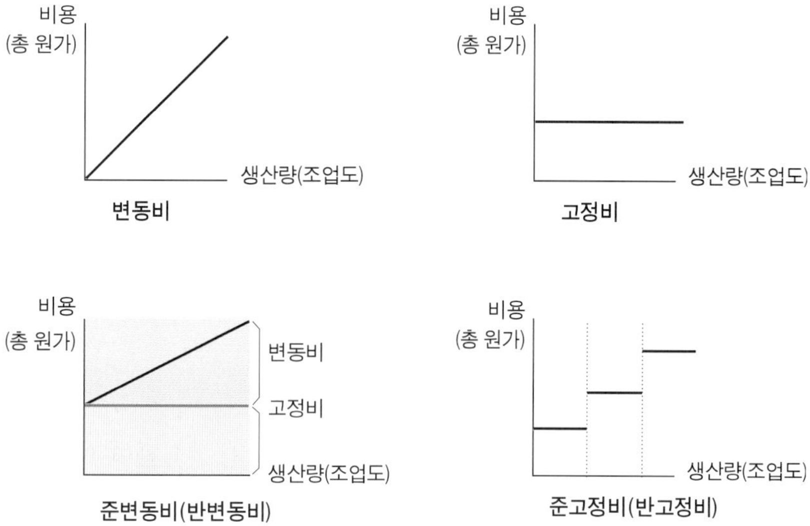

그림 9-5 비용과 생산량 관계에 의한 분류

③ 비용 통제 가능성 여부에 의한 분류

식재료비, 인건비, 수도비, 전력비, 전화비, 사무비 등과 같이 관리자가 통제해 절약할 수 있는 비용을 통제가능원가(controllable costs)라고 하며 임대료나 감가상각비 등 관리자가 통제할 수 없고 항상 고정적으로 발생하는 비용을 통제불가능원가(non-controllable costs)라고 한다.

통제가능원가는 관리자가 짧은 기간 내에 변화시킬 수 있는 비용으로 식재료비, 인건비, 사무비, 우편비, 전화비, 수도광열비 등이 있다. 통제 불가는 원가는 짧은 기간 내에 변화시킬 수 없는 원가로 감가상각비나 임대료 등이 대표적이다.

④ 경영활동의 기능에 의한 분류

기업의 경영활동은 기능에 따라 크게 제조활동과 비제조활동으로 구분된다.

제조활동이란, 종업원의 노동력과 생산설비 및 그 밖의 용역을 이용하여 원재료를 제품으로 가공하는 활동을 말한다. 그리고 비제조활동은, 제조활동 이외의 판매활동 및 관리활동을 말한다. 따라서 원가를 경영활동의 기능에 따라 분류하면 제조원가와 비제조원가로 나눌 수 있다.

• 제조원가(Manufacturing cost)

제조원가란, 제품을 생산하는 과정에서 소용되는 모든 원가를 말한다. 직접재료비, 직접노무비, 제조간접비 이렇게 세 가지로 나누어진다.

직접재료비(direct materials)란, 생산직 근로자에게 노동의 대가로 지급되는 원가로서 특정 제품에 직접 추적할 수 있는 원가를 말한다. 공장건물이나 기계장치의 감가상각비, 수선유지비, 보험료, 생산관리자의 급여, 공장 소모품비 등이 이에 해당된다.

한편, 제조원가 중 직접재료비와 직접노무비는 특정 제품과 직접적 관련성이 있으므로 기본원가(prime costs)라고 하며, 직접노무비와 제조간접비는 원재료를 제품으로 가공하는 과정에서 발생하므로 가공비(conversion cost) 또는 가공원가라고 한다.

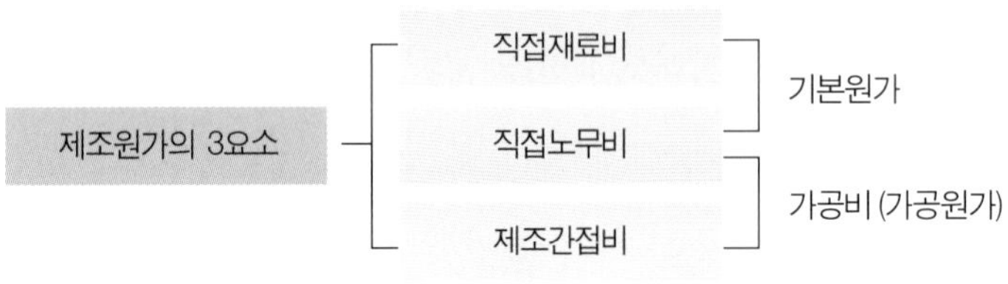

그림 9-6 제조원가의 3요소

• 비제조원가 (Nonmanufacturing costs)

비제조원가는 제조활동과 관계없이 판매활동 및 관리활동과 관련해 발생하는 원가를 말하며, 판매비와 일반관리비로 나누어진다.

판매비(marketing costs)는 판매활동과 관련해 발생하는 원가로서 판매수수료, 광고선전비, 판매사원의 급여, 판매부서의 운영비 등이 이에 해당된다. 일반관리비(adminstrative costs)란 기업을 유지하고 관리하기 위해 소요되는 원가를 말한다.

사무용 건물의 임차료, 감가상각비, 보험료, 경영자나 사무직원의 급여, 관리부서의 운영비, 사무용 소모품비 등이 이에 해당된다.

한 가지 주의할 점은 판매비 및 일반관리비와 제조간접비의 구별이다. 유사한 면이 있지만 서로 다르므로 명확히 구별하여야 한다.

표 9-5 판매 및 일반관리비와 제조간접비의 비교

판매 및 일반관리비	제조간접비
• 사무실(본사) 건물에 대한 감가상각비	• 기계장치나 공장 건물에 대한 감가상각비
• 보험료, 수선유지비	• 보험료, 수선유지비
• 판매직원의 급여	• 생산관리자의 급여
• 사무실 건물의 전력비	• 공장의 전력비
• 사무용 소모품비	• 공장 소모품비

⑤ 원가의 파악시기에 따른 분류

• 실제원가

제품이 제조된 후에 그 제품의 제조에 실제로 소비된 원가 산출을 말한다. 사후계산에 의해 산출된 원가이므로 확정원가 또는 현실원가라 한다. 보통 원가라 하면 이 실제원가를 뜻하는 것이다.

• 예정원가

제품의 제조 이전에 그 제품 제조에 소비될 것으로 예상되는 원가를 예상하여 산출한 것이다. 견적원가 또는 추정원가라고 한다. 실제원가와 비교되어 원가관리에 도움이 되기도 한다.

• 표준원가

기업이 이상적인 제조활동을 할 경우에 소비될 원가를 말한다. 경영의 목표가 될 이상적이고도 모범적인 예정원가이다. 이것은 실제원가를 관리할 수 있는 원가이다.

(2) 원가의 구성

제품의 판매가격은 직접원가, 제조원가, 총 원가 순서의 원가구조로 구성되며 그 내용을 분석해 보면 그림 9-8과 같다. 직접원가는 직접재료비, 직접인건비, 직접경비로 구성되며, 제조간접비가 포함되기 전 원가의 기초를 구성한다.

제조원가는 직접원가에 제조간접비, 즉 간접재료비, 간접인건비, 간접경비를 합한 원가이며, 생산원가라고도 한다.

총 원가는 제조원가에 일반관리비와 판매경비를 가산한 것으로 제품의 제조에서 판매에 이르기까지 발생한 모든 원가를 집계한 것이므로 판매원가라고도 한다. 판매경비란 제품 또는 서비스의 판매 및 마케팅 활동을 수행하는 과정에서 발생하는 비용으로 광고비, 판매촉진비, 판매사원 급료, 포장비, 운송비 등이 속한다.

일반관리비는 제조활동과 판매활동을 제외한 기업의 유지와 관리를 위해 발생한 비용 등을 포함한다. 마지막으로 총 원가에 이윤을 더해 판매가격을 결정한다.

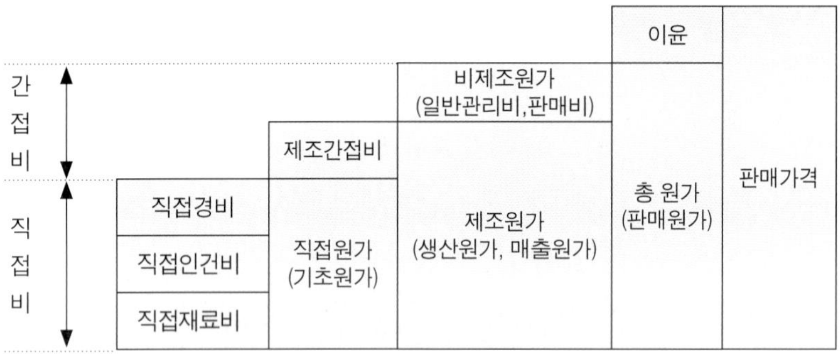

그림 9-8 원가의 구조

(3) 단체급식의 원가요소

① 식재료비

생산에 필요한 물품의 구입에 소요되는 비용으로 급식에서는 식재료비라고 한다.

식재료비의 분류는 시설별로 달라지지만 일반적으로 주식비(쌀, 면류, 빵류 포함), 부식비, 조미료비, 김치, 우유, 과일 등 식단의 구성요소별로 분류하거나 식품군별(곡류, 채소 및 과일, 생선 및 건어물, 육류, 닭 및 달걀, 김치, 우유 및 유제품, 두부, 가공식품)로 분류해 산출할 수 있다.

② 인건비

급식업무에 종사하는 사람들에게 노동력의 대가로 지불되는 금액으로 급료, 임금, 각종 수당, 상여금, 퇴직금 등이 있다.

③ 경비

식재료비와 인건비를 제외한 모든 비용으로 시설사용료, 수도광열비, 전력비, 감가상각비, 소모품비, 복리후생비, 보험료 등이 있다.

표 9-9 급식부문의 원가요소

<table>
<tr><th colspan="5">과목</th><th>해설</th></tr>
<tr><td rowspan="17">총원가</td><td rowspan="16">직접원가</td><td colspan="3">급식재료비</td><td>① 쌀, 잡곡류, 신선식품, 조미료, 식품재료
② 급식용구(1년 내 소모 식기, 수저, 세제)</td></tr>
<tr><td colspan="3">인건비</td><td>급여, 수당, 상여</td></tr>
<tr><td colspan="3">법정복리비</td><td>건강보험, 산재보험, 국민연금, 고용보험 등 사업주부담금</td></tr>
<tr><td rowspan="13">경비</td><td rowspan="3">광열수비</td><td>수도료</td><td>상하수도, 급수비(급수전기료 포함)</td></tr>
<tr><td>연료</td><td>가스, 증기(급식부문 배분 소요 연료비)</td></tr>
<tr><td>전기료</td><td>조명, 동력, 열원에 사용한 전기요금</td></tr>
<tr><td rowspan="3">물건비</td><td>소모품비</td><td>급식용구, 사무관리용품 감가상각</td></tr>
<tr><td>소모품</td><td>사무관리용으로 필요한 것</td></tr>
<tr><td>직원피복비</td><td>지급한 가운 및 세탁비</td></tr>
<tr><td colspan="2">통신 · 피복비</td><td>전신료, 전화료, 우편료, 우편 반송료</td></tr>
<tr><td colspan="2">수선비</td><td>건물(동 부속설비)기기비품, 차량유지비, 고정자산의 가치</td></tr>
<tr><td colspan="2">잡손실</td><td>식품의 손실</td></tr>
<tr><td colspan="2">보험료</td><td>건물(동 부속설비 포함), 기기비품 보험료(화재 보험료)</td></tr>
<tr><td colspan="2">연구연수비</td><td>연구재료비, 연구연수 강사사례, 도서비, 여비(학회출석)</td></tr>
<tr><td colspan="2">잡비</td><td>위에 속하지 않는 비용</td></tr>
<tr><td colspan="2">건물 · 동 부대설비 비품</td><td>건물 · 동 부대설비(환기 · 냉방장치)
비품, 조리기기 · 기구
자산내용연수를 기초로 한 정산법에 의한 감가상각</td></tr>
<tr><td colspan="4">관리비</td><td>관리비, 관리부문(사무부문)
사무부 직원급료, 제수당, 전기, 수도료</td></tr>
</table>

3. 원가계산

급식에서 원가계산은 일정기간 동안 급식에 소비된 모든 비용을 목적에 따라 분류 · 집계해 그 기간 동안의 생산량으로 나누어 원가를 산출하는 것이다. 경영의 재정상태, 즉 수익 또는 손실의 정도를 파악하기 위해 원가계산은 반드시 필요하다.

일반적으로 원가계산은 총 제조원가의 합계, 제조원가의 결정, 매출원가의 산정이라는 절차를 밟는다.

① 총 제조원가

당기 총 제조원가(current manufacturing costs)란 당기에 제조과정에 투입된 모든 제조원가를 말하며 직접재료비, 직접노무비, 제조간접비의 합계로 표시된다.

총 제조원가 = 직접재료비 + 직접노무비 + 제조간접비

② 제조원가

당기제품 제조원가(cost of goods manufactured)란 당기에 완성된 제품의 제조원가를 말한다. 제조원가는 기초생산품재고액에서 총 제조원가를 합산한 후 기말재공품 재고액을 차감해 구한다. 단체급식의 경우에는 보통 생산과정 중에 있는 재공품 과정을 생략하고 총 제조원가가 제조원가로 대체된다.

제조원가 = 기초재공품 재고액 + 총 제조원가 − 기말재공품 재고액

③ 매출원가

매출원가(cost of goods sold)란 당기에 판매된 제품의 원가를 말한다. 기초 재고액에 제조원가를 합산한 후 기말 재고액을 차감해 계산한다.

매출원가 = 기초 재고액 + 제조원가 − 기말재고액

기업회계 기준에 의하면 제조기업의 경우 제조원가서를 작성해 제조원가의 계산근거를 나타내도록 하고 있다.

원가계산의 목적은 경제의 실체를 지속적으로 파악해 적정가격결정과 경영능률 증진의 기초자료로 삼기 위함이며, 다음과 같이 분류할 수 있다.

- 가격결정의 목적 : 제품의 가격을 결정하기 위해 제품원가를 산정한다.
- 원가관리의 목적 : 경영관리의 원가관리에 필요한 기초자료로 이용된다.
- 예산편성의 목적 : 예산을 편성하는 경우에 기초자료로 이용된다.
- 재무제표 작성의 목적 : 손익계산서에 있어서 매출원가를 산정하고 대차대조표에 있어서 재고품의 원가자료를 제공한다.

(1) 원가계산의 원칙

원가계산을 보다 더 객관적이고 합리적으로 하기 위한 원칙은 다음과 같다.

① 진실성의 원칙

② 발생기준의 원칙 : 모든 비용과 수익의 계산은 그 발생시점을 기준으로 한다.

③ 계산경제성의 원칙 : 원가계산의 경제성을 고려해야 한다.

④ 확실성의 원칙 : 가장 확실성이 높은 방법으로 계산한다.

⑤ 정상성의 원칙 : 정상적으로 발생한 원가만을 계산한다.

⑥ 비교성의 원칙 : 다른 일정기간이나 다른 부문의 것과 비교할 수 있도록 한다.

⑦ 상호관리의 원칙 : 원가계산과 일반회계 간, 그리고 각 요소별 계산, 부문별 계산, 제품별 계산 간에 서로 밀접하게 관련되어 하나의 유기적 관계를 구성함으로써 상호관리가 가능해야 한다는 원칙이다.

식품의 원가를 전산화해 파악하려면 이러한 원가 흐름의 매 단계마다 능률적인 원가관리가 이루어져야 한다.

(2) 원가계산의 종류

① 개별원가계산과 종합원가계산

- **개별원가계산** : 종류와 규격을 달리하는 제품을 개별적으로 생산하는 경우에 개개의 제품별로 원가를 집계하는 방법이다.
- **종합원가계산** : 제품을 연속적으로 대량생산하는 기업에서 채용하는 원가계산법이다. 일정기간에 제품 제조를 위해 소비된 총 원가 요소를 집계해 제조원가를 구하고 이것을 동기간의 완성품 수량으로 나누어

제품 1단위당 제조원가를 구한다.

② 실제원가와 예정원가계산

- 실제원가계산 : 실제로 소비된 원가요소, 즉 재료비 · 노무비 · 경비를 계산하는 것이다.
- 예정원가계산 : 제품을 제조하기 전에 미리 그 원가를 예정해 계산하는 방법이다.

③ 부분원가계산과 전부원가계산

제품원가를 계산할 때 모든 원가를 포함시켜 계산하는가 그렇지 않으면 필요한 부분만을 계산하는가 등에 따라 구분한 원가계산방법이다.

④ 제도적 원가계산과 특수원가계산

(3) 원가계산의 기간

원가를 계산해 정기적으로 보고를 하는 시간적 단위를 원가계산기간이라 한다. 원가계산기간은 1개월로 하는 경우가 많으며, 식단의 1사이클을 기간으로 하는 등 비교적 단기간에 실태를 파악해 관리에 이용한다.

제품생산에 오랜 기간이 소요되고 원가발생액을 개별적으로 파악하기 용이한 제품의 원가계산은 생산개시일로부터 제품 완성일까지를 원가계산기간으로 할 수도 있으며 그 기간이 3개월 또는 1년이 되기도 한다.

4. 원가분석

원가분석(cost analysis)이란 원가를 분석해 경영활동의 실태를 파악하고 해석하는 것이다. 원가를 여러 각도에서 분석해 가장 효과적인 원가관리 및 원가절감방안을 수립하기 위한 경영의사결정의 자료를 제공할 목적으로 행해진다.

(1) 식재료비 및 재고회전율 분석

식재료비 비율은 전체 매출액 중 식재료비가 차지하는 비율이다. 원가의 3요소 중 가장 높은 비율을 차지하며 식재료비의 비율이 일정 범위를 벗어나지 않도록 철저히 통제하여야 한다.

식재료비분석에는 식재료비 비율(%), 메뉴 품목별 식재료비 비율(%) 등이 포함된다.

- $식재료비\ 비율(\%) = \dfrac{식재료비}{매출액} \times 100$

- $메뉴\ 품목별\ 식재료비\ 비율(\%) = \dfrac{품목별\ 식재료비}{품목별\ 메뉴\ 가격} \times 100$

식재료의 재고 회전율은 자금이 재고자산으로 묶여 있는 정도를 나타내므로 재고회전율을 적정 수준으로 유지하는 것이 저장비용, 사무비용, 구매비용 등을 절감할 수 있으므로 바람직하다.

- $식재료\ 재고\ 회전율(\%) = \dfrac{식재료비\ 총액}{평균재고} \times 100$

예제 1

A 급식소에서 볶음밥의 판매가격이 4,000원이며 식재료비가 1,600원이다. 이 급식소의 1일 총 매출액이 1,500,000원, 총 식재료비는 750,000원이다. 이 급식소의 식재료비 비율과 볶음밥의 식재료비 비율을 구하라.

- $식재료비\ 비율(\%) = \dfrac{750{,}000}{1{,}500{,}000} \times 100 = 50\%$

- $볶음밥의\ 식재료비\ 비율(\%) = \dfrac{1{,}600}{4{,}600} \times 100 = 40\%$

예제 2

A 초등학교의 5월 식재료비 총액은 18,000,000원이고 5월 초의 재고가액은 10,000,000원, 5월 말의 재고가액은 14,000,000원이었다. 이 학교의 5월의 재고회전율을 구하시오.

- 평균 재고가액 = $\frac{10,000,000 + 14,000,000}{2}$ = 12,000,000(원)

- 식재료비 재고회전율(%) = $\frac{18,000,000}{12,000,000} \times 100 = 150(\%)$

(2) 인건비 분석

인건비 분석은 총 지출 또는 총 판매액에 대한 인건비 비율을 계산하는 것이다.

급식산업에서는 총 원가 중 인건비의 비율이 비교적 높은 편이므로 인건비 관리를 위해 총 지출 혹은 총 판매액에 대한 인건비 비율(%)을 계산할 수 있다. 또한 정규직과 임시직으로 인력이 구성되므로 정규직 환산인원(Full-Time Equivalents : FTEs) 산출이 필요하다. 이외에도 결근율과 이직률을 산출해 인력 효율성과 직무만족 수준을 평가할 수 있다.

- 인건비 비율 = $\frac{\text{급식인건비}}{\text{총 매출액}} \times 100$

- FTEs = $\frac{\text{일정기간의 필요총노동시간}}{\text{일정기간의 정규직 법정근로기준시간}}$

예제 3

① 1일 총 매출액이 2,000,000원, 식재료비가 980,000원인 경우에 식재료비 비율을 계산하면?

- $\frac{980,000}{2,000,000} \times 100 = 49(\%)$

② 판매가격이 4,000원인 메뉴의 식재료비가 2,000원인 경우, 이 메뉴의 식재료비 비율을 계산하면?

• $\frac{2,000}{4,000} \times 100 = 50(\%)$

③ 1주 필요 노동시간이 220시간이고 1주일 정규직 법정근로시간이 44시간이라면 정규직 환산인원(FTEs)은?

• $\frac{220}{44} = 5(\text{명})$

(3) 감가상각비 분석

감가상각은 고정자산의 사용에 따른 손모율에 의해 달라진다. 이때 감소된 금액을 감가상각비라고 하며 이것을 결산기마다 경비에 넣어서 계산한다. 감가상각비 계산방법은 여러 가지가 있으나 대표적인 것으로 정액법과 정률법이 있다.

① 정액법

고정자산의 감가 총액을 내용 연수로 균등하게 할당하는 방법으로 매년 일정액의 감가상각비를 계산할 수 있다. 내용 연수란 고정자산이 손상 또는 노후되어 사용이 불가능해지는 기간을 의미한다.

• 매년 감가상각비 $= \frac{\text{구입가격} - \text{잔존가격}}{\text{내용 연수}}$

② 정률법

구입가격에서 감가상각비 누계를 차감한 금액에 일정한 상각률을 곱하여 산출한 금액으로 내용 연수가 경과함에 따라 상각액이 감소하게 된다.

• 매년 감가상각비 =(구입가격 - 감가상각비 누계액) × 상각률

$$\text{상각률} = 1 - \sqrt[n]{\frac{\text{잔존구입}}{\text{구입가격}}} \quad (\text{n : 내용 연수})$$

5. 식음료 원가관리

식음료 원가를 관리하기 위한 다양한 관리기법들이 몇년간에 걸쳐서 시도되었으며 그 목적은 고객에게 제공되는 식음료의 질과 양을 희생시키지 않고 원가율을 최적의 선으로 유지시키는 것이었다.

일반적으로 대규모 식음료 회사를 운영하는 데 있어서 식음료를 관리하는 특별한 직무를 두어야 하고, 이 기능을 위해 개인적인 책임을 부여해 관리하는 사람을 식음료 관리자라고 한다. 식음료 지배인은 식음료 원가를 근본적으로 책임을 지는 것이지 관리를 위한 관리자는 아니다.

(1) F.B.C. 상의 원가의 개념

외식산업경영의 전문용어에 있는 F.B.C.는 외식산업의 Food and Beverage Control 또는 Cost Control의 약자이다. F.B.C.는 외식산업의 식음료 영업에 있어서의 요리 및 음료의 생산과 관련된 식음료 원자재의 원가관리 또는 원가통제를 중심으로 한 일련의 경영관리기술을 뜻한다.

따라서 F.B.C.상의 원가의 개념은 식당 경영에 있어 상품으로서의 요리나 음료의 생산과 판매에 관련한 식료 또는 음료 자재의 소비를 화폐가치적으로 표시한 것을 말한다.

(2) 식음료 원가관리의 목적

효과적인 식음료 원가관리는 다음과 같은 목적을 달성하는 데 도움이 될 것이다.

① 값이 적정하면서도 많은 고객으로부터 인기를 얻을 수 있는 요리개발에 기여한다.

② 제품인 요리의 품질개선에 이바지한다.

③ 수익적인 판매가격 결정에 도움이 된다.

원가의 흐름에 따른 과정상의 업무에 계획 · 실행 · 분석 및 시정조치로 이어지는 관리의 순환이 이루어질 수 있게 해야 한다. 또한 유용한 경영의 정보를 신속 정확히 모든 관리자에게 제공함으로써 시정이 요구되는 필요한 조치를 적시에 할 수 있게 해야 한다.

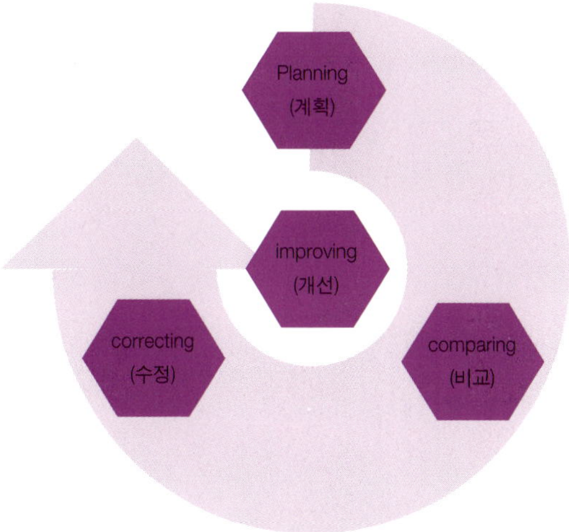

그림 9-9 식음료 원가관리의 순환도

(3) 식음료 원가관리자의 직무

기본적인 책임은 월말 식음료 판매금액에 대한 원가율 계산과 제반업무를 기록해 식음료 원가조정표(Recondiliation of Food and Beverage Costs)를 작성하고, 식음료부문 영업에 유익한 원가자료를 경영진과 식음료부 연관부서에 제공해 주는 것이며 업무내용은 다음과 같다.

① 식음료 매출액의 상세한 기록
② 식음료자재의 입출고 통제 및 관리
③ 식음료 추정 매출원가의 월간산정 및 보고
④ 일일 식음료원가 집계표 작성 및 배포
⑤ 기간말일에 식음료 자재창고, 각 업장별 주방 및 바의 재고조사 실시
⑥ 식음료 자재납품서의 심사와 대금지불 부서에서의 송부

(4) 식자재 관리절차의 필요성

호텔과 레스토랑의 규모, 종류, 소유형태, 조직 등에 따라 생산방식, 상품(유형과 무형을 포함한 포괄적인 의미), 서비스 방식 등 다양하다. 이러한 상황에서 식자재의 흐름(구매, 수납, 저장, 출고, 생산, 대체, 소비 등)을 통제하기 위한 한 가지 관리의 방법을 제시한다는 것은 매우 어려운 일이다.

그러나 소요되는 비용이 새로운 통제절차를 정착하기 전보다 높은 효익을 가져온다면 새로운 통제절차의 도입은 절대적으로 필요하다. 물론, 특정한 식음료원가의 관리절차나 방법이 본질적으로 다른 절차나 방법보다 우월하다고 말할 수 없다. 중요한 것은 인적 요소이다. 한 조직에서 훌륭하게 운영되던 방법이나 절차도 다른 조직에서는 그렇지 못한 경우가 있다. 그 이유는 총체적인 구성원의 개성이나 전통이 각기 다르기 때문이다.

많은 업체가 보다 새로운 과학적인 관리절차와 방법의 필요성을 인식해야 하는 이유를 다음과 같이 정리할 수 있다.

① 높은 원가 구성비

호텔레스토랑이나 외식업체의 식음료 원가는 총 매출액의 30~50%를 차지한다. 업체에 따라 약간의 차이가 있다고 할지라도 매출액의 50%를 원가가 차지한다면 보다 합리적인 원가관리는 필연적이다.

② 전 지점 통제 불가능

식자재가 도착해 판매되기까지는 몇 시간에서부터 몇 달에 이르기까지 다양한데 이러한 기간을 유출기간이라 한다. 유출기간이 길면 길수록 식자재의 관리는 어려워진다. 그 결과로 관리 유지에 많은 비용이 들어가고 이윤은 감소한다. 결과적으로 식음료 원가관리는 식음료 자체의 흐름을 따라 지속적으로 관리되어야만 소정의 목표를 달성할 수 있다.

③ 구성원의 노력

우리나라 호텔이나 외식업체의 경우에 경험을 우선시하는 연공서열을 중요시한다. 물론 연공서열의 장점도 있지만 합리적이고 과학적인 식음료 원가관리 도입의 필요성을 인식하고 개선하려는 구성원의 노력은 연공서열보다 중요하다.

④ 백분율로 제시된 원가율

거의 모든 외식업체의 원가율은 30% 대 혹은 50%대로 대동소이하다. 고급 레스토랑이나 저급 레스토랑의 원가율도 큰 차이가 없다. 반면 상품의 차이는 확연하다.

따라서 특정한 업체에 부합되는 원가율은 단순히 다른 업체와 비교하여 비슷하거나 같다고 하여 원가관리에 그대로 적용하는 것은 의미가 없다.

⑤ 새로운 원가관리절차의 효과

효율적인 원가관리제도는 식자재의 흐름을 원활히 할 수 있다. 그리고 각 지점에서의 통제를 합리적으로 할 수 있으며, 과다한 재고보유를 줄이고, 재고유지에 드는 비용을 최소화할 수 있다. 또한 원가를 절감해 경쟁력을 키울 수 있어 미래지향적인 경영을 가능하게 한다.

(5) 식단가격 결정방법

① 식재료비 비율법

전체 수입의 일정 비율을 식재료비 비율로 정해놓은 경우에 적용할 수 있다.

$$\text{판매가} = \frac{\text{실제의 식재료비}}{\text{결정된 식재료비 비율}}$$

예제 1

식재료비 비율을 40% 수준으로 정하고 있는 경우, 어떤 식단의 식재료비가 750원이었다면, 750÷0.4 = 1,800원 수준에서 판매가 결정

② 가격지수법

식재료비 비율법과 같은 원리이지만 계산이 간편하다.

판매가 = 식재료비 × 가격지수

(여기서 가격지수는 100% 결정된 식재료비 비율)

예제 2

앞의 예에서 가격지수는 100%÷40% = 2.5 이므로,

750 × 2.5 = 1,875원

③ 주요원가법

식재료비와 직접 인건비를 합한 주요 원가로부터 판매가를 결정하고자 할 때에 사용

판매가 = 주요원가 × 주요 원가 지수
주요원가 = 식재료비 + 직접인건비

$$판매가 = \frac{100\%}{주요원가비율}$$

주요원가 비율 = 식재료비 비율 + 직접 인건비 비율

예제 3

설렁탕 1인분 조리에 소요된 식재료비가 1,100원이고, 직접 인건비가 350원이었으며 식재료비 비율이 32%에, 직접 인건비 비율이 10%인 경우 판매가는?

주요 원가 비율 = 32% + 10% = 42%

$$주요\ 원가\ 지수 = \frac{100\%}{42\%} = 2.38$$

주요 원가 = 1,100원 + 350원 = 1,450원

④ 평균공헌마진 계산법

예상되는 수입에 따라 일정한 이윤을 확보하기 위해 식재료비 구입 규모에 맞추어서 객단가를 정하고 여기에 맞는 식단을 선택하여 위탁계약을 할 때 또는 일정한 이윤을 보장받고자 할 때 적용할 수 있는 방법이다.

판매가 = 식재료비 + 직접 인건비 + 기타비용 + 추구하는 이윤

PART Ⅲ

식품유통과 마케팅관리

Chapter 10

급식마케팅

01 마케팅의 개념

1. 마케팅의 정의

과거 급식에서는 마켓 또는 소비자에 대한 관심이 매우 적었다. 그러나 외식산업을 포함한 환대산업과 위탁급식업의 발전은 급식산업 관리자들에게 소비자와 마켓에 대한 관심을 갖게 했으며, 급식경영에 마케팅 환경을 도입하게 했다. 미국 마케팅 협회(American Marketing Association)는 마케팅을 '상품과 서비스를 공급자로부터 소비자에게 공급시키는 과정에 관련된 모든 경영활동' 이라고 정의했다.

마케팅은 인간의 욕구와 필요의 가치를 교환하는 시장을 중심으로 행해지며, 이와 같은 소비자의 필요와 욕구에 의해 기업의 경영활동은 이루어진다. 이제 마케팅은 특별한 관리기능 수단이며 현대 기업경제사회에서 가장 많이 쓰이는 단어 중 하나이다.

2. 급식마케팅

지난 몇 년 동안 급식경영 관리자들은 다양하고 품질 높은 외식 환경을 경험한 급식 소비자들의 서비스에 대한 질적 향상 요구를 대면하였으며, 이를 위해 경영 관리적 마케팅을 적극 도입해 왔다. 급식경영에서도 마케팅 환경은 매우 중요한 요소로 대두되고 있다. 급식환경 속의 소비자는 외식환경 속의 소비자와 동일시된다.

Check Point

- **거시마케팅**(Macro marketing)
제품이나 서비스가 생산자로부터 소비자에게 이르는 유통과정이며 그 기능의 분석과 검토를 통해 이를 이루고자 하는 과정
- **미시마케팅**(Micro marketing)
시장과 시장을 구성하는 주체들 간의 교환을 창조하는 활동이며 기업의 제품이나 서비스를 그것을 필요로 하는 소비자들에게 연결시키는 일련의 활동

급속히 발달한 외식환경을 경험한 소비자들은 일반 레스토랑에서 제공하는 서비스를 급식환경에서도 요구하기 때문이다.

급식에서의 마케팅은 이윤 추구를 목적으로 하는 일반 외식경영에 비하여 상대적으로 새로운 분야이며, 이와 같은 개념을 적용하는 것이 쉽지는 않다. 그러나 급변하고 있는 급식 소비자와 시장환경을 고려하면, 마케팅은 급식경영관리 전 분야에 시급히 도입해야 할 새로운 경영방식이다.

02 마케팅 활동

마케팅은 일반적으로 마케팅 사이클을 통해 이루어지며, 소비자를 중심으로 하는 일련의 과정을 포함한다(그림 10-1). 이 과정은 소비자의 욕구와 필요 파악, 제품의 개발 생산, 가격의 결정과 유통, 소비자의 구매행동, 이윤의 창출, 이윤과 소비자의 피드백에 대한 적절한 행동 실시 등을 포함한다.

소비자는 기업의 가치를 창출하는 근원이다. 제품을 구입하고자 하는 소비자들은 그 필요성과 욕구를 표출하고 언제, 어디서, 어떻게 구입할지에 대한 의사결정을 하여 구매활동을 한다. 이와 같은 소비자의 구매행동과 의사결정 과정은 경영자들로 하여금 마케팅 활동을 구성하는 여러 요소들을 결정하게 한다.

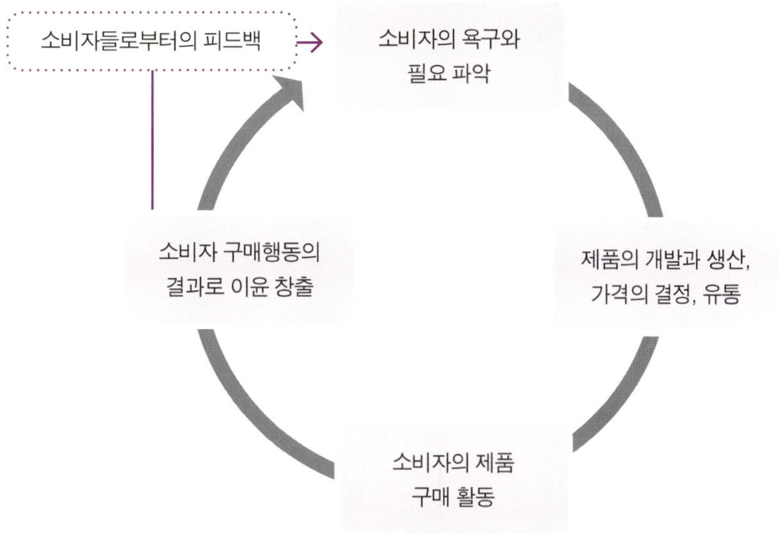

그림 10-1 소비자 중심의 마케팅 사이클

급식 관리자들은 소비자들이 선호하는 메뉴를 개발·생산하여 소비자가 만족할 수 있는 서비스를 전달하려 노력한다. 그리고 만족한 소비자로부터 지속적인 구매행동을 이끌어낸다. 따라서 목표로 하는 고객(Target customer)을 이해하고 그들의 원하는 바를 다양한 마케팅 활동을 통해 충족시키는 것이 급식경영자들의 궁극적인 경영활동이다.

1. 표적 마케팅(Target marketing)

마케팅에서 시장(Market)은 본래 판매자와 구매자 간에 재화나 용역과 가치의 교환이 이루어지는 물리적인 공간을 의미했다. 반면 오늘날의 시장은 소비하고자 하는 욕구를 가지고 있는 현재의 구매자와 잠재적 구매자로 이루어진 소비자의 집합체로 재정의되고 있다. 이에 따라 마케팅의 3단계는 다음과 같이 이루어진다.

(1) 마케팅의 3단계

① 대량마케팅 : 판매자는 모든 사람에게 단일화된 하나의 제품을 대량생산하고 대량유통시키며, 대량판매를 촉진한다.

② 제품 차별화마케팅 : 판매자가 서로 다른 특성을 가진 두 가지 이상의 제품을 생산해 다양성과 변화를 소비자의 기호에 맞게 제공한다.

③ 표적마케팅 : 판매자가 소비자의 시장을 세분화해 그에 따른 욕구에 적합한 제품을 제공한다.

오늘날 기업의 마케팅 전략은 대량마케팅 및 제품차별화마케팅에서 표적마케팅으로 변화하고 있다. 또한 각 기업은 세분화된 소비자들의 시장으로부터 그들의 욕구와 표적하여 알아내 적절한 상품을 개발하기 위해 노력을 집중하고 있다. 이와 같은 마케팅 행위는 각 표적시장(Target market)의 소비자를 구분하는 것에서 시작된다. 표적시장은 특정 제품에 대한 구매의 욕구와 능력, 의지, 권한을 가지고 있는 그룹의 사람들이라고 정의된다.

각 기업은 표적시장에 효율적으로 도달하기 위해 제품을 개발하고 가격과 유통경로 및 광고 등을 조정한다. 표적마케팅은 고객지향적 마케팅이며 다음의 세 단계를 거친다.

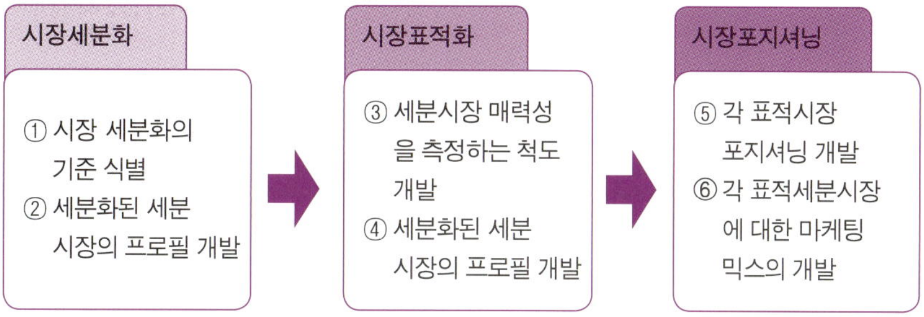

그림 10-2 시장세분화, 표적시장 설정, 시장위치 설정의 3단계

(2) 표적 마케팅의 3단계

① 1단계 : 시장세분화이다. 각 제품의 특성에 따른 특정 구매자들의 집합으로 시장을 세분화하고 그 특징을 명백히 해 세분시장의 프로필을 개발하는 것이다.

② 2단계 : 시장의 표적화이다. 각 세분시장의 매력도를 측정하는 기준 척도를 개발해 표적세분시장을 선택한다.

③ 3단계 : 시장 포지셔닝의 단계로 전체 시장에서 각 표적시장의 위치를 설정하고 마케팅믹스를 개발해 적절한 마케팅 행위를 창조하는 단계이다.

2. 시장세분화(Market Segmentation)

시장세분화는 잠재적 고객들로 이루어진 전체 시장을 유사한 특징을 가진 동질의 여러 개의 소비자 그룹으로 나누는 것을 일컫는다. 소비자 그룹은 소비자들의 구매행동과 태도, 인구통계학적 특징, 심리적 특성, 행동변수 등에 따라 구별되고 나누어진다. 시장에서 기업들이 마케팅활동을 수행함에 있어 남자가 여자와 각기 다른 구매동기를 가질 때, 어린이가 어른과 다른 제품 특성에 끌려 구매할 때, 작은 기업이 큰 기업과 다른 요구사항들을 가질 때 시장세분화가 필요하게 된다.

소비자들은 그들의 필요 욕구, 가용 자원, 태도나 경험 등에 의해서 서로 다른 소비행동을 나타내며 이러한 변수는 소비자 시장을 좀더 세분화하는데 사용할 수 있다. 그러므로 경영자들은 각기 다른 소비자에 맞춰 전체 시장을 세분화하고, 각 소비시장 소비자의 특성에 맞는 상품과 경영방식 등을 계획할 수 있다. 소비자를 분리하는 세분화 요인은 다음과 같다.

① 인구통계학적 특징(Demographic segmentation)

연령, 성별, 가족 구성원 수, 가족 생활주기, 소득, 직업, 교육, 종교, 인종, 국적 등 인구통계학적 변수에 기초해 시장을 세분화한다. 인구통계학적 변수는 소비자 집단을 구분하는 가장 일반적인 기준이다. 이와 같은 변수들은 소비자의 욕구, 선호도, 사용빈도 등과도 깊은 연관성을 갖는 것으로 조사되고 있다.

- 연령 : 시장세분화에 가장 많이 사용되는 변수이다. 연령에 따른 인지적 발달정도, 인지력의 정도 차이 등은 연령이 소비자의 반응에 어떤 영향을 주는지를 기준으로 시장을 세분화할 필요가 있는지 없는지를 결정할 수 있다.
- 성별 : 남성과 여성이 주어진 메시지에 반응하는 방식이 각기 다르며, 정보를 처리하고 의사결정을 하는 데 차이가 있다는 충분한 근거가 제시되고 있다. 이러한 차이는 남성과 여성이 사회화되는 과정에서 발생하며 생물학적 특성에서 그 원인을 찾기도 한다.
- 사회계층 : 사회계층의 교육수준은 잠재고객들의 사회계층을 추정하는 정보로 사용되며 그들만의 독특함과 개성에 따라 선호도와 구매성향이 달라진다.

② 지리학적 특징(Geographic segmentation)

지리적 거주지에 따라 소비자들을 세분화한다. 대륙별 · 국가별 소비자의 특징이 다르며, 한 국가 안에서도 각 지역마다 소비자들의 제품 기호가 다르게 나타난다.

시장은 한 국가 안에서 지역으로 나누어지며, 기업들은 지리적으로 나누어지는 하나 또는 여러 개의 지역시장에서 영업을 하거나 전체 지역에서 활동할 것을 결정할 수 있다. 서비스 상품은 보관과 저장이 불가능하므로 소비자들이 이를 구매하기 위해서는 그 장소를 반드시 방문해야 한다.

그러므로 서비스상품은 지리적 접근성과 편리성에서 특징을 보인다고 할 수 있다.

③ **심리적 특징**(Psychographic segmentation)

라이프 스타일, 개인별 활동, 관심사, 의견, 개성 등에 따라 소비자 집단을 세분화한다. 동일한 인구통계학적 특성을 가지고 있는 사람들이라도 매우 다른 심리적 특징을 나타낼 수 있다. 예를 들어 중산층과 고소득층의 여가 활동의 종류나 외식 패턴 등은 확연히 다르다.

30대 중반 남성이라 하더라도 독신인가 기혼인가에 따라 생활양식과 구매행동 등이 매우 다르게 나타난다. 개성은 현대마케팅에서 매우 주목받고 있는 변수이다. 구매자의 개성에 부합하는 특성을 제품에 부여한 많은 제품들이 시장에 출시되고 있다.

④ **행동변수**(Behavioral segmentation)

제품에 대한 소비자들의 구매계기, 편익, 사용자의 지위, 사용률, 충성도, 구매단계 등을 기초로 각 집단을 세분화한다. 예를 들어, 발렌타인데이나 화이트데이 등은 연인을 이벤트형 외식으로 이끌며, 여름의 복날은 삼계탕의 수요 증가에 영향을 미친다.

하나의 시장을 여러 세분시장으로 구분할 수 있지만 모든 세분시장이 효과적이라고 할 수는 없다. 제품의 사용성과 특징에 따른 적절한 시장 구분이 우선되어야 할 것이다. 예를 들어, 레스토랑에서 식사를 하는 사람들을 펌과 머리와 염색머리 고객으로 구분할 수는 있지만 머리스타일이 레스토랑에서의 식사구입 요건에 별다른 영향을 미치지는 않는다. 그러므로 소비자들의 특성에 맞는 적절한 요건을 추출해 시장을 세분화하는 것이 중요하다.

우선 **측정가능성**(measurability)을 들 수 있다. 유용한 세분시장을 나누기 위해서는 세분시장이 측정 가능해야 한다. 즉 시장의 규모와 소비자가 측정할 수 있는 변수여야 한다. 둘째, **실질성** (substantiality)을 근거로 시장을 세분화한다. 세분시장의 소비자는 실질적인 수익을 이룰 수 있을 정도로 충분히 커야 한다. 셋째, **접근성**(accessibility)에 따라 시장을 나눈다. 세분시장의 소비자는 소요되는 제품과 접근성이 있어야 한다. 마지막은 **행동가능성**

(actionalbility)이다. 세분시장은 독립적인 마케팅 프로그램을 개발하고 실행할 수 있을 정도의 행동가능성을 가지고 있어야 한다.

경영자들은 잠재적인 소비자 시장을 세분화한 후 세분시장의 소비자들의 필요와 욕구를 파악하고 그것을 만족시킬 수 있는 상품과 서비스를 개발해야 한다.

3. 마케팅믹스(Marketing Mix)

상품(Product), 장소(Place), 가격(Price), 판매촉진(Promotion), 대중적 이미지(Public image) 등을 5P라 하며 상품의 판매에 영향을 미치는 경영요소로서 이를 마케팅믹스라고 부른다. 마케팅믹스는 고객을 중심으로 조합되어야 한다. 소비자들의 욕구 · 필요 · 수요 등을 고려해 상품을 개발하고, 영업지역과 범위, 판매가격 등을 결정한다. 또한 각 세분시장 소비자들의 성격에 맞추어서 적당한 판매촉진방법을 선택해야 한다.

오늘날 소비자 마케팅에서 무시할 수 없는 분야가 기업 또는 상품의 대중적 이미지이다. 소비자가 좋은 이미지를 가지고 있는 기업의 제품은 그렇지 못한 타사제품에 비해 높은 호감도를 가진다. 우리는 종종 상품 자체에 하자가 없더라도 기업의 이미지가 하락하고, 덩달아 제품에 대한 호감도도 하락하는 것을 볼 수 있다. 이와 같은 이유로 인해 많은 기업들이 모기업의 대중적 이미지를 상승시키고, 감성적 이미지를 대중에게 홍보하기 위해 많은 노력을 기울이고 있는 것이다.

(1) 상품 (Product)

급식에서 상품은 고객의 욕구와 필요를 만족시키는 음식과 서비스의 조합이다. 그러나 급식에서의 상품이 단순한 메뉴와 배식서비스만을 포함하는 것은 아니다.

급식은 메뉴와 메뉴를 제공하는 환경─물리적 공간의 분위기, 부대시설, 종업원들의 접대 서비스 등 소매상품을 판매·유통하는 타 산업과는 매우 다른 성격을 가진다. 이와 같은 상품이 갖는 특이성으로 인해 급식 경영자는 제공되는 메뉴는 물론이고 메뉴를 제공하는 물리적 환경의 상품성에도 많은 노력을 기울여야 한다.

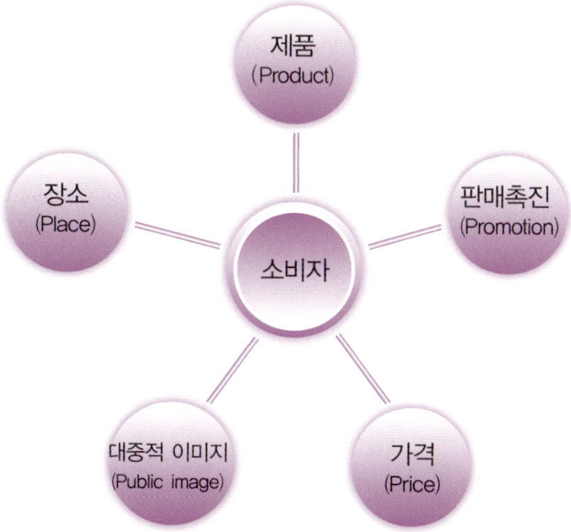

그림 10-3 마케팅믹스

환경요소의 상품성에 대한 중요성은 메뉴의 상품 중요성보다 중요시되기도 한다.

(2) 장소 (Place)

장소는 상품이 어떻게 유통되는가를 포함하는 범위이다. 상품은 반드시 소비자들이 소비할 수 있는 적당한 시간에 적절한 장소에서 제공되어야 한다. 현대 소비자들은 식사 장소와 시간에 있어 전통적인 시간과 장소에 구애 받지 않는 양상을 나타내기도 한다. 그러므로 급식기관에서는 이와 같은 소비자들의 필요에 부응하기 위해 노력하고 있다.

예를 들어, 병원급식에서는 간이 모빌 카페테리아를 식사시간 중간에 제공하기도 하고, 대형 종합병원의 내부에 외부 유명 프랜차이즈 커피숍을 유치해 환자나 보호자들의 편의를 도모하기도 한다. 또한 대학교에서도 학생식당에 유명 프랜차이즈 음식점을 유치하는 등 소비자들의 욕구와 필요를 위한 장소적인 노력은 계속되고 있다.

(3) 가격 (Price)

가격이란 소비자가 제품이나 서비스에서 편익을 얻기 위해 맞바꾸는 가치라고 정의할 수 있다. 잘 짜여진 가격전략은 소비자로 하여금 제품을 구매하도록 유도하고, 제품에 이미지를 부여하며, 시장 안에서 경쟁할 수 있게 만들어 준다. 그러나 지나치게 높게 책정된 가격은 잠재적인 고객에게 외면당할 수 있으며, 반대로 지나치게 낮은 가격에서는 사업을 적절히 유지할 만큼의 충분한 수익을 얻지 못할 수도 있다.

급식산업에서의 가격은 메뉴의 원가를 반영하면서도 고객의 수긍이 동반되어야 하며, 외식시장에 형성되어 있는 경쟁사 또는 유사가격 등도 고려해 정해야 한다.

(4) 촉진 (Promotion)

기업이 고객과 의사소통하는 모든 수단을 포함한다. 현대마케팅에서 촉진이란 기업이 제품에 대한 촉진활동을 통해 고객들에게 제품에 대한 정보를 제공하고 고객을 설득해 구매로 이어지게 하는 적극적인 활동을 말한다. 이와 같은 촉진활동에는 광고, 판매촉진, 홍보, 인적판매 등이 있다.

① 광고(Advertising)

특정 광고주에 의해 아이디어와 제품, 서비스 비용 등이 지불되면서 소비자들에게 메시지를 인식시키는 행위를 일컫는다. 광고는 신문, 라디오, TV, 잡지, 옥외간판과 같은 대중매체를 이용하며, 소비자들에게 제품에 대한 정보를 알리기 위해 힘쓴다.

현대마케팅에서 대중매체를 이용한 광고의 효과는 매우 크다. 특히 광고는 브랜드 자산을 키우는 데 핵심적인 역할을 한다. 브랜드는 대다수 유사제품과 자사제품을 구별하는 수단이며 성장을 촉진하는 효과적인 방법이다.

소비자가 어떤 생각을 가지고 있는가는 효과적인 광고를 개발하는 출발점이 되며, 소비자가 가지고 있는 믿음을 이해하는 일은 성공적인 광고를 개발할 수 있는 밑바탕이 된다. 광고의 목적은 소비자들이 어떤 제품(브랜드)에 대한 정보를 학습해서 그 제품(브랜드)에 대한 구매를 일으킬 수 있도록 하는 데 있다. 이러한 학습은 그 제품에 대해 소비자들이 더 많이 생각하게 함으로써 더욱 활성화된다.

- **정보형 광고** : 개업이나 신메뉴의 개발 시 이를 알리고자 하는 경우에 정보형 광고가 주로 이용된다.
- **설득형 광고** : 경쟁이 심화되는 단계에서 선택적 수요를 대상으로 하는 경우에 사용하며, 주로 비교광고형태를 띤다.
- **기억형 광고** : 성숙기에 접어든 상품을 대상으로 고객에게 그 상품의 존재를 되새겨주는 데 사용된다. 업소의 존재와 메뉴 등을 고객에게 지속적으로 알리는 형태이다.

② 판매촉진(Sales promotion)

판매촉진은 주어진 시간 내에 소비자들의 빠르고 강력한 구매와 재구매를 촉진하기 위한 단기적 자극 수단을 말한다. 즉 이벤트 행사, 보너스팩, 가격할인, 각종 쿠폰, 경품제공 등이 이에 속한다. 소비자들의 인식을 높이기 위한 목적으로 무료 견본품이나 시식회 등을 개최하는 것이 이에 해당한다.

이는 제품의 이용률을 높이고 빈번한 이용을 유도해 비수용자들에게 시험이용의 계기를 마련하는 활동이다.

- **샘플** : 무료로 제공하거나 염가로 상품을 제공한다.
- **쿠폰** : 특정 상품을 구매할 경우에 할인해 주는 증명서이다.
- **고객우대제** : 마일리지 카드처럼 반복구매고객에게 금전적 혜택 부여.
- **POP(Point of Purchase)**: 판매나 구매가 이루어지는 곳에서 판촉하는 방법 (스타벅스의 머그컵이나 자사 상표 커피 판매).
- **경품권** : 경품을 걸어서 구매를 유도하는 방법으로 패스트푸드점에서 제공하는 컵 등에 스티커를 붙여 그 결과에 따라 경품을 제공한다.

③ 홍보(Public Relations)

광고와는 달리, 무비용으로 제3자나 여러 대중 매체 등을 통해 긍정적 이미지나 고객의 선호도를 창출하는 활동으로 언론홍보, 상품홍보, 의사전달, 로비, 카운슬링 등의 방법이 있다. 관계되는 여러 대중에게 기업이 양호한 평판을 얻음으로써 바람직한 관계를 구축하고 좋은 기업이미지를 개발할 수 있으며, 바람직하지 못한 소문 및 사건의 처리 또는 확대 방지 등을 실행하는 것을 말한다.

소비자의 인식은 홍보에 의해 형성된 기업이나 제품이미지와 관련이 깊으므로 홍보를 통한 좋은 이미지의 전파는 매우 중요하다.

④ 인적판매(Personal selling)

판매를 일으킬 목적으로 1명 또는 그 이상의 기대고객과의 대화를 통해 매출을 실현한다. 이들은 매출을 높일 수 있도록 권한이 위임되어 있고 고객과의 직접접촉을 통해 그들이 구매를 유발하도록 이끈다. 잘 훈련되고 감독된 판매원은 숙련되지 않은 판매원보다 높은 판매실적을 올린다. 이러한 판매조직의 창의성은 기업의 매출과 수익성에 직접적인 영향을 끼친다. 판매의 성공은 높은 수준으로 동기부여된 판매원과 긍정적인 판매력 문화가 있을 때 달성될 가능성이 높다.

(5) 대중적 이미지 (Public Relations)

제5의 마케팅믹스라고 불리는 현대마케팅의 중요한 요소로서 현재 또는 잠재적인 고객에 의해서 만들어지는 이미지이며 제품과 서비스의 판매력에 영향을 미친다. 현재의 고객, 지역사회에서의 좋은 평판은 급식소의 이미지를 향상시킨다. 예를 들어, 지역병원에서 실시하는 '지역민과 함께하는 영양교실' 이라는 신문기사나, 한 레스토랑에서 팔고 남은 제빵제품을 지역 무료급식소에 기부했다는 뉴스보도 등은 이미지 향상에 기여할 수 있다.

마케팅믹스, 즉 5Ps는 시장으로 하여금 제품과 제품의 성격, 가격 및 어떻게 제품을 유통시킬 것인가를 결정하고 제품을 촉진하는 방법을 선택하도록 한다. 예를 들면 패스트푸드 기업은 증가하고 있는 패스트푸드에 대한 부정적인 이미지를 극복하기 위해 질 좋은 재료를 사용하고, 제품에 사용되는 트랜스지방을 제거해 소비자들이 패스트푸드를 위해 지불할 수 있는 기대가격에 맞는 웰빙제품들을 속속 개발하고 있다.

유통계획의 일환으로 패스트푸드는 편리한 곳 – 쇼핑몰, 극장가, 학교 앞 등에 표적시장을 형성한다. 또한 서로 다른 세분시장에서 홍미를 끌기 위해 시내 곳곳에 매장을 마련하고 있다. 대규모 체인점을 가지고 있는 패스트푸드 회사는 TV와 같은 대중매체를 효과적으로 이용할 수 있다.

이처럼 마케팅믹스는 표적시장에 대하여 효과적인 마케팅을 창조하기 위해 여러 요소들을 혼합하여 만드는 것이다.

03 마케팅 전략의 수립

마케팅 전략을 수립하기 위해서는 현재 시장과 소비자에 대한 자료분석이 우선되어야 하며 이를 바탕으로 표적시장의 세분화를 시행해야 한다. 또한 현재 소비자들의 욕구(need), 필요(want), 수요(demand) 등을 파악하고 이를 공급하기 위한 마케팅믹스를 적절히 사용해야 한다. 마케팅믹스는 마케팅을 위한 실질적인 도구이며 각 표적시장의 성격에 따라 제품, 가격, 유통경로, 촉진 등의 방법을 적절히 선택하고 혼합하는 것이다.

가격은 고객이 구매 시에 대가로 지불하기를 밝힌 금액이며, 유통경로는 제품이 고객에게 원하는 시간대에 원하는 장소에서 공급받을 수 있게 하기 위한 여러 활동을 뜻한다. 촉진은 제품의 장점을 알리고 표적시장의 고객들이 그것을 구매하도록 설득시키는 여러 활동을 말한다.

소비자를 각 세분시장으로 구분하고 표적시장을 선정하는 일련의 마케팅활동을 수행하는 데 있어 각 시장의 특성에 따라 표적시장에 접근하는 전략은 다음과 같이 달리 할 수 있다.

1. 비차별적 전략

대중을 대상으로 한다. 전체 시장을 하나로 파악해 공통적 욕구를 발견하고 이에 부응할 수 있는 전략을 세운다. 이에 따라 표준화된 상품을 대량생산하면 생산원가, 재고, 운송비, 마케팅 조사비용 등을 절감할 수 있다.

2. 차별적 전략

소비자 시장을 공통적 속성을 갖는 여러 세분시장으로 분류해 각 세분시장계층에 알맞은 마케팅 활동을 전개하는 합리적이고 소비자 지향적인 전략이다. 전체 판매액을 증대시키고 각 세분시장 내에서 우위를 확보함으로써 반복구매를 가능하게 하려는 데 있다.

생산비, 관리비, 재고비용, 촉진비 등 여러 비용이 증가할 수 있으므로 업소의 재정 및 시장 여건에 맞는 전략을 선택해야 한다.

3. 집중적 전략

소수의 표적시장을 결정하고 집중적인 노력을 투입함으로써 그 시장 내에서 높은 점유율을 확보하고자 하는 전략이다. 표적시장 선정이 합리적으로 이루어지면, 명확한 욕구 파악으로 시장 지위를 강화하고 운영활동의 집중화로 비용경제성의 장점을 살림으로써 높은 투자수익을 얻을 수 있게 된다. 그러나 소비자의 기호나 수요의 변화, 새로운 경쟁업소의 등장 등 표적시장 고객들의 조건에 변화가 생기면 전략을 수정해야 하며 변화에 재빠르게 대응해야 한다.

4. 핵심전략

다른 업소와 차별적 우위를 갖기 위한 노력으로, 차별적 우위전략이라고도 부르는데 마케팅 핵심 전략상의 차별적 우위는 다음의 세 가지로 분류할 수 있다.

① 남들이 만들지 못하고 경쟁점을 능가하는 상품을 시장에 내놓을 수 있는 **상품기술** : 자체 내의 신제품 개발이나 외부로부터 기술 도입을 통해 확보 가능한 부분이다.

② 기술 이외의 변수에 의한 **차별화 능력** : 광고나 서비스 등의 다른 마케팅믹스 변수를 통해 성공적으로 경쟁적 제품과 구별지을 수 있다. 예를 들어, 맥도날드는 제품의 맛과 질보다는 대대적인 지역 및 전국 광고와 모든 업소의 시식 및 서비스 환경을 개선함으로써 타 패스트푸드사와의 차별화를 이루었다.

③ **원가** 면에서의 **우위** : 규모가 크거나 단독 체인시스템일수록 대량생산으로 인한 원가를 절감할 수 있고 이는 저렴한 판매가격으로 유리한 위치 차지가 가능하다.

잠재고객이 충분하고 경쟁의 증가로 타 업소와의 마케팅 전략과 구분할 만한 마케팅 전략을 선택하기 어려워지는 경우에는 자신의 업소 콘셉트와 제품, 서비스에 가장 민감한 인구 집단을 선택해 차별적이고 집중적인 마케팅 전략을 선택하는 것이 효율적이다. 하버드 대학교의 마이클 포터 교수는 기업이 시장에서 성공하는 조건으로 시장 차별화와 원가 우위를 꼽고 있다.

04 시장 내 포지셔닝 전략

세분화된 소비자시장의 수요를 만족시키기 위해 제품의 속성, 장소, 가격, 촉진 등을 믹스해 가장 적절한 조합을 이루는 것을 포지셔닝이라 한다. 성공적인 포지셔닝은 소비자가 쉽게 이해할 수 있도록 브랜드를 제품화하고 타사제품들과 차별화하여 대비시킨다. 그럼으로써 소비자들은 특정 브랜드가 갖고 있는 정보 또는 편익 등을 기억할 수 있고 경쟁하고 있는 많은 제품 중에서 그 브랜드를 선택해야 하는 이유를 상기할 수 있다. 브랜드의 지속적인 성공을 위해서는 브랜드를 소비자의 목표와 연결시키는 것이 효과적이다.

- 경쟁에 기반한 포지서닝은 브랜드의 차별적인 편익이 경쟁자들보다 우월하다는 것을 보여야 한다. 즉 소비자들이 그 제품의 차별점을 믿을 수 있는 논리적인 근거가 제공되어야 한다. 예를 들어, 버거킹의 와퍼는 타사의 햄버거에 비해 크기가 크며, 남성적임을 차별적으로 보여줌으로써 포지셔닝했다.
- 맥도날드는 어린이와 가족을 대상으로 하는 광고를 많이 함으로써 버거킹보다 좀더 여성적인 이미지를 부각시켰다.

차별점은 구체적이고 의미있는 것이어야 한다. 최고의 품질을 가졌다거나 가격대비 최고의 품질수준을 가졌다는 주장은 너무 막연하다. 소비자들은 자신의 목표를 달성하는 데 구체적인 도움을 주는 제품을 선택할 것이다.

즉 한식이 영양적으로 우수하다고 주장하는 것보다 발효식품인 김치의 영양적 가치에 대한 설명, 지역에서 생산된 농산물을 식재료로 이용해 안전성을 보장한다는 설명 등은 소비자들의 목표에 구체적으로 다가갈 수 있는 방법이 될 것이다.

예를 들어, 스타벅스는 자사의 커피를 단순한 제품이 아니라 문화라는 목적으로 포지셔닝하여 여느 커피의 평범함에서 벗어난 차별성을 지닌다.

Check Point

✣ 스타벅스의 포지셔닝 전략

스타벅스는 흥분된 하루의 일과에서 약간의 휴식을 제공한다. 이곳에서는 독특한 제조법으로 만들어진 깊은 맛의 커피를 마시면서 커피의 풍부한 향기를 들이키고 편안한 음악을 들을 수 있는 기회를 제공한다. 스타벅스에서 제공하는 경험은 일관성이다. 좋은 경험을 일관되게 제공하는 것은 커피산업 분야에서 달성하기 어려운 과제였다. 이와 같은 점이 스타벅스의 차별적인 포지셔닝을 가능하게 하였다.

스타벅스가 높은 품질의 카페라떼를 만들기 위해서는 2온스의 커피를 먼저 만들어야 한다. 스타벅스의 가이드라인에 따르면 이는 90℃에서 18~23초 동안 끓인 것이어야 한다. 탁월한 맛의 에스프레소를 만들기 위해서는 9bar의 압력이 가해져야 한다. 우유는 160℉에서 가열해야 한다.

스타벅스에서는 이를 위해 라마르조꼬(La Marzocco) 에스프레소 기계를 사용한다. 이 기계는 두 개의 끓임통을 가지고 있어 하나는 우유를 데우고, 다른 하나는 물을 끓이는 데 사용한다. 커피를 만들기 위해 끓이는 물의 온도에 영향을 주지 않으려는 데 목적이 있다. 물론 이 기계는 다른 에스프레소 기계보다 두 배쯤 비싸다. 그러나 이러한 기준들이 완벽한 재료를 갖추고 일관성을 유지할 수 있게 하며 스타벅스에서 독특한 개인적 경험을 만들어낼 수 있게 해준다.

05 정보화시대의 마케팅

산업화시대의 마케팅은 시장을 조사하고 표적시장을 선정해 소비자의 행동을 파악하고, 제품을 차별화해 고객을 유지하기 위한 관계마케팅을 통해 꾸준한 매출을 가져다 주었다.

그러나 다양한 대중매체와 인터넷이 고도로 발달한 현대 정보 민주화시대에는 지금까지의 이러한 과정이 완전히 뒤집어지고 있다. 소비자는 스스로 원하는 정보를 얻을 수 있게 되었고 오히려 마케터들이 소비자들의 탐색 대상이 되었다.

구매자들은 스스로 가장 좋은 판매자를 찾아 스스로 선택한 판매자와 관계를 시작할 수 있다. 충분한 정보를 바탕으로 이제 소비자들은 새로운 능력과 권한을 갖게 되어 시장의 힘은 판매자에게서 소비자에게로 옮겨 갔다.

정보화시대에 효과적인 마케팅을 위해서는 다음과 같은 요건을 더해야야 할 것이다.

첫째, 상품과 서비스의 재화와 용역의 교환에 있어서 마케터들은 교환을 통제하기보다는 교환이 쉽게 이루어질 수 있도록 도와주어야 한다. 즉 이제 소비자들은 스스로 습득한 정보를 통해 자신이 원하는 것과 관심이 있는 것, 제공할 의사가 있는 가격을 적극적으로 표현하므로, 소비자 중심의 마케팅 마인드와 마케팅활동은 상호 관련 속에서 매우 중요하다.

둘째, 새로운 정보민주화사회에서 생산자들은 제품에 대해 객관적이면서도 공정한 정보를 소비자에게 제공해야 한다. 그렇지 않으면 소비자들은 비교 평가나 더 좋은 가격을 찾기 위해 제 3의 중개자들을 활용할 것이다. 인터넷사이트의 비교 쇼핑 네크워크나 인터넷 다품종 쇼핑몰 등이 좋은 예이다. 선각적인 마케터들은 자신의 상품에 대한 믿음과 품질에 대한 자신감을 표현하기 위해 경쟁자의 가격을 자신의 가격과 함께 제공하기도 한다.

셋째, 마케터들은 새로운 고객을 확보하기보다는 기존의 고객을 더욱 만족시키는 것에 더욱 노력을 집중할 필요가 있다. 정보화시대의 마케터들은 고객 지식 관리를 통해서 각각의 고객을 더욱 친밀하게 이해하고, 이를 통해 그들 고객에 대한 한단계 수준 높은 관계를 형성하고 고객들이 그들과 거래함으로써 더 많은 이익을 얻을 수 있게 하는 관계 자산을 만들어 나가야 한다. 정보화시대에는 고객의 획득에서 고객유지로, 거래적인 가치에서 평생고객 가치로 그 중심이 이동할 것이다.

Chapter 11

서비스 품질관리

01 서비스의 속성과 관리

1. 서비스의 무형성(서비스는 형체가 없다)

서비스는 무형의 용역으로 상호작용하는 행위이며, 서비스 제공자는 하나의 경험적인 과정을 생산해 낸다. 이때 소비자와 의사소통하는 교환에 참여함으로써 각각의 참여자는 상대로부터 어떤 핵심적인 가치를 얻게 된다. 예를 들어 음식점에서 직원들이 고객에게 전하는 미소와 정중한 말씨, 인사 등을 들 수 있다.

서비스의 품질과 고객만족은 서비스 경험에 대한 고객들의 주관적인 평가를 통하여 이루어지며, 이러한 고객 평가는 과거의 경험과 기대 등을 비교하여 형성된다. 예를 들어 만약 소비자의 경험이 기대를 넘어서면 고객 만족이 생겨나는 이치이다.

2. 서비스의 동시성(서비스는 생산과 소비가 동시에 일어난다)

급식에서의 서비스는 소비자가 존재하는 곳에서 일어나며, 소비자와 공급자가 공동으로 생산에 참여하고 동시에 소멸한다는 특성을 뜻한다. 서비스 매장의 물리적인 환경과 함께(moment-of-truth) 진실의 순간을 창출하는 일선 종업원들은 고객들의 평가에 매우 중요한 역할을 담당한다.

빈 좌석을 가지고 이륙하는 비행기는 그 좌석을 절대로 미래에 다시 사용할 수 없다. 즉, 기업이나 시스템이 잘 갖추어져 있어도 이를 서비스 행위로 생산하는 종업원들이 실천하지 않으면, 소비의 적절성은 이루어지지 않는다. 서비스에서 접근성은 시간적인 면에서의 편리성을 의미한다. 예를 들어 은행, 온라인 쇼핑몰 등과 같은 기업들은 접근성의 편리를 위하여 인터넷을 활용한 서비스를 제공하며, 이러한 수단은 물리적 접근뿐만 아니라 시간적인 편리성이라는 두 가지 문제를 모두 해결하는 데 도움이 된다.

3. 서비스의 이질성(서비스의 경험은 이질적이다)

서비스의 제공은 고객, 종업원, 장소에 따라 다르게 나타나며 심지어는 같은 장소에서 그 형태가 달라지기도 한다. 서로 다른 종업원들은 각기 다른 기술과 태도를 서로 다른 고객들에게 제공하며, 고객들과 다른 욕구를 가지고 있기 때문이다.

이질성은 고객들의 요구에 차별적으로 제공될 수 있는 상호작용적인 서비스를 의미하기도 하며, 때로는 같은 제공자에 의해서 일어날 수 있는 일관적이지 않은 오류서비스를 의미하기도 한다. 기초적인 서비스작업은 동일하게 자리잡고 있으나 실행에 있어서는 일선 서비스 제공자, 그들의 직속 관리자, 그리고 전체 서비스 매장을 관리하는 리더십에 의해서 이루어진다.

서비스는 가변적이다. 서비스에 있어서 가변성은 한 기업이 서비스를 다양한 장소에서 제공하려 할 때 일어날 수 있다.

프랜차이즈시스템 내에서 기초적인 서비스작업은 일관성을 유지하며 이루어지지만, 사람이 행하는 모든 핵심적인 서비스는 근본적으로 경험에 있어 이질성을 발생시킨다.

4. 서비스의 회복

서비스 제공자의 노력에도 불구하고 서비스 제공이 잘못될 수 있다. 이때는 효과적인 서비스 회복이 필요하다. 이것의 의미는 고객의 불만과 이어지는 상황을 인정하고 고객을 보살피고 이해하는 태도를 가지며, 문제를 즉시 수정할 것을 요구한다. 그리고 실수에 대해서는 고객이 지불한 것에 비해 하나 더 많이 제공함으로써 (지나치게) 보상한다.

높은 품질의 서비스를 제공하기 위한 서비스 회복은 서비스의 수정을 가능하게 하는 적절한 서비스 전달이 요구된다.

02 급식 서비스 품질의 이해

급식 서비스와 관련된 서비스 속성은 선택 속성, 품질 속성, 만족 속성 등으로 나눌 수 있다. 이 중 고객들이 평가하는 품질 속성별 만족과 전반적인 만족 속성이 매우 유사하므로, 만족 평가로 가장 많이 사용되고 있는 측정방법인 기대불일치 패러다임에서는 서비스 지각에 있어 속성평가를 고객 만족의 중요한 결과 변수로 보고 있다. 즉, 서비스 이용 후 고객에 의해 지각된 서비스의 속성평가와 만족 간에 높은 상관관계가 있음을 보여주고 있다.

서비스 품질에 대한 평가는 서비스 기회를 제공하는 서비스 제공자의 서비스 수행에 대한 판단과 관련이 있으며, 서비스 만족은 서비스 경험의 결과라고 할 수 있다. 서비스 소비 후 행동으로 가장 많이 이용되는 개념은 고객 충성도(Loyalty)와 구전(words of mouth)이다. 고객 충성도의 중요성은 재구매 고객의 가치에 있으며, 구전은 또 다른 소비 후 행동으로서 잠재적 비즈니스에 많은 영향을 미친다. 불만족을 경험한 고객은 그 경험을 다른 사람에게 전달함으로써 잠재적으로 사업의 이익에 손실을 가할 수 있다.

식품산업 및 외식산업의 발달은 급식에 대한 소비자들의 가치관을 변화시켜 다양한 음식의 맛과 품질, 그리고 높은 수준의 서비스를 요구하며, 단체급식소의 전통적이고 수동적인 역할을 제고할 수 있는 계기를 제공하였다. 그러나 단체급식은 인건비와 식품재료비의 상승, 급식종사자들의 후생복지 요구의 증대 등으로 경영 운영 면의 어려움에 직면하게 되었고, 서비스 산업의 발달과 산업의 전문화 경향 및 고객들의 생활수준 향상과 사회복지 개념의 확대에 따른 고품질 식사의 요구, 메뉴의 다양성과 건강 지향적인 식생활 경향 등은 급식경영 전문 산업의 탄생과 발달을 가속화하였다.

그 예로 특정한 여러 사람들에게 지속적으로 식사를 제공하는 학교, 병원, 사회복지시설 및 산업체 등에 전문 경영 개념이 도입되면서 급식소의 위상은 이제 단순히 음식을 조리하여 제공하는 구내식당이라는 고정관념을 벗어나 합리적인 경영을 통해 사내 고객의 만족을 도모하는 급식조직으로서 새롭게 변모하고 있다.

이는 각 기업들이 새롭게 도입한 경영 합리화와 업종 전문화의 영향으로 볼 수 있다.

03 급식소 서비스의 품질관리

품질이란 말은 일반적으로 두 가지의 의미를 가지고 있다. 첫째로 어떤 것의 기본적인 성격이나 자연적인 성질이고, 둘째로 일반적으로 이해되고 있는 등급이나 가장 훌륭한 기준이라는 의미이다.

품질은 고객이 인식하는 만족도의 표현이고, 동시에 조직의 생산성을 측량하는 척도로서 중요하다. 푸드 서비스의 두 가지 상품은 조리된 음식과 서비스이다. 음식은 유형의 형태로서 고객들이 실재적으로 맛, 향미, 촉감 등을 이용하여 그 품질을 평가할 수 있다.

그러나 서비스는 무형의 상태로 고객들에게 제공되므로 고객 각 개인에 따라서 인지되거나 받아들이는 정도가 다르고, 그 품질의 평가가 주관적이다. 또한 서비스의 품질은 제공하는 사람에 따라, 또는 같은 개인이라도 상황이나 시간 및 고객에 따라 달라진다. 서비스산업에서는 특히 고객의 기대감과 이에 호응하는 서비스의 수준이 품질의 척도를 이루며, 푸드 서비스도 예외는 아니다.

품질의 척도로써 이용되는 속성에는 다음과 같은 것들이 있다.

- **식사와 음료** : 메뉴, 서비스 스타일, 모양으로 기대되는 맛과 실재의 맛과의 일치감, 와인 리스트, 가격
- **서비스** : 청결도, 친절, 민첩함, 효율적, 편안함, 정중함, 신중함
- **식사 장소** : 위치, 공간, 편안함, 소음도, 조명, 온도, 색조, 식기, 메뉴판

이와 같은 속성들은 개인의 식사 경험과 품질에 대한 고객의 인식도에 기여한다. 고객의 인식은 주관적인 것이며, 각 개인의 경험과 기대치에 의하여 달라진다. 고객들은 위와 같은 유형과 무형의 요소들을 따로따로 감지하는 것이 아니라, 하나의 총체로서 인지하고 받아들여 품질을 평가한다.

좋은 품질은 고객의 재구매를 이끌어 지속적인 관계를 맺을 수 있도록 하는 중요한 역할을 한다. 오늘날의 푸드서비스는 단순히 음식을 먹고 만족하

던 시대에서 벗어나 상품 레벨(product level) 경쟁과 분배 레벨(distribution level) 경쟁을 거치면서, 소비자들이 가격과 가치(price-value)를 찾는 경쟁시대로 발전하였고, 현재에는 그 모든 것을 초월하여 품질 레벨(quality level)시대로 발전하였다. 경쟁의 양상은 서비스 품질에 대한 경쟁시대이며 현재는 모든 기업이나 단체들이 서비스를 증진시키기 위해 부단히 노력하고 있다.

1. 지속적인 품질경영개선(CQI)

급식 경영에서도 기업이나 단체의 경영환경 변화로 인하여 생산성과 서비스 수준을 향상시켜 고객의 다양한 욕구에 대한 만족도를 높이고자 하는 지속적인 품질경영개선(CQI) 방식이 주목받고 있다. 지속적인 품질경영개선(CQI) 은 지속적인 품질관리와 개선을 통하여 고객과 종업원 모두의 만족을 도모한다.

총체적인 품질 경영(Total Quality Management)은 새로운 형태의 운영방식을 그 내외부적인 경영 요소에 적극 도입하고 있다. 1950년대 시작되어 80년대 품질 극대화의 중요성이 부각되면서 제조업과 산업의 전반에 적용되어 온 종합적인 품질경영은 이제 외식 · 급식산업 전반에 폭넓게 적용되고 있다.

품질관리운동의 주요 논점은 변화 속에서 직원들에게 어떻게 동기를 유발하고 권한을 위임하며, 교육·훈련시키고 관리하는가 하는 것이다. 품질경영에서 관리자들은 단순히 지시를 내리는 전통적인 임무수행방법에서 변화하여 새로운 역할을 수행하게 된다.

(1) 관리자의 역할

① 직원들 스스로 목표를 정하고 임무를 나누며, 결과를 예측할 수 있도록 환경을 마련해 주는 새로운 방식을 모색한다.

② 직원들의 일치된 의견을 알기 위하여 노력하는 참여방식이 요구되고 있으며, 개선을 위한 노력에서 비롯되는 실수는 용납되어야 한다.

③ 품질 향상과 기술 개발 및 고객의 서비스 만족을 위해 노력하는 직원을 위해서는 이에 상응하는 보상을 해주어야 한다.

(2) 품질경영의 새로운 조언

① 구체적이고 체계적으로 품질에 접근해야 한다.

② 품질을 실천하는 데는 시간이 걸린다. 그러므로 성급하면 안 된다.

③ 전 직원이 참여해야 하며, 품질에 관한 의사결정 권한을 전 계층에 부여한다.

④ 품질은 끊임없이 강조되어야 하며 전력 투구하여야 한다.

⑤ 품질은 관리의 과정이고, 경쟁우위를 지키며 우수한 품질의 제품을 보다 싸게 공급할 수 있도록 해주는 사업전략이다.

⑥ 고객들은 모든 개선과정의 중심에 놓인 핵심 개념이다.

⑦ 관리자들은 조직 개혁의 과정 중에 있게 마련이며, 직원들이 각자가 맡은 모든 일 속에서 품질을 실현시키지 않는다면 성공하기 어렵다.

총체적 품질 경영은 전략적 차원의 것으로 경쟁 우위를 강화하고, 제품과 서비스의 지속적인 개선을 유도하며, 결과적으로 보다 많은 상품과 서비스를 찾는 단골고객을 확보하는 광범위한 과정의 집합체이다.

(3) 품질전략의 핵심 개념

① 지속적인 개선

② 무결점

③ 시작을 올바르게 한다.

④ 현장에 가장 가까이 있는 직원들이 가장 좋은 개선 방법을 알고 있다.

(4) 품질경영의 기본적인 방법

① 살아있는 정보를 이용한다.

- 품질 프로그램의 기본적인 사고는 사실에 근거한 의사결정이다. 경쟁에 대해 임의로 생각한 것이 아닌, 실제 수행 내용을 알아내는 것이다.
- 벤치마킹을 이용한다. 기존의 프로세스를 개선하는 목표 설정을 위한 수단을 찾기 위하여 가장 유사한 다른 업체나 기업의 사례와 비교한다.
- 정보의 또 다른 형태는 서비스를 수행하기 위하여 요청되는 모든 자료이다. 그러므로 고객에 관련된 모든 정보를 데이터로 입력하여 고객 관리에 활용한다.

② Cycle time의 단축

- 모든 활동을 개선할 수 있는 프로세스로 본다.
- 하나의 프로세스를 수행하는 데 요구되는 시간의 양을 줄이도록 한다. 개선의 '비율' 과 단축된 시간의 '양' 이 중요하다.
- 고객 서류철들을 online으로 연결하여 빠르게 처리하도록 한다.
- 분석된 일과 임무, 작업시간 등을 토대로 활동 프로세스를 재설계한다.

③ 업무와 프로세스

- 품질을 개선하는 데 있어서 중요한 것은 직무를 활동의 집합체인 프로세스로 보아야 한다는 것이다. 그러므로 프로세스 안에서 작업시간의 낭비나 시간의 단축 범위 등을 찾아낼 수 있다.
- 모든 기존의 프로세스들 속에서 개선의 여지가 있는 부분을 찾아낸다.

급식산업에서의 품질경영은 단순한 하나의 전략이 아닌 새로운 형태의 작업방식이며, 새로운 형태의 사고방식이다. 고객의 만족을 이끌어내고 직원들의 사기를 향상시키며, 동시에 경영자에게는 이윤을 증가시키는 경영의 새로운 철학이다.

2. 종업원들의 참여 문화 창조

참여하는 경영관리(Participative management)는 종업원들이 단순히 지시에 따라 일만 하던 상황에서 벗어나 능동적으로 일과 경영에 관련된 결정에 참여하는 것이다. 이와 같은 환경을 창조하는 이유는 변화하고 있는 노동시장의 구조 변화(교육받은 인력의 유입, 종업원들 간의 나이 차, 교육 수준의 차이), 고객 만족, 관리자와의 관계 원만화를 통한 지속적이고 종합적인 품질 경영을 이루기 위해서이다.

참여하는 경영은 관리자와 종업원 모두에게 긍정적인 효과가 있다. 종업원들은 고객들과 좀더 가까이 접촉하는 이들이기 때문에 고객들의 요구사항들을 긴밀히 파악할 수 있으며, 고객의 즉각적인 요구에 대응해 고객만족을 끌어낼 수 있기 때문이다.

이와 같이 스스로 자신의 일을 하고 있다는 느낌은 종업원들에게 동기감을 부여하고, 작업의 품질을 높인다. 결국 자신감과 동기부여가 되어 있는 종업원들은 조직의 소중한 자산이 된다.

참여하는 작업 문화의 창조는 급식관리자들로 하여금 새로운 패러다임(paradigm)의 수용을 요구한다.

패러다임이란 기존에 존재하는 가치관이며 과학적인 질서와 구조이며, 사람들에게 한계와 고정적인 기득권적 가치관을 부여한다. 새로운 패러다임은 관리자로 하여금 새로운 각도에서 사물을 보는 힘과 새로운 것에 대한 도전 정신, 그에 따른 믿음 그리고 행동의 변화를 요구한다.

창조하는 작업문화를 만들기 위해 종업원들은 일을 추진하기 위한 힘을 갖춰야 하며, 급식관리자들은 그에 따른 다음과 같은 임무 등을 수행하여야 한다.

① 종업원들의 가능성 발휘를 위한 도움과 훈련 실시

급식관리자들은 종업원들이 그들의 가장 큰 가능성을 발휘할 수 있도록 도와주고 훈련시키며, 반드시 종업원들의 현재 능력과 발전 정도를 평가하여 능력에 맞는 작업을 배당받도록 한다. 참여하는 작업 문화를 창조하기 위한 열쇠는 정보와 힘 그리고 보상 등이 적절히 제공되는 데 있다. 호의적인 작업환경은 종업원들의 가능성에 의해 더욱 가속될 수 있으며, 이러한 작업은 새로운 종업원의 교육, 지속적인 교육, 조직 안에서의 훈련, 다중 작업 가능 훈련, 기술 발전 훈련, 관리자로부터의 일일 작업 계획표 등을 통하여 이루어진다.

② 새로운 결정을 하기 위한 권한 등의 공유

급식관리자와 종업원 사이에서 종업원의 공유된 권한이나 결정 권한은 반복되는 작업에 대한 주인의식과 참여도를 향상시킨다. 그러므로 직무분석이나 작업일정 등이 결정되거나 새로이 보정될 때, 종업원들의 의견이 반영되고 채택되는 것은 중요하다.

③ 종업원들의 성취에 대한 적절한 보상과 칭찬

종업원에 대한 보상은 공식적인 것이나 비공식적인 것 모두 참여하는 작업문화를 만들기 위한 열쇠가 된다. 공식적인 보상 형식에는 보너스, 종업원들을 위한 복지 향상, 인사고과 반영 등이 있으며, 비공식적인 보상에는 말로 하는 칭찬, 작업에 대한 긍정적이고 적극적인 평가, 또는 칭찬 파티 등이 있다.

종업원의 결과가 비록 목표에 미달될지라도 노력에 대한 보상이나 칭찬 등이 있어야 한다. 경미한 실수나 실패에 대한 관대함은 종업원들에게 실수에 대한 두려움을 이기도록 해서 자신의 작업에 대하여 자신감과 책임감을 갖고 일할 수 있도록 하여 준다.

④ 종업원들의 진보적인 성취의 걸림돌 제거

종업원들이 고객을 만족시키기 위한 결정의 기초가 되는 급식소의 방침이나 정책 중에서 종업원들의 도덕성이나 생산성에 지장을 초래하는 것들은 제거되어야 한다. 또한 종업원 중 참여하는 작업환경이나 팀워크를 거부하는 이는 관리자의 책임하에 참여하는 쪽으로 이끌도록 한다.

⑤ 효과적인 의사소통

급식관리자는 관리체제와 종업원 간의 다리 역할을 함으로써 두 조직 간의 효과적인 의사소통을 이룰 수 있다.

현재 급식소의 목표나 상황을 미팅 등을 통하여 종업원들에게 알리고, 종업원들의 건의사항 등은 주의깊게 경청하여 급식소의 정책 등에 반영함으로써 상호간의 효과적이고 참여적인 경영환경을 이룰 수 있다.

⑥ 팀워크 창조

함께 팀을 이루어서 일하는 작업환경은 작업의 품질 개선, 고객 만족, 작업의 실행 등에 지대한 영향을 미친다. 이때 급식관리자는 팀의 한 일원이 되어 정보를 제공하고, 팀워크의 성공을 위하여 구성원들을 훈련시킨다.

팀의 구성원들이 팀워크를 통하여 문제를 제시하고 해결해 나가는 방식에 익숙해지면 관리자는 단지 안내자로서의 역할만을 수행하면서 조언할 수 있다.

참고문헌

공선표, "성과창출을 위한 실무인적자원관리", 좋은책 만들기, 2004.

곽동경 · 류은순 · 이혜상 · 홍완수 · 장혜자 , "급식경영학", 신광출판사, 2007.

김남현, "신경영학원론", 경문사, 1998.

김영규, "경영학 원론", 박영사, 1999.

김혜영 · 임양이 · 고성희 · 송용혜 · 전영옥., "급식경영학", 교문사, 2004.

나카시마 하지메(中島一), "의사결정의 원칙", 이코북, 2007.

박경열, "중소기업경영론", 형설출판사, 2002.

박내회, "조직행동론", 박영사, 2002.

서상원, "경영조직론", 이담북스, 2009.

양일선 · 차진아 · 신서영 · 박문경, "급식경영학", 교문사, 2008.

윤재홍 · 안기명 · 안영면, "현대 경영학 원론", 박영사, 2009.

윤지현 · 주나미 · 윤지영 · 류시현 · 배현주 , "급식경영", 파워북, 2007.

윤훈현, "21세기 경영학", 청목출판사, 2002.

이면희, "명품경영학", 청년정신, 2007.

이지훈, "혼.창.통", 쌤앤파커스, 2010.

이학종 · 양혁승 공저, 전략적 인적자원관리, 박영사.

이호준, "좋은 기업은 직원들에게 자긍심 준다", 전자신문. 2009.2.25.

장수용, "경영학의 이해", 전략기업컨설팅, 2008.

전세열 · 김용식 · 신동주 · 유영희 · 조우균 , "급식경영학", 지구문화사, 2003.

조동성, "21세기 경영학", 서울경제경영, 2007.

조희영, "경영학원론", 민영사, 1998.

짐 콜린스, "짐 콜린스의 경영전략", 위즈덤하우스, 2004.

추헌, "조직행동론", 형설출판사, 1994.

클레이튼 크리스텐슨 · 마이클 레이너, "성장과 혁신", 딜로이트 컨설팅 코리아, 2005.

피터 드러커, "미래경영", 청림출판, 2002.

피터 드러커, "21세기 지식경영", 한국경제신문사, 2002.

Blake RR, Mouton JS, "Executive Achievement", New York, NY : McGraw-Hill, Inc., 1986.

Edward LD · Richard MR, "Facilitating optimal motivation and psychological well-being across life's domains", Canadian Physiology 49. 2008.

Fiedler FE. "The effects of leadership training and experience : A contingency model interpretation", Administrative Science Quarterly 17(4). 1972

Fleishman EA, "A leader behavior description for industry", Bureau of Business Research, Ohio State University, 1957.

Hersey P · Blanchard KH, "Management of Organizational Behavior", 5th ed., Prentice Hall, Englewood Cliff. 1988.

John Baldoni, "Great Motivation Secrets of Great Leaders, 동기부여의 힘", 더난출판사, 2006.

M.B. Gregoire, "Foodservice organizations; a managerial and systems approach 7th ed. Pearson education, Inc", New York. U.S.A, 2010.

J.S. Keiser, "Principles and practices of management in the hospitality industry. 2nd-ed", 1989.

Maslow AA, "Theory of human motivation", Physiological Review, 50:370-396, 1943.

Ralph GN, "Leonard AS. Listening to people", Harvard Business Review, Sep-Oct. 1957.

Spears MC · Gregoire MB, "Foodservice Organizations, A managerial and systems approach", 6th ed., Prentice Hall. 2007.

Tannenbaum R · Schmidt WH, "How to choose a leadership pattern", Harvard Business Review. 51(3):162. 1973.

중소기업청 www.smba.go.kr/mp

찾아 보기

ㄱ

ㄴ

ㄷ

ㅅ

ㅇ

수정 제2판

NEW 급식경영학

2011년 3월 15일 초판 발행
2014년 9월 1일 수정제2판 발행

저 자 강남이 · 김희섭 · 신동주
윤혜려 · 조우균 · 최경숙

발행인 주 병 오

발행처 지구문화사
JIGU PUBLISHING Co.

경기도 파주시 회동길 209
파주출판문화정보산업단지 518-2
영업부 (031) 955-7566 · 7577
편집부 (031) 955-7731
FAX (031) 955-7730

등록번호 1979년 7월 13일 제 9-57 호

ISBN 978-89-7006-546-5 정가 18,000 원